小城镇污水处理
设计及工程实例
（第二版）

李亚峰　李倩倩　韩　松　等编著

化学工业出版社
·北京·

本书是一本专门针对小城镇污水介绍其处理工艺与工程的图书，主要介绍了小城镇污水的特点、小城镇污水处理常用的工艺系统、小城镇污水处理构筑物的设计计算、小城镇污水处理厂的设计及计算例题、小城镇污水处理厂工程实例。

本书可作为从事给水排水工程建设、设计、施工、管理和研究人员的参考书，也可以作为高等学校给水排水工程专业、环境工程及相关专业师生的参考书。

图书在版编目（CIP）数据

小城镇污水处理设计及工程实例/李亚峰等编著. —2版. —北京：化学工业出版社，2018.6（2023.6重印）
ISBN 978-7-122-31930-2

Ⅰ.①小…　Ⅱ.①李…　Ⅲ.①小城镇-污水处理　Ⅳ.①X703

中国版本图书馆CIP数据核字（2018）第074361号

责任编辑：董　琳
责任校对：王素芹　　装帧设计：张　辉

出版发行：化学工业出版社（北京市东城区青年湖南街13号　邮政编码100011）
印　　装：北京虎彩文化传播有限公司
787mm×1092mm　1/16　印张15½　字数384千字　2023年6月北京第2版第3次印刷

购书咨询：010-64518888　　售后服务：010-64518899
网　　址：http://www.cip.com.cn
凡购买本书，如有缺损质量问题，本社销售中心负责调换。

定　　价：98.00元　

前　言

小城镇污水的任意排放，严重地污染了周围的水环境，也阻碍了小城镇经济的快速发展。因此，小城镇的污水治理已成为我国水污染控制的重点。未来几年，我国乡（镇）政府所在地都将建设污水处理设施，有些村庄也要建污水处理设施。由于小城镇污水处理有其自身的特点，因此，小城镇污水处理不能完全照搬城市的污水处理技术。虽然我国小城镇污水处理工作起步较晚，但近几年也有了一些成熟技术和经验可以借鉴。为了满足从事小城镇污水处理工程设计、施工等技术人员的需求，在第一版的基础上，结合小城镇污水处理技术的发展和应用情况对原书进行了重新编写。

本书第二版仍然坚持第一版的编写风格，以小城镇污水工艺选择、处理构筑物的设计计算、工程实例为重点，介绍适用于小城镇污水处理的技术与工艺，包括近几年污水处理厂采用较多的新技术和新工艺，并结合例题介绍各种工艺及处理构筑物的计算方法，同时介绍20余种不同工艺的小城镇污水处理工程实例。在结构上做了一定的调整，由原来的8章改为9章，使得知识结构更加合理。在内容上也进行了有机的整合，并增加了生物膜法等一些新的内容。在工程实例中增加了新的工程实例，并增加了一体化设施和生物转盘等工程实例。本书可作为从事给水排水工程建设、设计、施工、管理和研究人员的参考书，也可以作为高等学校给水排水工程专业、环境工程及相关专业教师和学生的教学参考书。

本书第1章、第2章由李亚峰、冯雷编写；第3章由韩松编写；第4章由李倩倩、谭宏伟编写；第5章、第6章由李亚峰、马学文编写；第7章由韩松、李倩倩编写；第8章由谭宏伟、马学文编写；第9章的工程实例由（按姓氏笔画）于佳辉、于晓明子、马学文、韦真周、冯宁、刘文卿、李唯璐、张晓宁、蒋岚岚、韩松、熊芳芳、魏忠庆编写。全书最后由李亚峰统编、定稿。

由于编者水平有限，对于书中疏漏和不妥之处，请读者不吝指教。

编著者

2018年1月

第一版前言

随着我国小城镇数量和人口数量迅速增加，小城镇的污水排放量也不断增长。目前小城镇生活污水排放量已经达到约2亿吨，约占全国生活污水排放总量的70%。但小城镇污水处理设施建设却远远落后于城镇建设的发展，小城镇生活污水处理率很低。小城镇污水的任意排放，严重地污染了周围的水环境，也阻碍了小城镇经济的快速发展。因此，小城镇的污水治理已成为我国水污染控制的重点。

小城镇污水水量小、水量变化剧烈、水质复杂、波动大，同时小城镇基础设施条件差、建设与运行资金短缺、自然环境差别较大，因此，小城镇污水处理不能完全照搬城市的污水处理技术。而我国小城镇污水处理工作起步较晚，尚无成熟的经验，移植、借鉴、开发适合小城镇的经济、高效、节能和简便易行的小城镇污水处理技术是当务之急。

本书以小城镇污水工艺选择、处理构筑物的设计计算、工程实例为重点，介绍适用于小城镇污水处理的技术与工艺，包括近几年污水处理厂采用较多的新技术和新工艺，并结合例题介绍各种工艺及处理构筑物的计算方法，同时介绍20余种不同工艺的小城镇污水处理工程实例。本书可作为从事给水排水工程建设、设计、施工、管理和研究人员的参考书，也可以作为高等学校给水排水工程专业、环境工程专业及相关专业教师和学生的教学参考书。

本书第1章至第5章由李亚峰、夏怡编著；第6章、第7章由曹文平、李亚峰编著；第8章的工程实例由（按姓氏笔画）王文光、刘佳、冯成军、吕春华、李旭东、李亚峰、张婷、武娇一、赵艳红、蒋岚岚、薛军、魏忠庆编著。全书最后由李亚峰统编定稿。

由于编者知识水平有限，对于书中缺点和不妥之处，请读者不吝指教。

编著者

2010年7月

目　录

第1章　总　　论

1.1　小城镇污水处理的现状

小城镇一般是指建制镇政府所在地，具有一定的人口、工业、商业的聚集规模，是当地农村、社区的政治、经济和文化中心，并具有较强的辐射能力。由于小城镇与周围村庄关系密切，所以也常简称“村镇”。

改革开放以来，我国城镇化进程加快，各种规模和性质的小城镇已近48000个。目前我国建制镇人口大多在0.3万～1万人，污水量大多集中在2000～5000t/d。

随着小城镇城市化进程的加快，村镇人口不断集中，乡镇企业迅速发展，城镇污水排放量也不断增加。然而，由于过去“重建设，轻环保”的旧观念，城镇基础设施建设远远落后于城镇建设的发展，缺乏必要的污水收集系统和污水处理设施，污水无序乱流，不仅严重污染了水环境，而且给小城镇饮用水安全和居民生存环境构成严重威胁，制约了经济发展及城镇可持续发展。近年来在国家逐步解决了大中城市以及部分县城污水处理问题以后，小城镇污水处理的重要性开始引起人们广泛的关注。小城镇污水能否处理好，能否找到高效、低投入的城镇污水处理新技术，将直接关系到我国小城镇人民生活水平的提高，关系到我国环境状况和可持续发展的战略。

1.1.1　小城镇污水的特点

小城镇排放的污水一般由居民日常生活、小型餐饮服务、小型轻工业和手工业生产以及公共卫生服务设施排放的污水组成；污染物质主要有SS、COD、BOD、总氮、总磷、动植物油和粪大肠菌群。小城镇排放的污水水质和水量受地区生活习惯、经济发展水平及设施完善程度的不同而有一定差异。

小城镇排放的污水有以下几个特点。

(1) 人口少，用水量标准较低，污水处理规模小。小城镇污水处理规模多集中在2000～5000m^3/d，一般不超过20000m^3/d。

(2) 排水纳污面积小，污水量少，因此变化系数大，进水水质、水量波动都较大，在选择污水处理工艺时需要选择耐冲击的污水处理工艺。

(3) 多数小城镇的工业废水、生活污水合流排放，且由于受到小城镇经济条件的制约，部分工业企业超标排放，给水质造成一定冲击。

(4) 所在城市的发展可能出现跳跃式的发展，近期污水量比较少，规划远期污水量较大。

(5) 粪便水占排放污水比例大，生活污水中尽管含的粪便量不大，但却是严重的污染源。目前粪便污水的去向：一是清运到郊区或蔬菜基地作肥料；二是经城市下水管道排放。对于小城镇家庭厕所分为老式旱厕和新式水厕。新式水厕对于粪便污水采取全部排放方式。老式旱厕比较复杂：有排放的，有清运的，而有的则有时排放有时清运。而旱厕中清运的只占30%，其余70%的旱厕粪便则以污水引入下水道排走。这样每天数十吨乃至数百吨粪便污水由下水道排入江河，严重地污染了江河的水质，给人民的健康造成了很大的影响。

(6) 污水、雨水没有完全分流，收集的污水还带有一定的雨水入流和地下水的入渗，水质浓度偏低。表1-1是一些中小城镇的污水水质情况。

表1-1 部分中小城镇的污水水质特性 单位：mg/L

中小城镇		SS	BOD_5	COD	TN	NH_4^+-N	TP
黑龙江	大庆乘风庄	78.1～168.5	46.3～89.4	112.1～205.6	23.2～28.6	15.6～23.4	4.5～7.3
	绥化城关镇	118.2～213.4	86.2～102.1	207.3～235.6	25.7～32.5	21.2～28.9	5.1～8.4
	安达城关镇	103.2～185.3	112.6～36.5	234.6～311.8	35.6～48.7	30.2～36.9	5.6～9.1
山东	广饶城关镇	158.6～290.3	86.3～125.1	183.1～313.2	39.6～36.8	18.4～24.5	3.2～6.8
	东营西城	56.4～89.5	36.4～74.5	83.5～154.3	26.5～31.4	16.4～24.2	3.9～7.2
	胶州城关镇	268.5～389.5	223.4～356.7	458.3～693.1	50.3～62.4	32.5～43.1	4.9～10.5
广东	番禺石桥镇	61.4～142.6	43.2～80.1	89.4～135.2	8.4～38.3	22.5～31.2	3.8～7.8
	佛山镇安	55.4～96.5	38.6～73.2	78.5～146.8	27.5～32.3	20.6～28.4	4.5～7.2
内蒙古	集宁区城关镇	180.5～255.3	78.4～110.2	486.3～210.5	29.2～36.4	21.2～26.5	4.6～8.2
河南	嵩山城关镇	121.5～156.3	68.2～102.1	150.1～232.4	—	18.6～23.2	4.5～7.5

1.1.2 小城镇污水的处理现状及面临的问题

1.1.2.1 小城镇污水的处理现状

由于经济条件、技术水平、管理模式等因素的限制，截止到“十一五”规划之前，我国的水污染控制工作重点放在了城市生活污水和工业废水处理上，而针对小城镇和农村污水处理工作的进程十分缓慢。近几年，随着城市化进程的加快和对环保工作的重视，小城镇污水处理项目建设速度在不断加快，小城镇污水处理也取得了一定成果。但总体看小城镇污水处理还是滞后于经济发展，并且是刚刚起步，因此还有许多问题需要解决。

1.1.2.2 小城镇污水处理面临的问题

(1) 我国小城镇大部分没有污水治理专项规划，部分城镇仅仅在总体规划上简单地进行描述或在总体规划上有个污水处理厂位置的选择，一般没有污水收集系统规划，导致污水处理规模存在一定程度的不确定性。

(2) 小城镇污水处理工艺设计标准、规范不配套。我国现有的《污水处理工程项目建设标准》最小规模在 $(1～5)\times10^4m^3/d$，而部分小城镇污水处理规模在 $1\times10^4m^3/d$ 以下，所以现有设计规范标准不配套，给设计带来了一定的不确定性。

(3) 小城镇污水水质受工业污水的冲击大，部分工业企业以已交纳污水处理费为由超标、超总量排污，而小城镇污水处理厂难以接纳。据全国城市污水处理厂运行调查COD浓度超标的占40%，总磷、总氮超标占60%，已成为主要污染因素。这给小城镇污水处理厂的设计运行带来了一定难度。

(4) 污水收集管网建设滞后，雨污不分，生活与工业污水不分，使污水处理厂系统的整体效率低下，处理难以达标。

(5) 没有针对小城镇特点认真研究和采用相适应的处理工艺和设计参数，而是延用和照搬大、中型规模城市污水处理工艺及设计参数，造成工程投资和运行费用过高。

(6) 建设运行经验不足，技术力量薄弱，导致部分污水处理厂建成后难以正常运行。

(7) 小城镇污水处理缺乏资金来源。小城镇污水处理工程建设往往使当地主管部门“望而生畏”，因为小城镇污水处理工程建设缺乏资金来源。个别地方存在污水处理厂建成后，没有资金维持运行的情况，导致虽建有污水处理厂但污水仍未经处理直接排放。

(8) 污水处理厂污泥处理问题严重。小城镇污水处理厂的污泥最终处理往往不落实，一些污水处理厂随意堆放污泥，无害化处理能力不足，使污水处理厂本身成为污染区。

1.2　小城镇污水的排放标准

1.2.1　污水的主要污染指标

污水的污染指标是用来衡量水在使用过程中被污染的程度，也称污水的水质指标。下面介绍最常用的几项主要水质指标。

1.2.1.1　生物化学需氧量（BOD）

生物化学需氧量（BOD）是一个反映水中可生物降解的含碳有机物的含量及排到水体后所产生的耗氧影响的指标。它表示在温度为20℃和有氧的条件下，由于好氧微生物分解水中有机物的生物化学氧化过程中消耗的溶解氧量，也就是水中可生物降解有机物物稳定化所需要的氧量，单位为mg/L。BOD不仅包括水中好氧微生物的增长繁殖或呼吸作用所消耗的氧量。还包括了硫化物、亚铁等还原性无机物所耗用的氧量，但这一部分的所占比例通常很小。BOD越高，表示污水中可生物降解的有机物越多。

污水中可降解有机物的转化与温度、时间有关。在20℃的自然条件下，有机物氧化到硝化阶段、即实现全部分解稳定所需时间在100d以上，但实际上常用20℃时20d的生化需氧量BOD_{20}近似地代表完全生化需氧量。生产应用中仍嫌20d的时间太长，一般采用20℃时5d的生化需氧量BOD_5作为衡量污水有机物含量的指标。

1.2.1.2　化学需氧量（COD）

尽管BOD_5是城市污水中常用的有机物浓度指标，但是存在分析上的缺陷：①5d的测定时间过长，难以及时指导实践；②污水中难生物降解的物质含量高时，BOD_5测定误差较大；③工业废水中往往含有抑制微生物生长繁殖的物质，影响测定结果。因此有必要采用COD这一指标作为补充或替代。化学需氧量（COD）是指在酸性条件下，用强氧化剂重铬酸钾将污水中有机物氧化为CO_2、H_2O所消耗的氧量，用COD_{Cr}表示，一般写成COD，单位为mg/L。重铬酸钾的氧化性极强，水中有机物绝大部分（约90%～95%）被氧化。化学需氧量的优点是能够更精确地表示污水中有机物的含量，并且测定的时间短，不受水质的限制。缺点是不能像BOD那样表示出微生物氧化的有机物量。另外还有部分无机物也被氧化，并非全部代表有机物含量。

城市污水的COD一般大于BOD_5，两者的差值可反映废水中存在难以被微生物降解的有机物。在城市污水处理分析中，常用BOD_5/COD的比值来分析污水的可生化性。当BOD_5/COD>0.3时，可生化性较好，适宜采用生化处理工艺。

1.2.1.3　悬浮物SS

悬浮固体是水中未溶解的非胶态的固体物质，在条件适宜时可以沉淀。悬浮固体可分为有机性和无机性两类，反映污水汇入水体后将发生的淤积情况，其含量的单位为mg/L。因悬浮固体在污水中肉眼可见，能使水浑浊，属于感官性指标。

悬浮固体代表了可以用沉淀、混凝沉淀或过滤等物化方法去除的污染物，也是影响感观性状的水质指标。

1.2.1.4 pH 值

酸度和碱度是污水的重要污染指标，用 pH 值来表示。它对保护环境、污水处理及水工构筑物都有影响，一般生活污水呈中性或弱碱性，工业污水多呈强酸或强碱性。城市污水的 pH 呈中性，一般为 6.5～7.5。pH 值的微小降低可能是由于城市污水输送管道中的厌氧发酵；雨季时较大的 pH 值降低往往是城市酸雨造成的，这种情况在合流制系统尤其突出。pH 值的突然大幅度变化不论是升高还是降低，通常是由于工业废水的大量排入造成的。

1.2.1.5 总氮 TN、氨氮 NH_3-N、凯氏氮 TKN

(1) 总氮 TN　为水中有机氮、氨氮和总氧化氮（亚硝酸氮及硝酸氮之和）的总和。有机污染物分为植物性和动物性两类：城市污水中植物性有机污染物如果皮、蔬菜叶等，其主要化学成分是碳（C），由 BOD_5 表征；动物性有机污染物质包括人畜粪便、动物组织碎块等，其化学成分以氮（N）为主。氮属植物性营养物质，是导致湖泊、海湾、水库等缓流水体富营养化的主要物质，成为废水处理的重要控制指标。

(2) 氨氮 NH_3-N　氨氮是水中以 NH_3 和 NH_4^+，形式存在的氮，它是有机氮化物氧化分解的第一步产物。氨氮不仅会促使水体中藻类的繁殖，而且游离的 NH_3 对鱼类有很强的毒性，致死鱼类的浓度在 0.2～2.0mg/L 之间。氨也是污水中重要的耗氧物质，在硝化细菌的作用下，氨被氧化成 NO_2^- 和 NO_3^-，所消耗的氧量称硝化需氧量。

(3) 凯氏氮 TKN　是氨氮和有机氮的总和。测定 TKN 及 NH_3-N，两者之差即为有机氮。

1.2.1.6 总磷 TP

总磷是污水中各类有机磷和无机磷的总和。与总氮类似，磷也属植物性营养物质，是导致缓流水体富营养化的主要物质。受到人们的关注，成为一项重要的水质指标。

1.2.1.7 非重金属无机物质有毒化合物和重金属

(1) 氰化物（CN）　氰化物是剧毒物质，急性中毒时抑制细胞呼吸，造成人体组织严重缺氧，对人的经口致死量为 0.05～0.12g。

排放含氰废水的工业主要有电镀、焦炉和高炉的煤气洗涤，金、银选矿和某些化工企业等，含氰浓度约 20～70mg/L 之间。

氰化物在水中的存在形式有无机氰（如氰氢酸 HCN、氰酸盐 CN^-）及有机氰化物（称为腈，如丙烯腈 C_2H_3CN）。

我国饮用水标准规定，氰化物含量不得超过 0.05mg/L，农业灌溉水质标准规定为不大于 0.5mg/L。

(2) 砷（As）　砷是对人体毒性作用比较严重的有毒物质之一。砷化物在污水中存在形式有无机砷化物（如亚砷酸盐 AsO_2^-、砷酸盐 AsO_4^{3-}）以及有机砷（如三甲基胂）。三价砷的毒性远高于五价砷，对人体来说，亚砷酸盐的毒性作用比砷酸盐大 60 倍，因为亚砷酸盐能够和蛋白质中的硫反应，而三甲基胂的毒性比亚砷酸盐更大。

砷也是累积性中毒的毒物，当饮水中砷含量大于 0.05mg/L 时就会导致累积。近年来发现砷还是致癌元素（主要是皮肤癌）。工业中排放含砷废水的有化工、有色冶金、炼焦、火电、造纸、皮革等行业，其中以冶金、化工排放砷量较高。

我国饮用水标准规定，砷含量不应大于 0.04mg/L，农田灌溉标准是不高于 0.05mg/L，渔业用水不超过 0.1mg/L。

1.2.1.8 重金属

重金属指原子序数在21～83之间的金属或相对密度大于4的金属。其中汞（Hg）、镉（Cd）、铬（Cr）、铅（Pb）毒性最大，危害也最大。

（1）汞（Hg） 汞是重要的污染物质，也是对人体毒害作用比较严重的物质。汞是累积性毒物，无机汞进入人体后随血液分布于全身组织，在血液中遇氯化钠生成二价汞盐累积在肝、肾和脑中，在达到一定浓度后毒性发作，其毒理主要是汞离子与酶蛋白的硫结合，抑制多种酶的活性，使细胞的正常代谢发生障碍。

甲基汞是无机汞在厌氧微生物的作用下转化而成的。甲基汞在体内约有15%累积在脑内，侵入中枢神经系统，破坏神经系统功能。

含汞废水排放量较大的是氯碱工业，因其在工艺上以金属汞作流动阴电极，以制成氯气和苛性钠，有大量的汞残留在废盐水中。聚氯乙烯、乙醛、醋酸乙烯的合成工业均以汞作催化剂，因此上述工业废水中含有一定数量的汞。此外，在仪表和电气工业中也常使用金属汞，因此也排放含汞废水。

我国饮用水、农田灌溉水都要求汞的含量不得超过0.001mg/L，渔业用水要求更为严格，不得超过0.0005mg/L。

（2）镉（Cd） 镉是一种典型的累积富集型毒物，主要累积在肾脏和骨骼中，引起肾功能失调，骨质中钙被镉所取代，使骨骼软化，造成自然骨折，疼痛难忍。这种病潜伏期长，短则10年，长则30年，发病后很难治疗。

每人每日允许摄入的镉量为0.057～0.071mg。我国饮用水标准规定，镉的含量不得大于0.01mg/L，农业用水与渔业用水标准则规定要小于0.005mg/L。

镉主要来自采矿、冶金、电镀、玻璃、陶瓷、塑料等生产部门排出的废水。

（3）铬（Cr） 铬也是一种较普遍的污染物。铬在水中以六价和三价2种形态存在，三价铬的毒性低，作为污染物质所指的是六价铬。人体大量摄入能够引起急性中毒，长期少量摄入也能引起慢性中毒。

六价铬是卫生标准中的重要指标，饮用水中的浓度不得超过0.05mg/L，农业灌溉用水与渔业用水应小于0.1mg/L。

排放含铬废水的工业企业主要有电镀、制革、铬酸盐生产以及铬矿石开采等。电镀车间是产生六价铬的主要来源，电镀废水中铬的浓度一般在50～100mg/L。生产铬酸盐的工厂，其废水中六价铬的含量一般在100～200mg/L之间。皮革鞣制工业排放的废水中六价铬的含量约为40mg/L。

（4）铅（Pb） 铅对人体也是累积性毒物。据美国资料报道，成年人每日摄取铅低于0.32mg时，人体可将其排除而不产生积累作用；摄取0.5～0.6mg，可能有少量的累积，但尚不至于危及健康；如每日摄取量超过1.0mg，即将在体内产生明显的累积作用，长期摄入会引起慢性中毒。其毒理是铅离子与人体内多种酶络合，从而扰乱了机体多方面的生理功能，可危及神经系统、造血系统、循环系统和消化系统。

我国饮用水、渔业用水及农田灌溉水都要求铅的含量小于0.1mg/L。

铅主要含于采矿、冶炼、化学、蓄电池、颜料工业等排放的废水中。

1.2.1.9 微生物指标

污水生物性质的检测指标有大肠菌群数（或称大肠菌群值）、大肠菌群指数、病毒及细菌总数。

(1) 大肠菌群数(大肠菌群值)与大肠菌群指数　大肠菌群数(大肠菌群值)是每升水样中所含有的大肠菌群的数目,以个/L计;大肠菌群指数是查出1个大肠菌群所需的最少水量,以毫升(mL)计。可见大肠菌群数与大肠菌群指数是互为倒数,即

$$\text{大肠菌群指数}=\frac{1000}{\text{大肠菌群数}}\ (\text{mL}) \tag{1-1}$$

若大肠菌群数为500个/L,则大肠菌群指数为1000/500=2mL。

大肠菌群数作为污水被粪便污染程度的卫生指标,原因有两个:①大肠菌与病原菌都存在于人类肠道系统内,它们的生活习性及在外界环境中的存活时间都基本相同,每人每日排泄的粪便中含有大肠菌约$1\times10^{11}\sim4\times10^{11}$个,数量大大多于病原菌,但对人体无害;②由于大肠菌的数量多,且容易培养检验,但病原菌的培养检验十分复杂与困难。故此,常采用大肠菌群数作为卫生指标。水中存在大肠菌,就表明受到粪便的污染,并可能存在病原菌。

(2) 病毒　污水中已被检出的病毒有100多种。检出大肠菌群,可以表明肠道病原菌的存在,但不能表明是否存在病毒及其他病原菌(如炭疽杆菌)。因此还需要检验病毒指标。病毒的检验方法目前主要有数量测定法与蚀斑测定法两种。

(3) 细菌总数　细菌总数是大肠菌群数,病原菌,病毒及其他细菌数的总和,以每毫升水样中的细菌菌落总数表示。细菌总数越多,表示病原菌与病毒存在的可能性越大。因此用大肠菌群数、病毒及细菌总数3个卫生指标来评价污水受生物污染的严重程度就比较全面。

1.2.2 水污染物排放标准

小城镇污水处理的水质目标和污水处理程度是选择污水处理方法、流程的依据。

目前,我国城镇污水处理厂污染物的排放均执行由原国家环境保护总局和国家技术监督检验总局批准发布的《城镇污水处理厂污染物排放标准》(GB 18918—2002)。该标准是专门针对城镇污水处理厂污水、废气、污泥污染物排放制定的国家专业污染物排放标准,适用于城镇污水处理厂污水排放、废气的排放和污泥处置的排放与控制管理。根据国家综合排放标准与国家专业排放标准不交的原则,该标准实施后,城镇污水处理厂污水、废气和污泥的排放不再执行综合排放标准。

该标准将城镇污水污染物控制项目分为两类。

第一类为基本控制项目,主要是对环境产生较短期影响的污染物,也是城镇污水处理厂常规处理工艺能去除的主要污染物,包括BOD、COD、SS、动植物油、石油类、LAS、总氮、氨氮、总磷、色度、pH值和粪大肠菌群数共12项,一类重金属汞、烷基汞、镉、铬、六价铬、砷、铅共7项。

第二类为选择控制项目,主要是对环境有较长期影响或毒性较大的污染物,或是影响生物处理、在城市污水处理厂又不易去除的有毒有害化学物质和微量有机污染物如酚、氰、硫化物、甲醛、苯胺类、硝基苯类、三氯乙烯、四氯化碳等43项。

该标准制定的技术依据主要是处理工艺和排放去向,根据不同工艺对污水处理程度和受纳水体功能,对常规污染物排放标准分为三级:一级标准、二级标准、三级标准。一级标准分为A标准和B标准。一级标准是为了实现城镇污水资源化利用和重点保护饮用水源的目的,适用于补充河湖景观用水和再生利用,应采用深度处理或二级强化处理工艺。二级标准主要是以常规或改进的二级处理为主的处理工艺为基础制定的。三级标准是为了在一些经济欠发达的特定地区,根据当地的水环境功能要求和技术经济条件,可先进行一级半处理,适

当放宽的过渡性标准。一类重金属污染物和选择控制项目不分级。

一级标准的 A 标准是城镇污水处理厂出水作为回用水的基本要求。当污水处理厂出水引入稀释能力较小的河湖作为城镇景观用水和一般回用水等用途时，执行一级标准的 A 标准。

城镇污水处理厂出水排入 GB 3838 地表水Ⅲ类功能水域（划定的饮用水水源保护区和游泳区除外）、GB 3097 海水二类功能水域和湖、库等封闭或半封闭水域时，执行一级标准的 B 标准。

城镇污水处理厂出水排入 GB 3838 地表水Ⅳ、Ⅴ类功能水域或 GB 3097 海水三、四类功能海域，执行二级标准。

非重点控制流域和非水源保护区的建制镇的污水处理厂，根据当地经济条件和水污染控制要求，采用一级强化处理工艺时，执行三级标准。但必须预留二级处理设施的位置，分期达到二级标准。

城镇污水处理厂水污染物排放基本控制项目，执行表 1-2 和表 1-3 的规定。选择控制项目按表 1-4 的规定执行。

表 1-2　基本控制项目最高允许排放浓度（日均值）　　单位：mg/L

序号	基本控制项目		一级标准		二级标准	三级标准
			A 标准	B 标准		
1	化学需氧量(COD)		50	60	100	120①
2	生化需氧量(BOD_5)		10	20	30	60①
3	悬浮物(SS)		10	20	30	50
4	动植物油		1	3	5	20
5	石油类		1	3	5	15
6	阴离子表面活性剂		0.5	1	2	
7	总氮(以 N 计)		15	20		
8	氨氮(以 N 计)②		5(8)	8(15)	25(30)	
9	总磷(以 P 计)	2005 年 12 月 31 日前建设的	1	1.5	3	5
		2006 年 1 月 1 日起建设的	0.5	1	3	5
10	色度(稀释倍数)		30	30	40	50
11	pH 值		6～9			
12	粪大肠菌群数/(个/L)		10^3	10^4	10^4	

① 下列情况下按去除率指标执行：当进水 COD>350mg/L 时，去除率应大于 60%；BOD>160mg/L 时，去除率应大于 50%。

② 括号外数值为水温>12℃时的控制指标，括号内数值为水温≤12℃时的控制指标。

表 1-3　部分一类污染物最高允许排放浓度（日均值）　　单位：mg/L

序　号	项　目	标　准　值
1	总汞	0.001
2	烷基汞	不得检出
3	总镉	0.01
4	总铬	0.1

续表

序　号	项　目	标 准 值
5	六价铬	0.05
6	总砷	0.1
7	总铅	0.1

表 1-4 选择控制项目最高允许排放浓度（日均值）　单位：mg/L

序号	选择控制项目	标准值	序号	选择控制项目	标准值
1	总镍	0.05	23	三氯乙烯	0.3
2	总铍	0.002	24	四氯乙烯	0.1
3	总银	0.1	25	苯	0.1
4	总铜	0.5	26	甲苯	0.1
5	总锌	1.0	27	邻-二甲苯	0.4
6	总锰	2.0	28	对-二甲苯	0.4
7	总硒	0.1	29	间-二甲苯	0.4
8	苯并[*a*]芘	0.00003	30	乙苯	0.4
9	挥发酚	0.5	31	氯苯	0.3
10	总氰化物	0.5	32	1,4-二氯苯	0.4
11	硫化物	1.0	33	1,2-二氯苯	1.0
12	甲醛	1.0	34	对硝基氯苯	0.5
13	苯胺类	0.5	35	2,4-二硝基氯苯	0.5
14	总硝基化合物	2.0	36	苯酚	0.3
15	有机磷农药(以P计)	0.5	37	间-甲酚	0.1
16	马拉硫磷	1.0	38	2,4-二氯酚	0.6
17	乐果	0.5	39	2,4,6-三氯酚	0.6
18	对硫磷	0.05	40	邻苯二甲酸二丁酯	0.1
19	甲基对硫磷	0.2	41	邻苯二甲酸二辛酯	0.1
20	五氯酚	0.5	42	丙烯腈	2.0
21	三氯甲烷	0.3	43	可吸附有机卤化物(AOX以Cl计)	1.0
22	四氯化碳	0.03			

在确定小城镇污水处理厂排放标准时，应根据污水处理厂出水的利用情况、受纳水体水域使用功能的环境保护要求以及当地的技术经济条件综合考虑。

对于一些城镇化发展中的地区而言，建设及运营资金短缺，土地资源紧张，有限的投资与较高的排放标准存在一定的矛盾。但我国目前尚无小城镇的污水排放标准，能否将小城镇的污水排放标准进行调整或放宽，也是目前大家十分关心的问题。

1.3 适用于小城镇污水处理的工艺系统

1.3.1 一级及一级强化处理工艺系统

一级处理主要去除污水中呈悬浮状态的固体污染物质，物理处理法大部分只能完成一级处理的要求。城市污水一级处理的主要构筑物有格栅、沉砂池和初沉池。经过一级处理后的污水，SS一般可去除40%～55%，BOD一般可去除30%左右，达不到排放标准。

一级处理去除效果较差，一般很少单独使用，多作为二级处理工艺预处理。但由于小城镇经济发展水平不高，资金来源不足，因此，在一些经济尚欠发达的地区，小城镇污水可以采用一级强化处理工艺。

一级强化处理增加较少的投资采取强化处理措施，能较大程度地提高污染物的去除率，削减总污染负荷，降低去除单位污染物的费用。

一级强化处理是在普通一级处理的基础上，通过采用物理化学方法或生物处理方法强化预处理和一级处理的效果，使污水达到一定的处理标准，同时节省投资和运行费用。物化法可采用混凝沉淀、过滤技术；生物法可采用不完全生物处理，如高负荷活性污泥法、水解酸化法等。应用结果表明，通过一级强化处理，COD的去除率可达70%，BOD去除率可达60%。一级强化处理适应于水环境状况亟待改善而经济尚欠发达的地区，是一种高效而低投入的新型技术，有着较高的实用价值和良好的应用前景。

我国《城市污水处理及污染物防治技术政策》建议非重点流域和非水源保护区的建制镇根据当地经济条件和水污染控制要求，可先行一级强化处理，分期实现二级处理。一级强化处理是用较少的投资削减当前严重的污染负荷，部分解决污染问题，待有能力时再续建二级处理，实现达标排放。这为在我国开展一级强化处理工艺提供了政策依据，对全面实现我国水环境彻底改善的目标具有重大意义。

一级强化处理工艺运行虽然投资省，但处理效果差、运行费用高、污泥量大且后续处理有难度，因此采用较少。一般仅用于生化性较差的污水处理或当作二级生化处理的补充。一级处理和一级强化处理也可以作为污水排海、土地处理或氧化塘处理的预处理。

1.3.2　二级生物处理工艺系统

二级生物处理是一级处理的基础之上增加生化处理方法，其目的主要去除污水中呈胶体和溶解状态的有机污染物质（即BOD、COD物质）。二级处理采用的生化方法主要有活性污泥法和生物膜法，其中采用较多的是活性污泥法。经过二级处理，小城镇污水有机物的去除率可达90%以上，出水中的BOD、SS等指标能够达到排放标准。

适用于小城镇污水处理的二级生物处理工艺系统主要有以下几种。

1.3.2.1　A_1/O法

A_1/O法是缺氧/好氧工艺的简称，具有同时去除有机物和脱氮的功能。具体做法是在常规的好氧活性污泥法处理系统前，增加一段缺氧生物处理过程，经过预处理的污水先进入缺氧段，然后再进入好氧段。好氧段的一部分硝化液通过内循环管道回流到缺氧段。

A_1/O法的A段在缺氧条件下运行，溶解氧应控制在0.5mg/L以下。缺氧段的作用是脱氮。在这里反硝化细菌以原水中的有机物作为碳源，以好氧段回流液中硝酸盐作为受电体，进行反硝化反应，将硝态氮还原为气态氮（N_2），使污水中的氮去除。

A_1/O法是生物脱氮工艺中流程比较简单的一种工艺，而且装置少，不必外加碳源，基建费用和远行费用都比较低。但本工艺的出水来自反硝化曝气池，因此，出水中含有一定浓度的硝酸盐，如果沉淀池运行不当，在沉淀池内也会发生反硝化反应，使污泥上浮，使出水水质恶化。

另外，该工艺的脱氮效率取决于内循环量的大小，从理论上讲，内循环量越大，脱氮效果越好，但内循环量越大，运行费用就越高，而且缺氧段的缺氧条件也不好控制。因此，本工艺的脱氮效率很难达到90%。

1.3.2.2 A_n /O 法

A_n/O 法是厌氧/好氧工艺的简称，具有同时去除有机物和除磷的功能。具体做法是在常规的好氧活性污泥法处理系统前，增加一段厌氧生物处理过程，经过预处理的污水与回流污泥（含磷污泥）一起进入厌氧段，然后再进入好氧段。回流污泥在厌氧段吸收一部分有机物，并释放出大量磷，进入好氧段后，污水中的有机物得到好氧降解，同时污泥将大量摄取污水中的磷，部分富磷污泥以剩余污泥的形式排出，实现磷的去除。

A_n/O 工艺除磷流程简单，不需投加化学药品，也不需要考虑内循环，因此建设费用及运行费用都较低。另外，厌氧段在好氧段之前，不仅可以抑制丝状菌的生长、防止污泥膨胀，而且有利于聚磷菌的选择性增殖。

本工艺存在的问题是除磷效率较低，处理城镇污水时的除磷效率只有75%左右。另外，工艺设备复杂、运行管理要求高，对于资金短缺和运行管理水平落后的小城镇来说不适合采用。

1.3.2.3 A^2/O 法

A^2/O 法是厌氧/缺氧/好氧工艺的简称，本工艺不仅能够去除有机物，同时还具有脱氮和除磷的功能。具体做法是在 A/O 前增加一段厌氧生物处理过程，经过预处理的污水与回流污泥（含磷污泥）一起进入厌氧段，再进入缺氧段，最后再进入好氧段。

本工艺具有以下几项特点：①运行中无须投药，两个 A 段只用轻缓搅拌，以不增加溶解氧为度，运行费用低；②在厌氧、缺氧、好氧交替运行条件下，丝状菌不能大量增殖，避免了污泥膨胀的问题，SVI 值一般均小于100；③工艺简单，总停留时间短，建设投资少。

本法也存在如下各项待解决的问题：①除磷效果难于再行提高，污泥增长有一定的限度，不易提高，特别是当 P/BOD 值高时更是如此；②脱氮效果也难于进一步提高，内循环量一般以 $2Q$ 为限，不宜太高。

1.3.2.4 间歇式活性污泥法（SBR 法）及其变形工艺

间歇式活性污泥法又称序批式活性污泥法，简称 SBR 法。SBR 法原本是最早的一种活性污泥法运行方式，由于管理操作复杂，未被广泛应用。近些年来，自控技术的迅速发展重新为其注入了生机，使其发展成为简单可靠、经济有效和多功能的 SBR 技术。SBR 工艺的核心构筑物是集有机污染物降解与混合液沉淀于一体的反应器——间歇曝气曝气池。

SBR 法主要特征是反应池一批一批地处理污水，采用间歇式运行的方式，每一个反应池都兼有曝气池和二沉池作用，因此不再设置二沉池和污泥回流设备，而且一般也可以不建水质或水量调节池。

SBR 法具有以下几个特点。

（1）对水质水量变化的适应性强，运行稳定，适于水质水量变化较大的中小城镇污水处理；也适应高浓度污水处理。

（2）为非稳态反应，反应时间短；静沉时间也短，可不设初沉池和二沉池；体积小，基建费比常规活性污泥法约省22%，占地少38%左右。

（3）处理效果好，BOD_5 去除率达95%，且产泥量少。

（4）好氧、缺氧、厌氧交替出现，能同时具有脱氮（80%～90%）和除磷（80%）的功能。

（5）反应池中溶解氧浓度在0～2mg/L之间变化，可减少能耗，在同时完成脱氮除磷的情况下，其能耗仅相当传统活性污泥法。

但传统的SBR工艺用于生物除磷脱氮时，效果不够理想。另外，传统SBR工艺只有一个反应池，间歇进水后，再依次经历反应、沉淀、滗水、闲置四个阶段完成对污水的处理过程，因此，在处理连续来水时，一个SBR系统就无法应对，工程上采用多池系统，使进水在各个池子之间循环切换，每个池子在进水后按上述程序对污水进行处理，因此使得SBR系统的管理操作难度和占地都会加大。

为克服SBR法固有的一些不足（比如不能连续进水等），人们在使用过程中不断改进，发展出了许多新型和改良的SBR工艺，比如ICEAS系统、CASS系统、DAT-IAT系统、UNITANK系统、MSBR系统等。这些新型SBR工艺仍然拥有经典SBR的部分主要特点，同时还具有自己独特的优势，但因为经过了改良，经典SBR法所拥有的部分显著特点又会不可避免地被舍弃掉。

1.3.2.5　氧化沟

氧化沟是荷兰20世纪50年代开发的一种生物处理技术，属活性污泥法的一种变形。与传统工艺相比，其特点是将“池”改为“沟”。氧化沟为封闭的环状沟，也称为连续循环曝气池，其流态具备推流式和完全混合式的双重特点，因而抗冲击负荷能力强。氧化沟的曝气形式主要以表曝为主，常见的曝气设备有水平轴转刷、转碟、垂直轴叶轮表爆机等。除此以外，氧化沟工艺还具备构造简单、操作管理简便、出水水质好、处理效率稳定等特点。从运行方式上，可分成三大类：连续工作式、交替工作式和半交替工作式。较典型的连续工作式氧化沟有卡罗塞及奥贝尔氧化沟，较典型的交替工作式氧化沟为T型氧化沟，DE型氧化沟为半交替工作式氧化沟。

1.3.2.6　水解酸化-生物接触氧化处理工艺

生物接触氧化法，就是在曝气池中填充块状填料，经曝气的废水流经填料层，使填料颗粒表面长满生物膜，废水和生物膜相接触，在生物膜生物的作用下，废水得到净化。生物接触氧化又名浸没式曝气滤池，也称固定式活性污泥法，它是一种兼有活性污泥和生物膜法特点的废水处理构筑物，所以它兼有这两种处理法的优点。

生物接触氧化法具有生物相很丰富、活性微生物浓度高、占地面积小、抗冲击负荷能力强、污泥生成量少、不产生污泥膨胀、净化效果好等优点。因此，被广泛用于流量较小的生活污水处理，如小区生活污水处理和小城镇的污水处理。

水解-生物接触氧化处理工艺是水解与生物接触氧化法组合在一起，通过水解酸化反应，原废水中易降解物质减少较少，而一些难以生物降解的大分子物质可被转化为易生物降解的小分子物质（如有机酸等），从而使废水的可生化性和降解速度大幅度提高，从而提高了后续生物接触氧化的处理效果。

1.3.2.7　曝气生物滤池（BAF）

曝气生物滤池主要用于生物处理出水的进一步硝化，以提高出水水质，去除生物处理中的剩余氨氮。近几年又开发出多种形式，使此工艺适用于对原污水进行硝化与反硝化处理。它通过内设生物填料使微生物附着其上，污水从填料之间通过，达到去除有机物、氨氮和SS的目的。而除磷则主要靠投加化学药剂的方式加以解决。

曝气生物滤池充分借鉴了污水处理接触氧化法和给水快滤池的设计思路，集曝气、高滤速、截留悬浮物、定期反冲洗等特点于一体。其主要特征包括：采用粒状填料作为生物载体，如陶粒、焦炭、石英砂、活性炭等；区别于一般生物滤池及生物塔滤，在去除 BOD、氨氮时需要曝气；高水力负荷、高容积负荷及高的生物膜活性；具有生物氧化降解和截流 SS 的双重功能，生物处理单元之后不需再设二沉池；需要定期进行反冲洗，清除滤池中截流的 SS，同时更新生物膜。

BAF 的主要优点是：①占地面积小，基建投资省；②出水水质高，SS 一般不会超过 10mg/L。

但是该工艺也有一些缺点：①对进水的 SS 要求较严，最好是控制在 60mg/L 以内，因此往往采用混凝沉淀进行强化一级处理；②水头损失较大，每一级生物曝气滤池的水头损失为 1～2m；③不具有生物除磷功能，在出水磷指标有要求的场合，需要加药进行化学除磷，这无疑会加大投药量和剩余污泥量，增加运行成本；④如果采用强化一级处理虽然降低了进入滤池的 SS 浓度，同时也去除了大量有机物，可能会造成后面反硝化碳源不足的危险。据国外资料报道，有时还要外加碳源，否则不能有效脱氮。

1.3.2.8 百乐卡（BIOLAK）工艺

百乐卡（BIOLAK）工艺是由芬兰开发的专利技术，又叫悬挂链式曝气生物法。目前，世界上已有近 400 多套 BIOLAK 系统在运行。百乐卡（BIOLAK）工艺实质上是延时曝气活性污泥法，特点是生物氧化池可以采用土池或人工湖，曝气采用悬挂链式曝气系统。由于生物氧化池可以因地制宜，采用土池或人工湖，因此，投资减少。悬挂链式微孔曝气装置由空气输送管做浮筒牵引，曝气器悬挂于浮链下，利用自身配重垂直于水中。在向曝气器通气时，曝气器由于受力产生不均摆动，不断地往复摆动形成了曝气器有规律的曝气服务区。一个污水生化反应池中有多条这样的曝气链横跨池两岸，每条曝气链在一定区域内运动，不断交替地形成好氧区和缺氧区，每组好氧-缺氧区就形成了一段 A/O 工艺。根据净化对象的差异，污水生化反应池中可设多段这样的好养-缺氧区域，形成多级 A/O 工艺。另外，回流污泥量大，剩余污泥量少，运行管理简单。因此，适用于经济不是很发达的小城镇。

1.3.3 氧化塘

氧化塘又称稳定塘或生物塘，它是天然的或人工修成的池塘，是构造简单，易于维护管理的一种废水处理设施，废水在其中的净化与水的自净过程十分相似。

氧化塘法处理废水时，废水在塘内作长时间停留，有机污染物通过水中微生物的代谢作用而降解。细菌所需的氧气主要是塘内繁殖的藻类供给，这是利用细菌呼吸作用的代谢产物 CO_2、NH_3 等作原料进行光合作用，促使藻类繁殖，而向水中放出氧气。这样在氧化塘内细菌与藻类有着共生关系。因此，氧化塘中的藻类繁殖，对废水处理是有利的。其次是水面大气复氧或人工供氧。也有一些氧化塘的处理过程是厌氧的。

根据氧化塘内溶解氧的来源和塘内有机污染物降解的形式，氧化塘兼性塘、厌氧塘、好氧塘、曝气塘等多种形式。不同形式的单塘可以不同的组合方式形成多级串联塘系统。多级串联塘系统不仅有很高的 COD、BOD 去除率和较高的氮、磷去除率，还有很高的病原菌、寄生虫卵和病毒去除率。稳定塘系统不仅在发展中国家广泛应用，而且在发达国家应用也很普遍。我国也建造了越来越多的污水处理氧化塘，如黑龙江省齐齐哈尔氧化塘系统、山东省东营氧化塘处理系统、广东省尖峰山养猪场氧化塘、内蒙古集宁区氧化塘系统等。

氧化塘处理工艺具有基建投资省、工程简单、处理能耗低、运行维护方便、成本低、污泥产量少、抗冲击负荷能力强等诸多优点，不足之处就是占地面积大。稳定塘适用于土地资源丰富，地价便宜的城镇污水处理，尤其是有大片废弃的坑塘洼地、旧河道等可以利用的小城镇，可考虑采用该处理系统。

1.3.4　人工湿地

人工湿地是人工建造的、可控制的和工程化的湿地系统，其设计和建造是通过对湿地自然生态系统中的物理、化学和生物作用的优化组合来进行废水处理的。为保证污水在其中有良好的水力流态和较大体积的利用率，人工湿地的设计应采用适宜的形状和尺寸，适宜的进水、出水和布水系统，以及在其中种植抗污染和去污染能力强的沼生植物。

根据污水在湿地中水面位置的不同，人工湿地可以分为自由水面人工湿地和潜流型人工湿地。

表流人工湿地是用人工筑成水池或沟槽状，然后种植一些水生植物，如芦苇、香蒲等。在表流人工湿地系统中，污水在湿地的表面流动，水位较浅，多在 0.1～0.6m 之间。这种湿地系统中水的流动更接近于天然状态。污染物的去除也主要是依靠生长在植物水下部分的茎、杆上的生物膜完成的，处理能力较低。同时，该系统处理效果受气候影响较大，在寒冷地区冬天还会发生表面结冰问题。因此，表流人工湿地单独使用较少，大多和潜流人工湿地或其他处理工艺组合在一起。但这种系统投资小。

潜流人工湿地的水面位于基质层以下。基质层由上下两层组成，上层为土壤，下层是由易于使水流通的介质组成的根系层，如粒径较大的砾石、炉渣或砂层等，在上层土壤层中种植芦苇等耐水植物。床底铺设防渗层或防渗膜，以防止废水流出该处理系统，并具有一定的坡度。潜流人工湿地比表流人工湿地具有更高的负荷，同时占地面积小，效果可靠，耐冲击负荷，也不易滋生蚊蝇。但其构造相对复杂。

人工湿地污水处理技术是 20 世纪 70～80 年代发展起来的一种污水生态处理技术。由于它能有效地处理多种多样的废水，如生活污水、工业废水、垃圾渗滤液、地面径流雨水、合流制下水道暴雨溢流水等，且能高效地去除有机污染物，氮、磷等营养物，重金属，盐类和病原微生物等多种污染物。具有出水水质好，氮、磷去除处理效率高，运行维护管理方便，投资及运行费用低等特点，近年来获得迅速的发展和推广应用。

采用人工湿地处理污水，不仅能使污水得到净化，还能够改善周围的生态环境和景观效果。小城镇周围的坑塘、废弃地等较多，有利于建设人工湿地处理系统。

北方地区人工湿地通过增加保温措施能够解决过冬问题，只是投资要高一些，湿地结构要复杂一些。

1.4　小城镇污水的再生利用

1.4.1　小城镇污水再生利用的用途

我国是一个水资源短缺的国家，人均可利用水资源量则约为 2200m^3/a，仅为世界平均值的 1/4。缺水已严重阻碍了社会经济的发展。污水再生利用是解决水资源短缺的主要途径之一。城镇污水再生利用的用途如表 1-5 所列。

表 1-5　城镇污水再生利用的用途

序号	分类	范围	示　例
1	农、林、牧、渔业用水	农田灌溉	种子与育种、粮食与饲料作物、经济作物
		造林育苗	种子、苗木、苗圃、观赏植物
		畜牧养殖	畜牧、家畜、家禽
		水产养殖	淡水养殖
2	城市杂用水	城市绿化	公共绿地、住宅小区绿化
		冲厕	厕所便器冲洗
		道路清扫	城市道路的冲洗及喷洒
		车辆冲洗	各种车辆冲洗
		建筑施工	施工场地清扫、浇洒、灰尘抑制、混凝土制备与养护、施工中的混凝土构件和建筑物冲洗
		消防	消火栓、消防水炮
3	工业用水	冷却用水	直流式、循环式
		洗涤用水	冲渣、冲灰、消烟除尘、清洗
		锅炉用水	中压、低压锅炉
		工艺用水	溶料、水浴、蒸煮、漂洗、水力开采、水力输送、增湿、稀释、搅拌、选矿、油田回注
		产品用水	浆料、化工制剂、涂料
4	环境用水	娱乐性景观环境用水	娱乐性景观河道、景观湖泊及水景
		观赏性景观环境用水	观赏性景观河道、景观湖泊及水景
		湿地环境用水	恢复自然湿地、营造人工湿地
5	补充水源水	补充地表水	河流、湖泊
		补充地下水	水源补给、防止海水入侵、防止地面沉降

1.4.2　污水再生利用水质标准

污水再生利用水质标准应根据不同的用途具体确定。

用于冲厕、道路清扫、消防、城市绿化、车辆冲洗、建筑施工等杂用的再生水水质应符合《城市污水再生利用城市杂用水水质》(GB/T 18920—2002）的规定，见表 1-6。用于景观环境用水的再生水水质应符合国家标准《城市污水再生利用　景观环境用水水质》(GB/T 18921—2002）的规定，见表 1-7。用于农田灌溉的再生水水质应符合国家标准《农田灌溉水质标准》(GB 5084）的规定，见表 1-8。

表 1-6　城镇杂用水水质标准

项目		冲厕	道路清扫、消防	城市绿化	车辆冲洗	建筑施工
pH 值	≤	6.0～9.0				
色度/度	≤	30				
臭		无不快感觉				
浊度/NTU	≤	5	10	10	5	20
溶解性固体/(mg/L)	≤	1500	1500	1000	1000	—

续表

项目	冲厕	道路清扫、消防	城市绿化	车辆冲洗	建筑施工
BOD_5/(mg/L) ≤	10	15	20	10	15
氨氮(以N计)/(mg/L) ≤	10	10	20	10	20
阴离子表面活性剂/(mg/L) ≤	1.0	1.0	1.0	0.5	1.0
铁/(mg/L) ≤	0.3	—	—	0.3	—
锰/(mg/L) ≤	0.1	—	—	0.1	—
溶解氧/(mg/L) ≥	1.0				
总余氯/(mg/L) ≤	接触30min后≥1.0,管网末端≥0.2				
总大肠菌群指数/(个/L) ≤	3				

注：混凝土拌和水还应符合JGJ 63的规定。

表1-7 景观环境用水的再生水水质指标

序号	项目	观赏性景观环境用水			娱乐性景观环境用水		
		河道类	湖泊类	水景类	河道类	湖泊类	水景类
1	基本要求	无漂浮物,无令人不愉快的嗅和味					
2	pH值(无量纲)	6～9					
3	5日生化需氧量(BOD_5)/(mg/L) ≤	10	6		6		
4	悬浮物(SS) ≤	20	10		—		
5	浊度/NTU ≤	—			5.0		
6	溶解氧/(mg/L) ≥	1.5			2.0		
7	总磷(以P计)/(mg/L) ≤	1.0	0.5		1.0	0.5	
8	总氮/(mg/L) ≤	15					
9	氨氮(以N计)/(mg/L) ≤	5					
10	粪大肠菌群/(个/L) ≤	10000		2000	500	不得检出	
11	余氯①/(mg/L) ≥	0.05					
12	色度/度 ≤	30					
13	石油类/(mg/L) ≤	1.0					
14	阴离子表面活性剂/(mg/L) ≤	0.5					

① 氯接触时间不应低于30min的余氯。对于非加氯方式无此项要求。

注：1. 对于需要通过管道输送再生水的非现场回用情况采用加氯消毒方式；而对于现场回用情况不限制消毒方式。

2. 若使用未经过除磷脱氮的再生水作为景观环境用水，鼓励使用本标准的各方在回用地点积极探索通过人工培养具有观赏价值水生植物的方法，使景观水的氮磷满足表中的要求，使再生水中的水生植物有经济合理的出路。

3. "—"表示对此项无要求。

表1-8 农田灌溉水质标准 单位：mg/L

项目	水作	旱作	蔬菜
五日生化需氧量(BOD_5) ≤	60	100	40①,15②
化学需氧量(COD_{Cr}) ≤	150	200	100①,60②
悬浮物 ≤	80	100	60①,15②
阴离子表面活性剂(LAS) ≤	5	8	5

续表

项目		水作	旱作	蔬菜
水温/℃	≤	35		
pH 值		5.5～8.5		
全盐量	≤	1000[②]（非盐碱土地区），2000[③]（盐碱土地区）		
氯化物	≤	350		
硫化物	≤	1		
总汞	≤	0.001		
镉	≤	0.01		
总砷	≤	0.05	0.1	0.05
铬（六价）	≤	0.1		
铅	≤	0.2		
铜	≤	0.5	1	
锌	≤	2		
硒	≤	0.02		
氟化物	≤	2（一般地区），3（高氟区）		
氰化物	≤	0.5		
石油类	≤	5	10	1
挥发酚	≤	1		
苯	≤	2.5		
三氯乙醛	≤	1	0.5	0.5
丙烯醛	≤	0.5		
硼	≤	1（对硼敏感作物，如黄瓜、豆类、马铃薯、笋瓜、韭菜、洋葱、柑橘等），2（对硼耐受性较强的作物，如小麦、玉米、青椒、小白菜、葱等），3（对硼耐受性强的作物，如水稻、萝卜、油菜、甘蓝等）		
粪大肠菌群数/（个/100mL）	≤	4000	4000	2000[①]，1000[②]
蛔虫卵数/（个/L）	≤	2		2[①]，1[②]

① 加工、烹调及去皮蔬菜。

② 生食类蔬菜、瓜类和草本水果。

③ 具有一定的水利灌排设施，能保证一定的排水和地下水径流条件的地区，或有一定淡水资源能满足冲洗土体中盐分的地区，农田灌溉水质全盐量指标可以适当放宽。

国外的再生水水质标准，由于各个国家的经济和技术条件不尽相同，当前世界上还没有一个公认的统一标准。

1.4.3 小城镇污水再生利用及深度处理工艺系统

小城镇污水深度处理工艺方案取决于二级出水水质及再生利用水水质的要求，其基本工艺有如下 4 种：①二级处理-消毒；②二级处理-过滤-消毒；③二级处理-混凝-沉淀（澄清、气浮）-过滤-消毒；④二级处理-微孔过滤-消毒。

二级处理加消毒工艺可以用于农灌用水和某些环境用水。

二级处理后增加过滤工艺是先通过过滤去除二级出水中的微细颗粒物，然后进行消毒杀菌。该工艺对有机物的去除效果较差。处理后的水可作为工业循环冷却用水、城市浇洒、绿化、景观、消防、补充河湖等市政用水和居民住宅的冲洗厕所用水等杂用水，以及不受限制的农业用水等对水质的要求不高的回用水。

二级处理加混凝、沉淀、过滤、消毒工艺，是国内外许多工程常用的再生工艺。通过混凝进一步去除二级生化处理厂未能除去的胶体物质、部分重金属和有机污染物，处理后出水可以作为城镇杂用水水质，也可作锅炉补给水和部分工艺用水。

二级处理加微孔膜过滤工艺是用微孔膜过滤替代传统的砂滤，其出水效果比砂滤更好。微孔过滤是一种较常规过滤更有效的过滤技术。微滤膜具有比较整齐、均匀的多孔结构。微滤的基本原理属于筛网状过滤，在静压差作用下，小于微滤膜孔径的物质通过微滤膜，而大于微滤膜孔径的物质则被截留到微滤膜上，使大小不同的组分得以分离。

上述基本工艺可满足当前大多数用户的水质要求。当用户对再生水水质有更高要求时，可增加深度处理其他单元技术中的一种或几种组合。其他单元技术有：活性炭吸附、臭氧-活性炭、脱氨、离子交换、超滤、纳滤、反渗透、膜-生物反应器、曝气生物滤池、臭氧氧化、自然净化系统等。

污水处理厂二级出水经物化处理后，其出水中的某些污染物指标仍不能满足再生利用水质要求时，则应考虑在物化处理后增设粒状活性炭吸附工艺。

当再生水水质对磷的指标要求较高，采用生物除磷不能达到要求时，应考虑增加化学除磷工艺。化学除磷是指向污水中投加无机金属盐药剂，与污水中溶解性磷酸盐混合后形成颗粒状非溶解性物质，使磷从污水中去除。

1.5 小城镇污水处理厂污泥的处理与处置

1.5.1 污泥的减量化、稳定化和无害化处理

《室外排水设计规范》（GB 50014—2006）规定“城镇污水污泥，应根据地区经济条件和环境条件进行减量化、稳定化和无害化处理，并逐步提高资源化程度”。又规定“污泥处理的流程应根据污泥的最终处置方式选定”。减量化处理的实质就是将污泥中的水分分离出来。小城镇污水处理厂污泥的减量化处理一般采用污泥浓缩和污泥脱水工艺。污泥浓缩有重力浓缩、气浮浓缩和机械浓缩。浓缩后污泥的含水率可降为95%～97%。污泥脱水去除的主要是污泥中的吸附水和毛细水，一般可使污泥含水率从96%左右降低至60%～85%。污泥脱水的方法主要有自然干化和机械脱水。自然干化法目前应用较少；机械脱水方法有真空吸滤法、压滤法和离心法等。

稳定化和无害化处理工艺主要有污泥厌氧消化、污泥好氧消化、污泥堆肥、石灰稳定、污泥湿式氧化。小城镇污水处理厂由于规模偏小，污泥量少，因此，污泥好氧消化在国外也有采用。

1.5.2 污泥的最终处置和利用

污泥的最终处置和利用是目前污泥处理与处置的一个难题。目前国内污水处理厂污泥大都采用卫生填埋方式处置，国外许多国家对污泥处置采用较多的方法是焚烧、卫生填埋、堆肥、干化造粒和投海等。

（1）农肥利用与土地处理　污泥可以作为肥料直接施用，也可以直接用于改造土壤，如用污泥投放于废露天矿场、尾矿场、采石场、戈壁滩与沙漠等地。

（2）污泥堆肥　污泥堆肥就是通过堆肥技术，使污泥成为含有大量腐殖质能改善土壤结构的堆肥产品。污泥堆肥分为厌氧堆肥和好氧堆肥。厌氧堆肥是在缺氧的条件下，利用厌氧微生物代谢有机物。好氧堆肥是好氧条件下，利用嗜温菌、嗜热菌的作用，分解泥中有机物质并杀死污泥中大量存在的病原微生物，并且使水分蒸发、污泥含水率下降、体积缩小。

（3）卫生填埋　卫生填埋是把脱水污泥运到卫生填埋场与城市垃圾一起，按卫生填埋操作进行处置的工艺，常见的有厌氧和兼氧卫生填埋两种。卫生填埋法处置具有处理量大，投资省，运行费低，操作简单，管理方便，对污泥适应能力强等优点，但亦有占地大，渗滤液及臭气污染较重等缺点。卫生填埋法适宜于填埋场选地容易、运距较近、有覆盖土的地方。迄今为止，卫生填埋法是国内外处理城市污水厂脱水污泥最常用的方法。其缺点是机械脱水后直接填埋，操作困难，运输费用大，且产生卫生问题。卫生填埋将向调理后再实施的方向发展。

（4）干化　污泥干化造粒工艺是近年来比较引人注目的动向。一般说来，污泥干化造粒工艺是污泥直接土地利用技术普及前的一种过渡。干化造粒后的泥球可以作为肥料、土壤改良剂和燃料，用途广泛。国内的污泥复合肥生产，也是走的干化造粒的道路，只是在其中添加了化肥以提高肥效。

（5）焚烧　焚烧既是一种污泥处理方法，也是一种污泥处置方法，利用污泥中丰富的生物能发热，使污泥达到最大程度的减容。焚烧过程中，所有的病菌病原体被彻底杀灭，有毒有害的有机残余物被热氧化分解。焚烧灰可用作生产水泥的原料，使重金属被固定在混凝土中，避免其重新进入环境。污泥焚烧的优点是适应性较强、反应时间短、占地面积小、残渣量少、达到了完全灭菌的目的。该法的缺点是工艺复杂，一次性投资大；设备数量多，操作管理复杂，能耗高，运行管理费亦高，焚烧过程存在“二噁英”污染的潜在危险。

（6）投海　污泥投海曾经是沿海城市污水处理厂污泥处置最常见的方式，但近年来出于对海洋环境保护的考虑和越来越严格的环保条例的执行，已经越来越少。

污泥的最终处置可以采用以下几个处理方案。

① 方案1：湿污泥→干化→干化污泥填埋场填埋。

此工艺方案是将污水处理厂所产生的机械脱水后的污泥集中在一起进行热干化处理，干化后污泥送至垃圾填埋场处置。

该工艺特点是污泥量显著减少，灭菌彻底，污泥稳定。建议小城镇污水处理厂污泥近期采用此方案，以便降低成本和投资。

② 方案2：湿污泥→干化→干化污泥焚烧→焚烧灰填埋。

此工艺方案是将机械脱水污泥进行热干化处理，干化后污泥送垃圾焚烧厂进行焚烧，焚烧灰由垃圾焚烧厂处置。

该工艺特点是污泥量显著减少，灭菌彻底，污泥稳定。干化污泥含有一定的热值，可节省垃圾焚烧厂的燃料消耗。建议小城镇污水处理厂污泥中期采用此方案，以便利用干化污泥中的热能。

③ 方案3：湿污泥→高温消化→干化→干化污泥填埋场填埋。

此方案是将脱水污泥进行高温厌氧消化，消化后的污泥再进行热干化处理，干化后的污泥送往垃圾填埋场处置。热干化所需热能由高温厌氧消化过程中产生的沼气提供，不足部分由天然气提供。

该工艺特点是污泥量显著减少，有机物降解率高，灭菌彻底，污泥稳定。污泥消化产生的沼气作为干化的补充热源，节省天然气消耗。但其工艺流程长、设备较多，管理复杂，工程投资高、占地大。且由于有沼气产生，有一定的安全隐患。

④ 方案 4：湿污泥→干化→土地利用。

此方案是将脱水污泥进行热干化处理，干化后污泥用于农用，污泥农用实现了有机物的土壤→农作物→城市→污水→污泥→土壤的良性大循环。

该工艺需要严格控制污泥中重金属含量，对重金属含量超标的污水宜单独处理达标后排放，对重金属含量超标的污泥宜脱水后采取填埋等其他处理方式。建议小城镇污水处理厂污泥远期采用此方案，能够实现良性循环，符合污泥处置的发展趋势。

第2章 小城镇污水处理厂的设计

2.1 小城镇污水厂设计内容与深度要求

2.1.1 初步设计文件内容与深度

2.1.1.1 设计说明书

(1) 概要　设计说明书应包括下列各项内容。

① 设计依据。说明设计任务书或委托书及选厂报告等的批准机关、文号、日期、批准的主要内容，设计委托单位的主要要求。

② 主要设计资料。包括资料名称、来源、编制单位及日期（除有关资料外），一般包括用水、用电协议，环保部门的同意书，区域水环境和重点水污染源治理可行性研究报告等。

③ 城市概况及自然条件。建设现状、总体规划、分期计划及有关情况，概述地情、地貌、工程地质、水文地质、气象水文等有关情况。

④ 现有排水工程概况。现有污水、雨水管渠泵站，处理厂的位置、水量、处理工艺、设施利用情况、存在问题等。

(2) 设计概要　设计概要主要包括下列各项内容。

① 总体设计。说明城市污水水量、水质，当水质有碍生化处理或污水管道的运行时的解决措施。

处理后污水排入水体的名称、卫生情况、水文情况，现在使用功能及当地环保部门及其有关部门对水体的排放要求。

新建污水管渠设计说明：与现有排水系统的关系，管渠设计的布置原则、干管走向、长度、管渠尺寸、埋设深度、管渠材料等；泵站设计的位置、型式、主要尺寸、埋深、设备选型与数量、运行要求等。

② 污水处理厂设计。

a. 说明污水厂位置的选择考虑的因素，如地理位置、地形、地质条件、防洪标准、卫生防护距离、占地面积等。

b. 根据进厂的污水量和污水水质，说明污水处理和污泥处置采用方法的选择，工艺流程总平面布置原则，预计处理后达到的标准。

c. 按流程顺序说明各构筑物的方案比较或选型，工艺布置，主要设计数据、尺寸、构选材料及所需设备选型、台数与性能，采用新技术的工艺原理特点。

d. 说明采用的污水消毒方法或深度处理的工艺及其有关说明。

e. 根据情况说明处理后的污水、污泥的综合利用等情况。

f. 简要说明厂内主要辅助建筑物及生活福利设施的建筑面积及使用功能。

g. 说明厂内给水管及消水栓的布置，排水管布置及雨水排除措施、道路标准、绿化设计。

③ 建筑设计。

④ 结构设计。

⑤ 采暖、通风设计。

⑥ 供电设计。

⑦ 仪表、自动控制及通讯设计。

⑧ 机械设计。

⑨ 环境保护。

（3）人员编制及经营管理

① 提出需要的运行管理机构和人员编制的建议。

② 提出年总成本费用，并计算每立方米的污水处理成本费用。

③ 单位污水量的投资指标。

④ 安全措施。

⑤ 关于分期投资的确定。

（4）对于阶段设计要求　需提请在设计阶段审批或确定的主要问题；施工图设计阶段需要的资料和勘测要求。

2.1.1.2　工程概算书

相关内容要求参见有关概（预）算文件组成及深度要求的资料。

2.1.1.3　主要设备及材料表

提出全部工程及分期建设需要的三材、管材及其他主要设备、材料的名称、规格（型号）、数量等（以表格方式列出清单）。

2.1.1.4　设计图纸

（1）污水处理厂总体布置图　污水处理厂总体布置主要有以下几张图纸。

① 污水处理厂平面图。比例一般采用（1∶200）～(1∶500)，图上表示出坐标轴线、等高线、风玫瑰（指北针）、四周尺寸，绘出现有和设计的构筑物及主要管渠、围墙、道路及相关位置，列出构筑物和辅助建筑物一览表和工程量表。

② 污水、污泥流程断面图。横向不按比例绘制，竖向比例一般为（1∶100）～(1∶200)，表示出生产流程中各构筑物及其水位标高关系，主要规模指标。

③ 建筑总平面图。对于较大的污水处理厂应绘制建筑总平面图，并应附厂区主要技术经济指标。

（2）主要构筑物工艺图　采用比例一般为(1∶100)～(1∶200)，图上表示出工艺布置，设备、仪表及管道等安装尺寸、相关位置、标高（绝对标高）。列出主要设备一览表，并注明主要设计技术数据。

（3）主要构筑物建筑图　采用比例一般为（1∶100)～(1∶200)，图上表示出结构型式、基础做法、建筑材料、室内外主要装修门窗等建筑轮廓尺寸标高，并附技术经济指标。

（4）主要辅助建筑物图　如综合楼、车间、仓库、车库，可参照上述要求。

（5）供电系统和主要变、配电设备布置图　表示变电、配电、用电启动保护等设备位置、名称、符号及型号规格，附主要设备材料表。

（6）自动控制仪表系统布置图。

（7）通风、锅炉房及供热系统布置图。

（8）机械设备布置图。

（9）非标机械设备总装简图。

2.1.2 施工图设计文件内容及深度

2.1.2.1 设计说明书

(1) 设计依据　摘要说明初步设计批准的机关、文号、日期及主要审批内容及施工图设计资料依据。

(2) 设计变更部分　对照初步设计阐明变更部分的内容、原因、依据等。

(3) 注意事项　包括施工安装注意事项、质量验收要求及运转管理注意事项，有必要时另编主要工程施工方法设计。

2.1.2.2 工程预算

相关内容参见有关预算文件组成及深度要求的资料。

2.1.2.3 主要材料及设备

提出全部工程及分期建设需要的三材、管材及其他主要设备、材料的名称、规格（型号）、数量等（以表格方式列出清单）。

2.1.2.4 设计图纸

(1) 污水处理厂总体布置图　污水处理厂总体布置主要有以下几张图纸。

① 污水处理厂平面图。比例（1∶200）～(1∶500)，包括风玫瑰图、等高线、坐标轴线、构（建）筑物、围墙、绿地、道路等的平面位置，注明厂界四角坐标及构筑物四角坐标或相对位置，构筑物的主要尺寸，各种管渠及室外地沟尺寸、长度、地质钻孔位置等，并附构筑物一览表、工程量表，图例及有关说明。

② 污水、污泥工艺流程断面图。横向不按比例绘制，竖向比例一般采用（1∶100）～(1∶200)，表示出生产工艺流程中各构筑物及其水位标高关系，主要规模指标。

③ 总平面图。工程规模较大或构筑物较多者，应绘制建筑单位总平面图，并附厂区主要技术经济指标。

④ 竖向布置图。对地形复杂的污水厂进行竖向设计，内容包括厂区地形、设计地面、设计路面、构筑物标高及土方平衡数量图表。

⑤ 厂内管渠结构示意图。表示管渠长度、管径（渠断面）、材料、闸阀及所有附属构筑物，节点管件、支墩，并附工程管件一览表。

⑥ 厂内排水管渠断面图。表示各种排水管渠的埋深、管底标高、管径（断面）、坡度、管材、基础类型、接口方式、排水井、检查井、交叉管道的位置、标高、管径（断面）等。

⑦ 厂内各构筑物和管渠附属设备的建筑安装详图。采用比例（1∶10）～(1∶50)。

⑧ 管道综合图。当厂内管线布置种类多时，对于干管干线进行平面综合，绘出各管线的平面布置，注明各管线与构筑物、建筑物的距离尺寸和管线间距尺寸，管线交叉密集的部分地点，适当增加断面图，表明各管线间的交叉标高，并注明管线及地沟等的设计标高。

⑨ 绿化布置图。比例同污水处理厂平面图。表示出植物种类、名称、行距和株距尺寸、栽种位置范围，与构筑物、建筑物、道路的距离尺寸。各类植物数量（列表或旁注），建筑小品和美化构筑物的位置、设计标高，如无绿化投资，可在建筑总平面图上示意，不另出图。

(2) 单体构筑物设计图　单体构筑物设计图主要如下。

① 工艺图。总图比例一般采用（1∶50）～(1∶100)，分别绘制平面、剖面图及详图，表示出工艺布置、细部构造、设备、管道、阀门、管件等的安装位置和方法，详细标注各部尺寸和标高（绝对标高），引用的详图、标准图，并附设备管件一览表以及必要的说明和主

要技术数据。

② 建筑图总图。比例一般采用（1∶50）～（1∶100），分别绘制平面、立面、剖面图及各部构造详图，节点大样，注明轴线间尺寸，各部分及总尺寸、标高、设备或基座位置、尺寸与标高等，留孔位置的尺寸与标高，表明室外用料做法，室内装修做法及有特殊要求的做法。引用的详图、标准图并附门窗表及必要的说明。

③ 结构图总图。比例一般采用（1∶50）～（1∶100），绘出结构整体及构件详图，配筋情况，各部分及总尺寸与标高，设备或基座等位置、尺寸与标高，留孔、预埋件等位置、尺寸与标高，地基处理，基础平面布置，结构形式，墙柱、梁等位置及尺寸，屋面结构布置及详图。引用的详图、标准图。汇总工程量表、主要材料表、钢筋表（根据需要）及必要的说明。

④ 采暖、通风、照明、室内给水安装图。表示出各种设备、管道、线路布置与建筑物的相关位置和尺寸，绘制有关安装详图、大样图、管线系统图（透视图），并附设备一览表、管件一览表和必要的设计安装表说明书。

⑤ 辅助建筑图。包括综合楼、维修车间、锅炉房、车库、仓库、宿舍、各种井室等，设计深度参照单体构筑物。

（3）电气图　主要有厂（站）高、低压变配电系统图和一、二次回路接线原理图；各构筑物平面、剖面图；各种保护和控制原理图、接线图；电气设备安装图；区室外线路照明平面图；非标准配件加工详图。

（4）自动控制方面的图纸　包括有关工艺流程的检测与自控原理图，仪表及自控设备的接线图和安装图，仪表及自控设备的供电、供气系统图和管线图，控制柜、仪表屏、操作台及有关自控辅助设备的结构布置图和安装图，仪表间、控制室的平面布置图等。

（5）非标准机械设备相关图纸　主要有总装图、部件图（组装图）、零件图。

2.2　小城镇污水处理厂厂址选择

污水厂位置的选择，应符合城镇总体规划和排水工程专业规划的要求，并应根据下列因素综合确定。

（1）在城镇水体的下游。

（2）便于处理后出水回用和安全排放。

（3）便于污泥集中处理和处置。

（4）在城镇夏季主导风向的下风侧。

（5）有良好的工程地质条件。

（6）少拆迁，少占地，根据环境评价要求，有一定的卫生防护距离。当处理后的污水或污泥用于农业、工业或市政设施时，厂址应考虑与用户靠近，或者便于运输。当处理水排放时，应与受纳水体靠近。

（7）有扩建的可能。

（8）厂区地形不应受洪涝灾害影响，防洪标准不应低于城镇防洪标准，有良好的排水条件。

（9）有方便的交通、运输和水电条件。

污水厂的厂区面积，应按项目总规模控制，并做出分期建设的安排，合理确定近期规模，近期工程投入运行一年内水量宜达到近期设计规模的60%。

2.3 小城镇污水厂的总体布置

2.3.1 污水处理厂的平面布置

(1) 污水厂的总体布置应根据厂内各建筑物和构筑物的功能和流程要求，结合厂址地形、气候和地质条件，优化运行成本，便于施工、维护和管理等因素，经技术经济比较确定。

(2) 污水厂厂区内各建筑物造型应简洁美观，节省材料，选材适当，并应使建筑物和构筑物群体的效果与周围环境协调。

(3) 生产管理建筑物和生活设施宜集中布置，其位置和朝向应力求合理，并应与处理构筑物保持一定距离。

(4) 污水和污泥的处理构筑物宜根据情况尽可能分别集中布置。处理构筑物的间距应紧凑、合理，符合国家现行的防火规范的要求，并应满足各构筑物的施工、设备安装和埋设各种管道以及养护、维修和管理的要求。

(5) 污水厂的工艺流程、竖向设计宜充分利用地形，符合排水通畅、降低能耗、平衡土方的要求。

(6) 厂区消防的设计和消化池、贮气罐、污泥气压缩机房、污泥气发电机房、污泥气燃烧装置、污泥气管道、污泥干化装置、污泥焚烧装置及其他危险品仓库等的位置和设计，应符合国家现行有关防火规范的要求。

(7) 污水厂内可根据需要，在适当地点设置堆放材料、备件、燃料和废渣等物料及停车的场地。

(8) 污水厂应设置通向各构筑物和附属建筑物的必要通道，通道的设计应符合下列要求。

① 主要车行道的宽度：单车道为3.5～4m，双车道为6～7m，并应有回车道。

② 车行道的转弯半径宜为6～10m。

③ 人行道的宽度宜为1.5～2m。

④ 通向高架构筑物的扶梯倾角宜采用30°，不宜大于45°。

⑤ 天桥宽度不宜小于1m。

⑥ 车道、通道的布置应符合国家现行有关防火规范的要求，并应符合当地有关部门的规定。

(9) 污水厂周围根据现场条件应设置围墙，其高度不宜小于2m。

(10) 污水厂的大门尺寸应能容许运输最大设备或部件的车辆出入，并应另设运输废渣的侧门。

(11) 污水厂并联运行的处理构筑物间应设均匀配水装置。

2.3.2 管、渠的平面布置

(1) 污水厂内各种管渠应全面安排，避免相互干扰。管道复杂时宜设置管廊。处理构筑物间输水、输泥和输气管线的布置应使管渠长度短、损失小、流行通畅、不易堵塞和便于清通。各污水处理构筑物间的管渠连通，在条件适宜时，应采用明渠。

(2) 各处理构筑物系统间宜设可切换的连通管渠。

（3）管廊内宜敷设仪表电缆、电信电缆、电力电缆、给水管、污水管、污泥管、再生水管、压缩空气管等，并设置色标。

（4）管廊内应设通风、照明、广播、电话、火警及可燃气体报警系统、独立的排水系统、吊物孔、人行通道出入口和维护需要的设施等，并应符合国家现行有关防火规范的要求。

（5）污水厂应合理布置处理构筑物的超越管渠。

（6）处理构筑物应设排空设施，排出水应回流处理。

（7）厂区的给水系统、再生水系统严禁与处理装置直接连接。

2.3.3　其他

（1）污水厂宜设置再生水处理系统。

（2）污水厂的供电系统，应按二级负荷设计，重要的污水厂宜按一级负荷设计。当不能满足上述要求时，应设置备用动力设施。

（3）污水厂附属建筑物的组成及其面积，应根据污水厂的规模，工艺流程，计算机监控系统的水平和管理体制等，结合当地实际情况，本着节约的原则确定，并应符合现行的有关规定。

（4）位于寒冷地区的污水处理构筑物，应有保温防冻措施。

（5）根据维护管理的需要，宜在厂区适当地点设置配电箱、照明、联络电话、冲洗水栓、浴室、厕所等设施。

（6）处理构筑物应设置适用的栏杆、防滑梯等安全措施，高架处理构筑物还应设置避雷设施。

2.4　小城镇污水厂设计的一般规定

（1）城镇污水处理程度和方法应根据现行的国家和地方的有关排放标准、污染物的来源及性质、排入地表水域环境功能和保护目标确定。

（2）污水厂的处理效率，可按表2-1的规定取值。

表2-1　污水厂的处理效率

处理级别	处理方法	主要工艺	处理效率/%	
			SS	BOD_5
一级	沉淀法	沉淀(自然沉淀)	40～55	20～30
二级	生物膜法	初次沉淀、生物膜反应、二次沉淀	60～90	65～90
	活性污泥法	初次沉淀、活性污泥法、二次沉淀	70～90	65～95

注：1. 表中SS表示悬浮固体量，BOD_5表示五日生化需氧量。

2. 活性污泥法根据水质、工艺流程等情况，可不设置初次沉淀池。

（3）水质和（或）水量变化大的污水厂，宜设置调节水质和（或）水量的设施。

（4）污水处理构筑物的设计流量，应按分期建设的情况分别计算。当污水为自流进入时，应按每期的最高日最高时设计流量计算；当污水为提升进入时，应按每期工作水泵的最大组合流量校核管渠配水能力。生物反应池的设计流量，应根据生物反应池类型和曝气时间确定。曝气时间较长时设计流量可酌情减少。

(5) 合流制处理构筑物，除应按有关规定设计外，尚应考虑截留雨水进入后的影响，并应符合下列要求。

① 提升泵站、格栅、沉砂池按合流设计流量计算。

② 初次沉淀池宜按旱流污水量设计，用合流设计流量校核，校核的沉淀时间不宜小于 30min。

③ 二级处理系统按旱流污水量设计，必要时考虑一定的合流水量。

④ 污泥浓缩池、湿污泥池和消化池的容积，以及污泥脱水规模，应根据合流水量水质计算确定。可按旱流情况加大 10%～20%计算。

⑤ 管渠应按合流设计流量计算。

(6) 各处理构筑物的个（格）数不应少于 2 个（格），并应按并联设计。

(7) 处理构筑物中污水的出入口处宜采取整流措施。

(8) 污水厂应设置处理后出水消毒的设施。

第3章 小城镇污水一级处理构筑物的设计与计算

3.1 格栅的设计计算

格栅一般安装在污水处理厂、污水泵站之前，用以拦截大块的悬浮物或漂浮物，以保证后续构筑物或设备的正常工作。

3.1.1 格栅的分类与构造

格栅一般由相互平行的格栅条、格栅框和清渣耙三部分组成。格栅按不同的方法可分为不同的类型。

按格栅条间距的大小，格栅分为细格栅、中格栅和粗格栅三类，其栅条间距分别为4～10mm、15～25mm和大于40mm。

按清渣方式，格栅分为人工清渣格栅和机械清渣格栅两种。人工清渣格栅主要是粗格栅。

按栅耙的位置，格栅分为前清渣式格栅和后清渣式格栅。前清渣式格栅要顺水流清渣而后清渣式格栅要逆水流清渣。

按形状，格栅分为平面格栅和曲面格栅。平面格栅在实际工程中使用较多。图3-1为平面格栅，图3-2为曲面格栅。

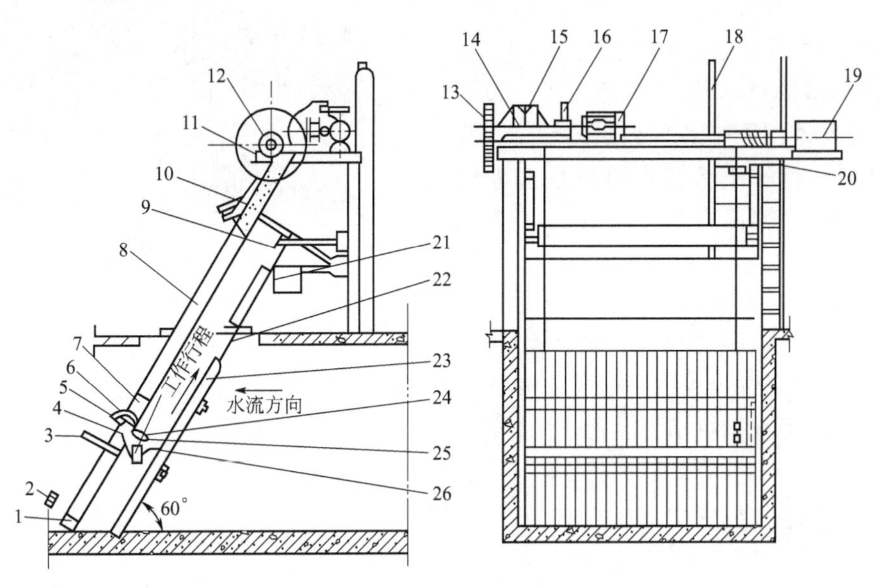

图3-1 平面格栅

1—滑块行程限位螺栓；2—除污耙自锁机构开锁撞块；3—除污耙自锁栓；4—耙臂；5—销轴；6—除污耙摆动限位板；7—滑块；8—滑块导轨；9—刮板；10—抬耙导轨；11—底座；12—卷筒轴；13—开式齿轮；14—卷筒；15—减速机；16—制动器；17—电动机；18—扶梯；19—限位器；20—松绳开关；21，22—上、下溜板；23—格栅；24—抬耙滚子；25—钢丝绳；26—耙齿板

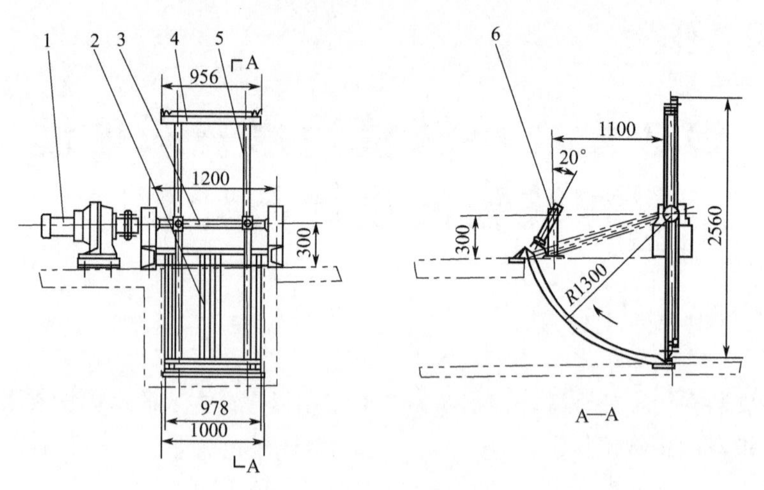

图 3-2 HGS型曲面格栅

1—驱动装置；2—栅条组；3—传动轴；4—齿耙臂；5—旋转耙臂；6—撇渣装置

按构造特点，格栅分为抓扒式格栅、循环式格栅、弧形格栅、回转式格栅、转鼓式格栅和阶梯式格栅。图 3-3 所示为阶梯形格栅。

3.1.2 格栅的选择

格栅栅条常用的断面形状有圆形、正方形、矩形、半圆形等。圆形断面水力条件好，但刚度较差。矩形断面刚度好，水利条件不如圆形。半圆形断面水力条件和刚度都较好，但形状相对复杂。一般多采用矩形断面。格栅栅条断面形状、尺寸及阻力系数计算公式可按表 3-1 选用。

格栅栅条间距与格栅的用途有关。设置在水泵前的格栅栅条间距应满足水泵的要求；设置在污水处理系统前的格栅栅条间距最大不能超过 40mm，其中人工清除为 25～40mm，机械清除为 16～25mm。

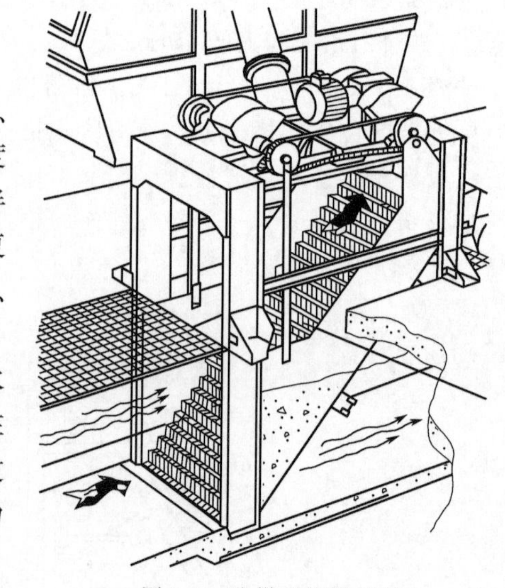

图 3-3 阶梯形格栅示意

污水处理厂也可设置两道格栅，总提升泵站前设置粗格栅（50～100mm）或中格栅（10～40mm）。处理系统前设置中格栅或细格栅（3～10mm）。若泵站前格栅栅条间距不大于 25 mm，污水处理系统前可不再设置格栅。

表 3-1 栅条断面形状、尺寸及阻力系数计算公式

栅条断面面积	公式	说明
正方形	$\zeta=\left(\frac{b+s}{\varepsilon b}-1\right)^2$	ε 为收缩系数，一般采用 0.64
圆形	$\zeta=\beta\left(\frac{s}{b}\right)^{4/3}$	形状系数 $\beta=1.79$
锐边矩形		形状系数 $\beta=2.42$
迎水面为半圆形的矩形		形状系数 $\beta=1.83$
迎水面、背水面均为半圆形的矩形		形状系数 $\beta=1.67$

栅渣清除方式与格栅拦截的栅渣量有关，当格栅拦截的栅渣量大于0.2m^3/d时，一般采用机械清渣方式；栅渣量小于0.2m^3/d时，可采用人工清渣方式，也可采用机械清渣方式。机械清渣不仅为了改善劳动条件，而且利于提高自动化水平。

3.1.3　格栅设计的一般规定

(1) 污水处理系统或水泵前，必须设置格栅。

(2) 设计流量的确定。当污水为自流进入时，设计流量为每期的最大设计流量；当污水为提升进入时，应按每期工作水泵的最大组合流量校核管渠配水能力；对于合流制系统，设计流量应包括雨水量。

(3) 格栅栅条间隙宽度，应符合下列要求。

① 粗格栅机械清除时宜为16～25mm；人工清除时宜为25～40mm。特殊情况下，最大间隙可为100mm。

② 细格栅宜为1.5～10mm。

③ 水泵前，应根据水泵要求确定。可根据水泵进口口径按表3-2选定。对于阶梯式格栅除污机、回转式固液分离机和转鼓式格栅除污机的栅条间隙或栅孔可根据需要确定。

表3-2　水泵前的栅条间隙

水泵口径/mm	<200	250～450	500～900	1000～3500
栅条间隙/mm	15～20	30～40	40～80	80～100

(4) 污水过栅流速宜采用0.6～1.0m/s。除转鼓式格栅除污机外，机械清除格栅的安装角度宜为60°～90°。人工清除格栅的安装角度宜为30°～60°。

(5) 格栅除污机底部前端距井壁尺寸，钢丝绳牵引除污机或移动悬吊葫芦抓斗式除污机应大于1.5m；链动刮板除污机或回转式固液分离机应大于1.0m。

(6) 格栅上部必须设置工作平台，其高度应高出格栅前最高设计水位0.5m，工作平台上应有安全和冲洗设施。

(7) 格栅工作平台两侧边道宽度宜采用0.7～1.0m。工作平台正面过道宽度，采用机械清除时不应小于1.5m，采用人工清除时不应小于1.2m。

(8) 粗格栅栅渣宜采用带式输送机输送；细格栅栅渣宜采用螺旋输送机输送。

(9) 格栅除污机、输送机和压榨脱水机的进出料口宜采用密封形式，根据周围环境情况，可设置除臭处理装置。

(10) 格栅间应设置通风设施和有毒有害气体的检测与报警装置。

3.1.4　格栅的设计与计算

格栅的设计主要包括栅室、栅槽的设计与计算，格栅栅条断面、栅条间隙以及栅渣清除方式的选择，同时要计算出过栅水头损失。格栅栅条断面形式、栅条间距和栅渣清除方式的选择前面已经介绍过了，下面介绍几种格栅栅室、栅槽以及过栅水头损失的计算。

3.1.4.1　平面型格栅设计与计算

平面型格栅设计计算公式见表3-3。

3.1.4.2　回转式格栅设计与计算

回转式格栅设计计算公式见表3-4。

3.1.4.3 阶梯式格栅设计与计算

阶梯式格栅设计计算公式见表 3-6。

表 3-3 平面型格栅设计计算公式

名称	公式	符号说明
1. 栅槽宽度	$B=S(n-1)+bn$ $n=\frac{Q_{max}\sqrt{\sin\alpha}}{bhv}$	B——栅槽宽度，m，应保证栅前槽内流速不小于 0.5m/s； S——栅条宽度，m； n——栅条间隙数，个； b——栅条间距，m，细格栅一般为 4～10mm，中格栅一般为 15～25mm，粗格栅一般大于 40mm； Q_{max}——最大设计流量，m^3/s； h——栅前水深，m，不能大于来水管（渠）的水深； v——过栅流速，m/s，最大设计流量时为 0.8～1.0m/s，平均设计流量时为 0.3m/s； α——格栅倾角，(°)，一般为 45°～75°
2. 过栅水头损失	$h_1=k\Delta h_0$ $\Delta h_0=\zeta\frac{v^2}{2g}\sin\alpha$	h_1——设计水头损失，m； Δh_0——计算水头损失，m； g——重力加速度，m/s^2； k——系数，格栅受污物堵塞之后，水头损失增加的倍数，一般取 3； ζ——阻力系数，按表 3-1 公式计算； v、α——符号意义同上
3. 栅槽总高度	$H=h+h_1+h_2$	H——栅槽总高度，m； h_2——栅前渠道超高，m，一般采用 0.3m； h、h_1——符号意义同上
4. 栅槽总长度	$L=l_1+l_2+1.0+0.5+\frac{H_1}{\tan\alpha}$ $l_2=\frac{l_1}{2}$ $H_1=h+h_2$	L——栅槽总长度，m； l_1——进水渠道渐宽部分的长度，m； l_2——栅槽与出水渠道连接处渐窄部分的长度，m； H_1——栅前渠道深，m； α——进水渠道渐宽部分的展开角，一般采用 20°； h、h_2——符号意义同上
5. 每日栅渣量	$W=\frac{QW_1}{1000}$	W——每日栅渣量，m^3/d； Q——日设计流量，m^3/d； W_1——栅渣量，$m^3/10^3m^3$ 污水，栅条间隙 16～25mm 时，W_1＝0.10～0.05$m^3/10^3m^3$ 污水，栅条间隙为 30～50mm，W_1＝0.10～0.05$m^3/10^3m^3$ 污水

表 3-4 回转式格栅设计计算公式

名称	公式	符号说明
1. 栅槽宽度	回转式格栅栅槽宽度按设备过流能力确定，选用时最大设计流量 Q_{max} 应为厂家标注过流能力的 80%左右	
2. 过栅水头损失	$h_1=Ckv^2$ $v=\frac{Q_{max}}{B_1h}$	h_1——设计水头损失，m； C——格栅设置倾角系数，与倾角为 45°、60°、75°和 90°相对应的 C 值分别为 1.0、1.118、1.235 和 1.354； k——过栅水流系数，与栅条间隙和形状有关，其取值可参见表 3-5； Q_{max}——最大设计流量，m^3/s； h——栅前水深，m； B_1——格栅净宽，m； v——过栅流速，m/s

表 3-5　过栅水流系数 k 的取值

栅条间隙/mm	1	3	6	10	15	30
k	0.91～1.17	0.40～0.55	0.32～0.41	0.50～0.60	0.31	0.29

表 3-6　阶梯式格栅设计计算公式

名称	公式	符号说明
栅槽宽度	$B=\dfrac{278Q}{v(h-60)\left(\dfrac{b}{b+S}\right)+10}$	B——栅槽宽度，m； Q——最大设计流量，m^3/h； b——栅条间距，m，细格栅一般为 4～10mm，中格栅一般为 15～25mm，粗格栅一般大于 40mm； S——栅条宽度，m； h——栅前水深，m，不能大于进水管(渠)的水深； v——过栅流速，m/s
过栅水头损失	阶梯式格栅过栅水头损失 Δh 与栅条间距 b 和过栅流速 v 有关，当 $b=1\sim6$mm，$v=0.8\sim1.5$m/s 时，Δh 为 50～200mm	

【例 3-1】 已知某城市污水处理厂的最大设计流量 $Q_{max}=1.03m^3/s$，日设计流量为 $70000m^3/d$，求格栅各部分尺寸。

［解］ 格栅计算草图见图 3-4。

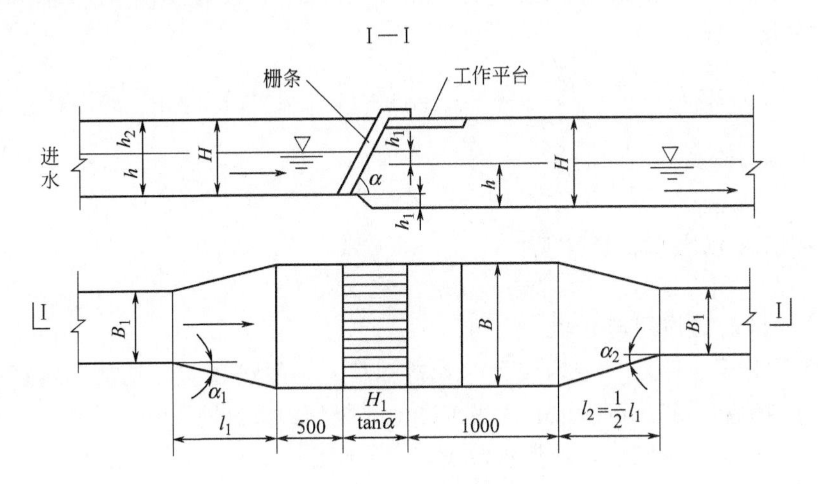

图 3-4　格栅计算草图

(1) 栅条的间隙数　设栅前水深 $h=0.75$m，过栅流速 $v=0.9$m/s，栅条间隙宽度 $b=0.019$m，格栅倾角 $\alpha=60°$，栅条的间隙数：

$$n=\frac{Q_{max}\sqrt{\sin\alpha}}{bhv}=\frac{1.03\times\sqrt{\sin60°}}{0.019\times0.75\times0.9}=74.71\approx75(\text{个})$$

(2) 栅槽宽度　设栅条宽度 $S=0.01$m，栅槽宽度：

$$B=S(n-1)+bn=0.01\times(75-1)+0.019\times75=2.17(\text{m})$$

(3) 进水渠道渐宽部分的长度　设进水渠宽 $B_1=1.3$m，其渐宽部分展开角度 $\alpha_1=20°$（进水渠道内的流速为 0.7m/s），则：

$$l_1=\frac{B-B_1}{2\tan\alpha_1}=\frac{2.17-1.3}{2\tan20°}=1.19(\text{m})$$

(4) 栅槽与出水渠道连接处的渐窄部分长度（m）

$$l_2=\frac{l_1}{2}=0.59(\text{m})$$

(5) 通过格栅的水头损失　设栅条断面为锐边矩形断面，取 $k=3$，则通过格栅的水头损失：

$$h_1=k\Delta h_0=k\beta\left(\frac{S}{b}\right)^{\frac{4}{3}}\frac{v^2}{2g}\sin\alpha$$

$$=3\times2.42\left(\frac{0.01}{0.019}\right)^{\frac{4}{3}}\times\frac{0.9^2}{19.6}\sin60°=0.11\ (\text{m})$$

(6) 栅后槽总高度　设栅前渠道超高 $h_2=0.3\text{m}$，栅后槽总高度：

$$H=h+h_1+h_2=0.3+0.11+0.3=1.71\ (\text{m})$$

(7) 栅槽总长度

$$L=l_1+l_2+0.5+1.0+\frac{H_1}{\tan\alpha}$$

$$=1.19+0.59+0.5+1.0+\frac{0.75+0.3}{\tan60°}$$

$$=4.21\ (\text{m})$$

(8) 每日栅渣量　在格栅间隙为 19mm 的情况下，设栅渣量为每 1000m^3 污水产 0.09m^3，每日栅渣量：

$$W=\frac{QW_1}{1000}=\frac{70000\times0.09}{1000}=6.3\ (\text{m}^3/\text{d})>0.2\ (\text{m}^3/\text{d})$$

宜采用机械清渣。

3.2 沉砂池的设计计算

3.2.1 沉砂池的作用与分类

沉砂池的作用是去除相对密度较大的无机颗粒。一般设在初沉池前，或泵站、倒虹管前。常用的沉砂池有平流式沉砂池、曝气沉砂池、竖流式沉砂池、涡流式沉砂池和多尔沉砂池等。平流式沉砂池构造简单，处理效果较好，工作稳定。但沉砂中夹杂一些有机物，易于腐化散发臭味，难于处置，并且对有机物包裹的砂粒去除效果不好。曝气沉砂池，在曝气的作用下，颗粒之间产生摩擦，将包裹在颗粒表面的有机物摩擦去除掉，产生洁净的沉砂，同时提高颗粒的去除效率。多尔沉砂池设置了一个洗砂槽，可产生洁净的沉砂。涡流式沉砂池依靠电动机械转盘和斜坡式叶片，利用离心力将砂粒甩向池壁去除，并将有机物脱除。这三种沉砂池在一定程度上克服了平流式沉砂池的缺点，但构造比平流式沉砂池复杂。竖流式沉砂池通常用于去除较粗（粒径在 0.6mm 以上）的砂粒，结构也比较复杂，目前生产中采用较少。实际工程一般多采用曝气沉砂池。

3.2.2 沉砂池设计的一般规定

(1) 污水厂应设置沉砂池，按去除相对密度 2.65、粒径 0.2mm 以上的砂粒设计。

(2) 当污水为自流进入时，设计流量为每期的最大设计流量；当污水为提升进入时，应按每期工作水泵的最大组合流量校核管渠配水能力；对于合流制系统，设计流量应包括雨水量。

(3) 污水的沉砂量，可按每立方米污水 0.03L 计算，其含水率为 60%，容重为 1500kg/ m^3；合流制污水的沉砂量应根据实际情况确定。

(4) 砂斗容积不应大于 2d 的沉砂量，采用重力排砂时，砂斗斗壁与水平面的倾角不应小于 55°。

(5) 沉砂池除砂宜采用机械方法，并设置贮砂池和晒砂场。采用人工排砂时，排砂管直径不应小于 200mm。排砂管应考虑设计防堵塞措施。

(6) 沉砂池的数量（分格数）不能少于 2 个，每格的宽度不宜小于 0.6m。当水量较小时，沉砂池也应采用 2 个格，1 个格工作，1 个格备用。但每个格应按最大设计流量计算。

(7) 池底坡度一般为 0.01～0.02，当设置除砂设备时，可根据设备要求考虑池底形状。

(8) 进水头部应采用消能和整流措施。

(9) 平流沉砂池的设计，应符合下列要求。

① 最大流速应为 0.3m/s，最小流速应为 0.15m/s。

② 最高时流量的停留时间不应小于 30s。

③ 有效水深不应大于 1.2m，每格宽度不宜小于 0.6m。

(10) 曝气沉砂池的设计，应符合下列要求。

① 水平流速宜为 0.1m/s。

② 最高时流量的停留时间应大于 2min。

③ 有效水深宜为 2.0～3.0m，宽深比宜为 1～1.5。

④ 处理每立方米污水的曝气量宜为 0.1～0.2m^3 空气。

⑤ 进水方向应与池中旋流方向一致，出水方向应与进水方向垂直，并宜设置挡板。

(11) 旋流沉砂池的设计，应符合下列要求。

① 最高时流量的停留时间不应小于 30s。

② 设计水力表面负荷宜为 150～200$m^3/(m^2 \cdot h)$。

③ 有效水深宜为 1.0～2.0m，池径与池深比宜为 2.0～2.5。

④ 池中应设立式桨叶分离机。

3.2.3 平流式沉砂池的设计与计算

平流式沉砂池平面为长方形，横断面多为矩形，一般是一渠两池。沉渣的排除方式有机械排砂和重力排砂。图 3-5 为多斗式平流式沉砂池工艺图。平流式沉砂池设计计算公式见表 3-7。

表 3-7　平流式沉砂池设计计算公式

名称	公式	符号说明
池长	$L=vt$	L——沉砂池的长度，m； v——最大设计流量时的水平流速，m/s，一般取 $v=0.3$m/s； t——最大设计流量时的流行时间，s，不小于 30s，一般采用 30～60s
过水断面	$A=\frac{Q_{max}}{v}$	A——沉砂池的过水断面面积，m^2； v——最大设计流量时的水平流速，m/s，一般取 $v=0.3$m/s； Q_{max}——最大设计流量，m^3/s
池总宽度	$B=\frac{A}{h_2}$	B——沉砂池的总宽度，m； A——沉砂池的过水断面面积，m^2； h_2——沉砂池的有效水深，m，不大于 1.2m，一般采用 0.25～1m

续表

名称	公式	符号说明
沉砂室所需容积	$V=\frac{Q_pXT}{10^6}$	V——沉砂室所需容积，m^3； Q_p——日设计流量，m^3/d； X——城市污水沉砂量，$m^3/10^6m^3$ 污水； T——清除沉砂的间隔时间，d，一般采用 2d
池总高度	$H=h_1+h_2+h_3$	h_1——沉砂池的超高，m，一般取 0.3m； h_3——沉砂室的高度，m
最小流速校核	$v_{min}=\frac{Q_{min}}{n_1w_{min}}$	v_{min}——沉砂池的最小流速，m/s，一般取 0.15m/s； Q_{min}——最小流量，m^3/h； w_{min}——最小流量时沉砂池中的水流断面面积，m^2； n_1——最小流量时工作的沉砂池数目，个

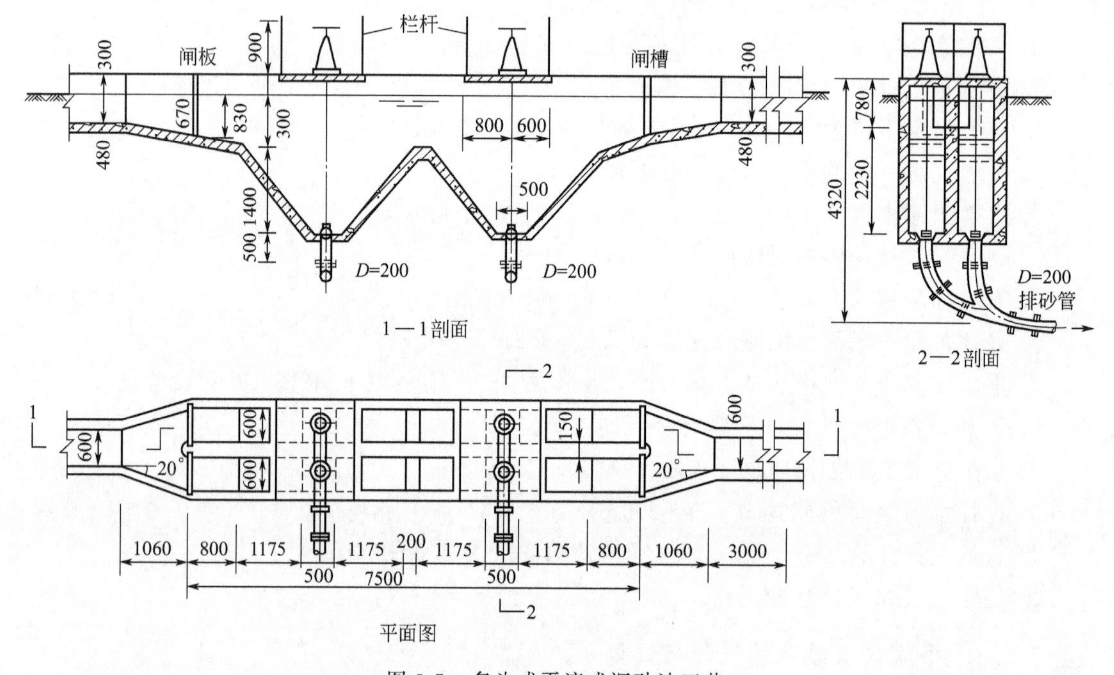

图 3-5　多斗式平流式沉砂池工艺

【例 3-2】 已知某城镇污水处理厂的最大设计流量 $Q_{max}=0.6m^3/s$，日设计流量 $Q_p=30000m^3/d$，最小设计流量 $Q_{min}=0.3m^3/s$，求沉砂池各部分尺寸。

［解］ 平流式沉砂池计算草图见图 3-6。

(1) 池子长度　设 $v=0.20m/s$，$t=40s$

$$L=vt=0.20\times40=8\ (m)$$

(2) 水流断面面积

$$A=\frac{Q_{max}}{v}=\frac{0.6}{0.20}=3.0\ (m^2)$$

(3) 池总宽度　设有效水深 $h_2=1.0m$，池总宽度

$$B=\frac{A}{h_2}=\frac{3.0}{1}=3.0\ (m)$$

共分为 4 格，每格宽

$$b=\frac{3.0}{4}=0.75\ (\text{m})$$

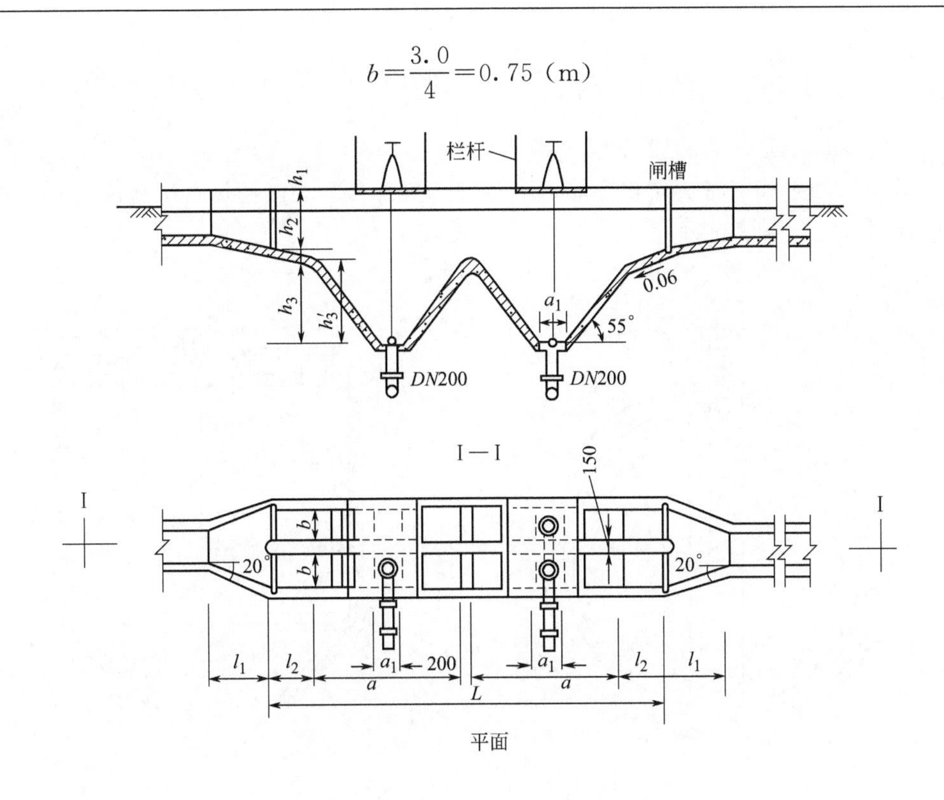

图 3-6　平流式沉砂池计算草图

(4) 沉砂斗所需容积　设 $T=2\text{d}$

$$V=\frac{Q_{\text{p}}XT}{10^6}=\frac{30000\times30\times2}{10^6}=1.8\ (\text{m}^3)$$

(5) 每个沉砂斗容积　设每一分格有 2 个沉砂斗，每个沉砂斗的容积

$$V_1=\frac{V}{4\times2}=\frac{1.8}{4\times2}=0.225\ (\text{m}^3)$$

(6) 沉砂斗各部分尺寸及容积　设沉砂斗底的长和宽均 $a_1=0.5\text{m}$，上口宽 $a_2=1.2\text{m}$，斗壁与水平面的倾角为 55°，则斗高为：

$$h_3'=\frac{1.2-0.5}{2}\tan55°=0.4998\ (\text{m})\approx0.5\ (\text{m})$$

$$V_0=\frac{1}{3}h_3'\left(f_1+f_2+\sqrt{f_1f_2}\right)$$

$$=\frac{1}{3}\times0.5\left[0.5^2+1.2\times0.75+\sqrt{0.5^2\times(1.2\times0.75)}\right]$$

$$=0.27\ (\text{m}^3)[\approx0.225\ (\text{m}^3)](\text{满足要求})$$

(7) 沉砂室高度　采用重力排砂，设池底坡度为 0.06，坡向砂斗，沉砂室高度

$$h_3=h_3'+0.06l_2=0.5+0.06\times2.7=0.662\ (\text{m})$$

(8) 池总高度　设超高 $h_1=0.3\text{m}$

$$H=h_1+h_2+h_3+h_4$$

$$=0.3+1.0+0.662=1.962\ (\text{m})$$

(9) 验算最小流速　在最小流量时，只用 2 格工作（$n_1=2$）

$$v_{\min}=\frac{Q_{\min}}{n_1 w_{\min}}=\frac{0.3}{2\times1.0\times0.75}=0.2\ (\mathrm{m/s})>0.15\ (\mathrm{m/s})\ (符合要求)$$

3.2.4 竖流式沉砂池的设计与计算

竖流式沉砂池平面通常为圆形，竖向呈柱状，底部砂斗为圆锥体。沉渣的排除方式为重力排砂。图 3-7 为竖流式沉砂池工艺简图。

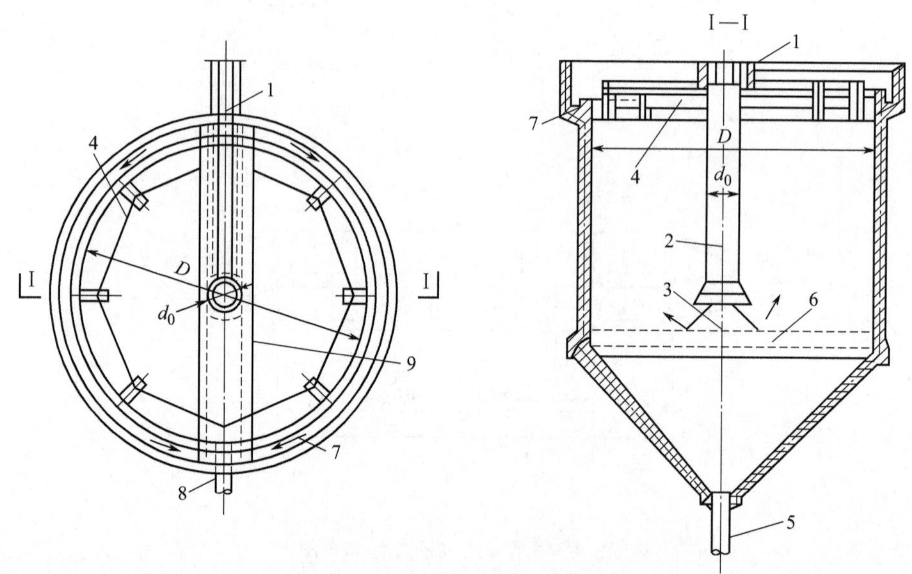

图 3-7 竖流式沉砂池工艺简图

1—进水槽；2—中心管；3—反射板；4—挡板；5—排砂管；6—缓冲层；7—集水槽；8—出水管；9—过桥

竖流式沉砂池设计计算公式见表 3-8。

表 3-8 竖流式沉砂池设计计算公式

名称	公式	符号说明
中心管直径	$d=\sqrt{\frac{4Q_{\max}}{\pi v_1}}$	d——中心管直径，mm； v_1——污水在中心管中的流速，m/s，一般不大于 0.3m/s； $Q_{\max}$——最大设计流量，m^3/s
池子直径	$D=\sqrt{\frac{4Q_{\max}(v_1+v_2)}{\pi v_1 v_2}}$	D——沉砂池直径，m； v_2——池内水流上升流速，m/s，最大为 0.1m/s，最小为 0.02m/s； $Q_{\max}$、v_1——符号意义同上
水流部分高度	$h_2=v_2 t$	h_2——水流部分高度，m； v_2——池内水流上升流速，m/s，最大为 0.1m/s，最小为 0.02m/s； t——最大设计流量时的流行时间，s，不小于 20s，一般采用 30～60s
沉砂室所需容积	$V=\frac{Q_p XT}{10^6}$	V——沉砂室所需容积，m^3； Q_p——日设计流量，m^3/d； X——城市污水沉砂量，$m^3/10^6 m^3$ 污水； T——清除沉砂的间隔时间，d，一般 T 采用 2d
沉砂部分高度	$h_4=\left(\frac{D}{2}-r\right)\tan\alpha$	h_4——沉砂部分高度，m； D——沉砂池的过水断面面积，m^2； r——圆截锥部分下底半径，m； α——圆截锥部分倾角，(°)，不小于 55°

续表

名称	公式	符号说明
圆截锥部分实际容积	$V_1=\frac{\pi h_4}{3}(R^2+Rr+r^2)$	V_1——圆截锥部分容积，m^3； R——池子半径，m； r——圆截锥下部半径，m； h_4——沉砂室截锥部分的高度，m
池子总高度	$H=h_1+h_2+h_3+h_4$	H——池子总高度，m； h_1——沉砂池的超高，m，一般取 0.3m； h_3——中心管底至沉砂室砂面的距离，m，一般采用 0.25m； h_2、h_4——符号意义同上

【例 3-3】 已知某城镇污水处理厂的最大设计流量 $Q_{max}=0.3m^3/s$，日设计流量 $Q_p=18000m^3/d$。求竖流式沉砂池各部分尺寸。

［**解**］ 竖流式沉砂池计算草图见图 3-8。

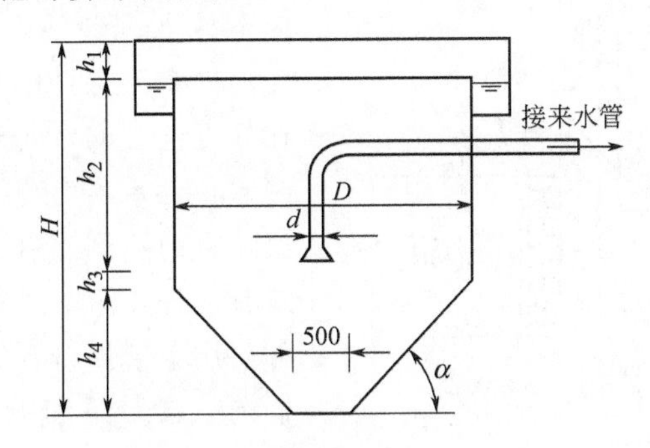

图 3-8　竖流式沉砂池计算草图

(1) 中心管直径　采用两个池子，每个池子的设计流量

$$q_{max}=\frac{Q_{max}}{2}=\frac{0.3}{2}=0.15\ (m^3/s)$$

设中心管中的流速 $v_1=0.3m^3/s$，每个池子中心管直径

$$d=\sqrt{\frac{4q_{max}}{\pi v_1}}=\sqrt{\frac{4\times0.15}{\pi\times0.3}}=0.798\ (m)\approx0.8\ (m)$$

(2) 池子直径　设池内水流上升速度 $v_2=0.05m/s$

$$D=\sqrt{\frac{4q_{max}(v_1+v_2)}{\pi v_1 v_2}}=\sqrt{\frac{4\times0.15\times(0.3+0.05)}{\pi\times0.3\times0.05}}=2.11\ (m)\approx2.2\ (m)$$

(3) 水流部分高度　设最大停留时间 $t=30s$

$$h_2=v_2 t=0.05\times30=1.5\ (m)$$

(4) 沉砂室所需容积　设贮砂时间 $T=2d$，沉砂室所需容积

$$V=\frac{Q_p XT}{10^6}=\frac{18000\times30\times2}{10^6}=1.08\ (m^3)$$

每个沉砂斗的所需容积

$$V_0=\frac{V}{2}=\frac{1.08}{2}=0.54\ (m^3)$$

(5) 沉砂部分高度　设沉砂斗锥底直径 $r=0.5m$，沉砂斗斜壁与水平面的夹角为 55°，

沉砂部分高度

$$h_4=\left(\frac{D}{2}-r\right)\tan\alpha=\left(\frac{2.2}{2}-0.5\right)\tan55°=0.857\ (\text{m})\approx0.86\ (\text{m})$$

（6）圆截锥部分实际容积

$$V_1=\frac{\pi h_4}{3}(R^2+Rr+r^2)=\frac{\pi\times0.86}{3}\times(1.1^2+1.1\times0.5+0.5^2)=1.81\ (\text{m}^3)>0.54\ (\text{m}^3)$$

（7）池子总高度　设超高 $h_1=0.3\text{m}$，中心管底至沉砂室砂面的距离 $h_3=0.25\text{m}$

$$H=h_1+h_2+h_3+h_4=0.3+1.5+0.25+0.86=2.91\ (\text{m})$$

（8）排砂方法　采用重力排砂或水射器排砂。

3.2.5 圆形涡流式沉砂池的设计与计算

圆形涡流式沉砂池是利用水力涡流原理除砂。污水从切线方向进入，进水渠道末端设有一跌水堰，使可能沉积在渠道底部的砂粒向下滑入沉砂池。池内设有可调速桨板，使池内水流保持螺旋形环流，较重的砂粒在靠近池心的一个环形孔口处落入底部的沉砂斗，水和较轻的有机物被引向出水渠，从而达到除砂的目的。沉砂的排除方式有三种：第一种是采用砂泵抽升；第二种是用空气提升器；第三种是在传动轴中插入砂泵，泵和电机设在沉砂池的顶部。圆形涡流式沉砂池与传统的平流式曝气沉砂池相比，具有占地面积小，土建费用低的优点，对中小型污水处理厂具有一定的适用性。

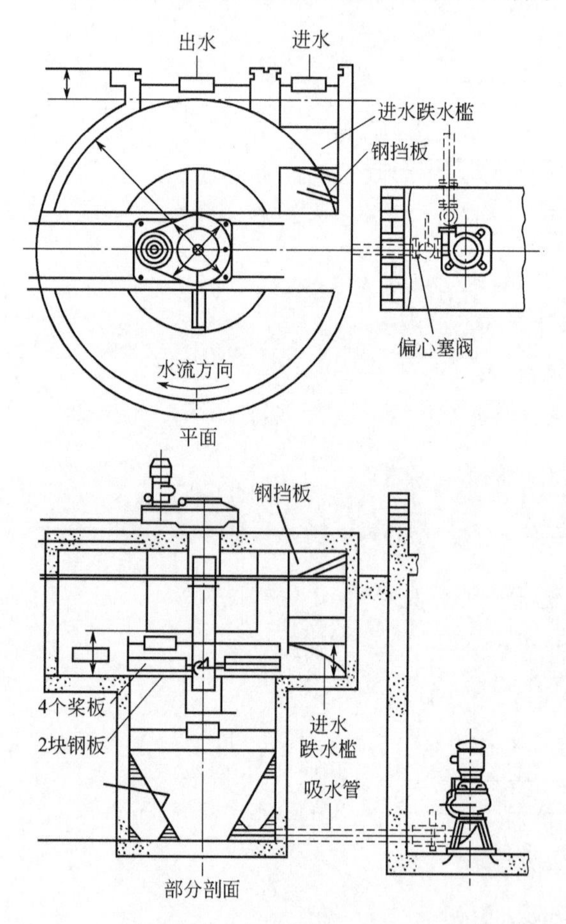

图 3-9　佩斯塔沉砂池

圆形涡流式沉砂池有多种池型，目前应用较多的有美国 Smith&Loveless 公司的佩斯塔（Pista）沉砂池（见图 3-9）和英国 Jones&Attwod 公司的钟式（Jeta）沉砂池（见图 3-10）。

圆形涡流式沉砂池设计应满足以下要求。

（1）水力表面负荷约为 $200\text{m}^3/(\text{m}^2\cdot\text{h})$，水力停留时间约为 20～60s；

（2）进水渠道流速，在最大流量的 40%～80%情况下为 0.6～0.9m/s，在最小流量时大于 0.15m/s，但最大流量时不大于 1.2m/s；

（3）为保证进水平稳，进水渠道直段长度应为渠宽的 7 倍，并不小于 4.5m；

（4）出水渠道进水渠道的夹角大于 270°，以最大限度地延长水流在沉砂池的停留时间。

目前，国内外均有定型的圆形涡流式沉砂池产品可供选用，因此，圆形涡流式沉砂池的设计可以根据设计流量直接选型。表 3-9 为钟式沉砂池定型产品的处理流量及各部分尺寸，表中各尺寸符号意义见图 3-11。

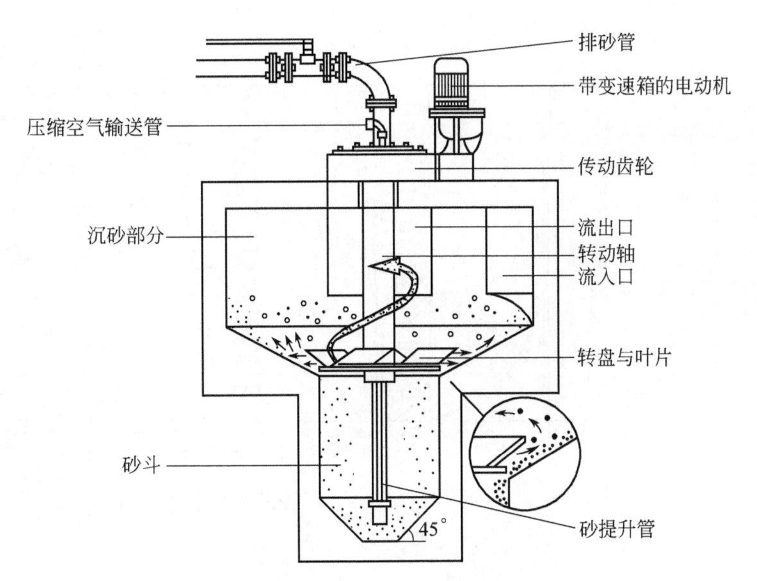

图 3-10　钟式沉砂池

表 3-9　钟式沉砂池型号及各部分尺寸

型号	流量/(L/s)	A/m	B/m	C/m	D/m	E/m	F/m	G/m	H/m	J/m	K/m	L/m
50	50	1.83	1.0	0.305	0.61	0.30	1.40	0.30	0.30	0.20	0.80	1.10
100	110	2.13	1.0	0.38	0.76	0.30	1.40	0.30	0.30	0.30	0.80	1.10
200	180	2.43	1.0	0.45	0.90	0.30	1.35	0.40	0.30	0.40	0.80	1.15
300	310	3.05	1.0	0.61	1.20	0.30	1.55	0.45	0.30	0.45	0.80	1.35
550	530	3.65	1.5	0.75	1.50	0.40	1.70	0.60	0.51	0.58	0.80	1.45
900	880	4.87	1.5	1.00	2.00	0.40	2.20	1.00	0.51	0.60	0.80	1.85
1300	1320	5.48	1.5	1.10	2.20	0.40	2.20	1.00	0.61	0.63	0.80	1.85
1750	1750	5.80	1.5	1.20	2.40	0.40	2.50	1.30	0.75	0.70	0.80	1.95
2000	2200	6.10	1.5	1.20	2.40	0.40	2.50	1.30	0.89	0.75	0.80	1.95

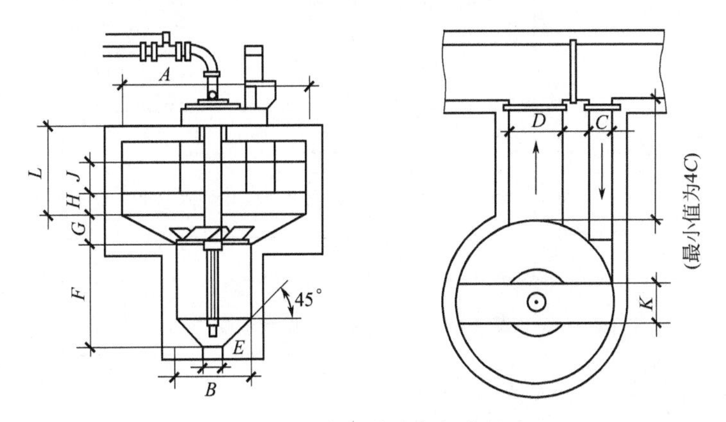

图 3-11　钟式沉砂池各部分尺寸

3.2.6　多尔沉砂池的设计与计算

多尔沉砂池结构上部为方形，下部为圆形，装有复耙提升坡道式筛分机。图 3-12 为多

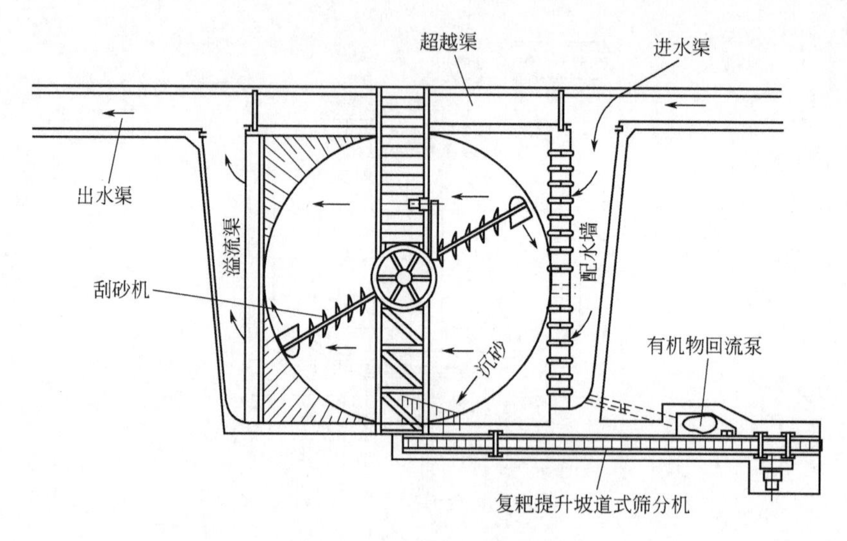

图 3-12 多尔沉砂池工艺

尔沉砂池工艺图。多尔沉砂池属线型沉砂池，颗粒的沉淀是通过减小池内水流速度来完成的。为了保证分离出的砂粒纯净，利用复耙提升坡道式筛分机分离沉砂中的有机颗粒，分离出来的污泥和有机物再通过回流装置回流至沉砂池中。为确保进水均匀，多尔沉砂池一般采用穿孔墙进水，固定堰出水。多尔沉砂池分离出的砂粒比较纯净，有机物含量仅 10%左右，含水率也比较低。

多尔沉砂池的设计一般按表面流量负荷进行计算，表面流量负荷与除砂率的关系见表 3-10。最大设计流量时的水平流速不大于 0.3m/s。表 3-11 为美国典型的多尔沉砂池设计参数，供参考。

表 3-10 表面流量负荷与除砂率的关系

砂粒/mm	表面流量负荷/[m³/(m² · h)]	除砂率/%
0.16	12	100
	16	90
	20	85
0.20	17	100
	28	90
	36	85
0.25	27	100
	45	90
	58	85

表 3-11 多尔沉砂池设计参数

沉砂池直径/m		3.0	6.0	9.0	12.0
最大设计流量/(m³/h)	去除粒径 0.21mm 砂粒	0.17	0.70	1.58	2.80
	去除粒径 0.15mm 砂粒	0.11	0.45	1.02	1.81
表面流量负荷/[m³/(m² · h)]	去除粒径 0.21mm 砂粒	68	70	70	70
	去除粒径 0.15mm 砂粒	44	45	45	45

续表

沉砂池深度/m		1.1	1.2	1.4	1.5
最大流量时水深/m		0.5	0.6	0.9	1.1
最大水平流速/(m/s)	去除粒径 0.21mm 砂粒	0.113	0.194	0.195	0.212
	去除粒径 0.15mm 砂粒	0.073	0.125	0.126	0.137
沉砂机宽度/m		0.4	0.4	0.7	0.7
洗砂机斜面长/m		8.0	9.0	10.0	12.0

3.2.7 曝气沉砂池的设计与计算

曝气沉砂池的平面形状为长方形，横断面多为梯形或矩形，池底设有沉砂斗或沉砂槽，一侧设有曝气管。图 3-13 为曝气沉砂池工艺图。在沉砂池进行曝气的作用是使颗粒之间产生摩擦，将包裹在颗粒表面的有机物摩擦去除掉，产生洁净的沉砂，同时提高颗粒的去除效率。曝气沉砂池沉砂的排除一般采用提砂设备或抓砂设备。

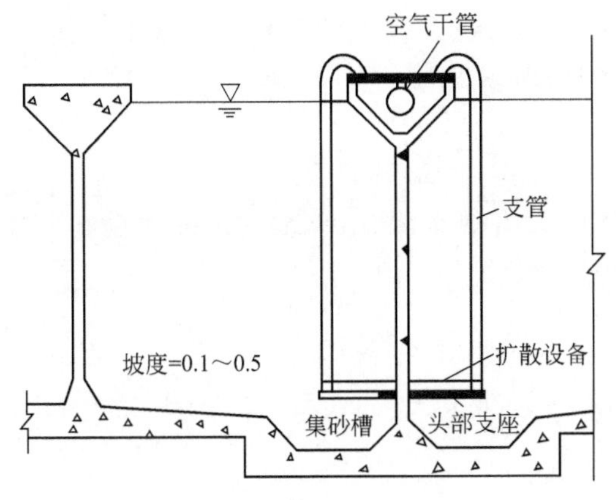

图 3-13 曝气沉砂池工艺

曝气沉砂池的计算公式见表 3-12。设计时还应满足以下要求。

(1) 旋流速度应保持 0.25～0.3m/s；

(2) 空气扩散装置设在池的一侧，距池底约 0.6～0.9m，送气管应设置调节气量的闸门；

表 3-12 曝气沉砂池的设计计算公式

名称	公式	符号说明
池子的有效容积	$V=60Q_{max}t$	V——沉砂池的有效容积，m^3； Q_{max}——最大设计流量，m^3/s； t——最大设计流量时的流行时间，设计时取 1～3min
水流断面面积	$A=\frac{Q_{max}}{v}$	A——沉砂池的过水断面面积，m^2； v——最大设计流量时的水平流速，一般取 0.06～0.12m/s
池子总宽度	$B=\frac{A}{h_2}$	B——沉砂池的总宽度，m； h_2——设计有效水深，m，一般为 2～3m，宽深比一般采用 1～2
池长	$L=60vt$ 或 $L=\frac{V}{A}$	L——池长，m； v、V、t、A——符号意义同上
每小时所需空气量	$q=3600d\ Q_{max}$	q——每小时所需空气量，m^3/h； d——每立方米污水所需空气量，一般取 0.1～0.2m^3 空气/m^3 污水
沉砂室所需容积	$V=\frac{Q_pXT}{10^6}$	V——沉砂室所需容积，m^3； Q_p——日设计流量，m^3/d； X——城市污水沉砂量，$m^3/10^6m^3$ 污水； T——清除沉砂的间隔时间，一般采用 2d
池子总高度	$H=h_1+h_2+h_3$	h_1——沉砂池的超高，m，一般取 0.3m； h_3——沉砂室的高度，m

(3) 池子的形状应尽可能不产生偏流或死角，在集砂槽附近可安装纵向挡板；

(4) 池子的进口和出口布置，应防止发生短路，进水方向应与池中旋流方向一致，出水方向应与进水方向垂直，并宜考虑设置挡板；

(5) 池内应考虑设消泡装置；

(6) 长宽比可达5，当池长比池宽大得多时，应考虑设置横向挡板。

【例 3-4】 已知某城镇污水处理厂的最大设计流量 $Q_{max}=0.3m^3/s$，日设计流量 $Q_p=18000m^3/d$。求曝气沉砂池各部分尺寸。

［解］ 曝气沉砂池计算草图见图 3-14。

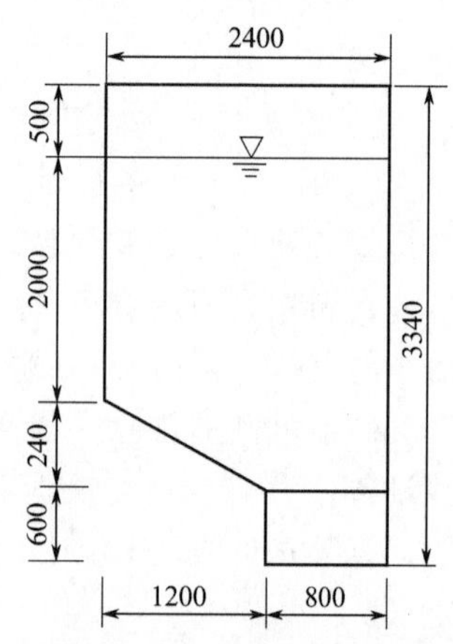

图 3-14 曝气沉砂池计算草图

(1) 池子的有效容积 设最大设计流量时的流行时间 $t=2min$，池子的有效容积

$$V=Q_{max}t\times60=0.3\times2\times60=36\ (m^3)$$

(2) 水流断面面积 设最大设计流量时的水平流速 $v=0.075m/s$，水流断面面积

$$A=\frac{Q_{max}}{v}=\frac{0.3}{0.075}=4\ (m^2)$$

(3) 池总宽度 设有效水深 $h_2=2m$，沉砂池设2个格，1格工作1格备用，每格宽

$$b=\frac{4}{2}=2\ (m)$$

池总宽度为 $2\times2=4$ (m)

宽深比 b/h 为1，满足要求。

(4) 池长

$$L=60vt=60\times0.75\times2=9.4\ (m)$$

(5) 每小时所需空气量 设每立方米污水所需空气量 $d=0.2m^3$ 空气/m^3 污水，每小时所需空气量

$$q=3600dQ_{max}=3600\times0.2\times0.3=216\ (m^3/h)$$

(6) 沉砂槽所需容积 设贮砂时间 $T=2d$，每格沉砂槽所需容积

$$V=\frac{Q_pXT}{10^6}=\frac{18000\times30\times2}{10^6}=1.08\ (m^3)$$

(7) 沉砂槽几何尺寸确定 设沉砂槽为矩形断面，宽0.8m，沉砂槽高度 $h_4=0.6m$，沉砂槽容积

$$V_0=0.8\times0.6\times9.4=4.51\ (m^3)>1.08\ (m^3)$$

(8) 池子总高 设池底坡度为0.2，坡向沉砂槽，池底斜坡部分的高度

$$h_3=0.2\times1.2=0.24\ (m)$$

池子总高

$$H=h_1+h_2+h_3+h_4=0.5+2+0.24+0.6=3.34\ (m)$$

(9) 排砂方法 采用吸砂机排砂。

3.3 初沉池的设计计算

初沉池的作用主要去除悬浮于污水中的可以沉淀的固体悬浮物。小城镇污水处理系统常

用的初沉池主要有平流式沉淀池和竖流式沉淀池。

3.3.1　初沉池设计的一般规定

（1）初沉池的设计流量应按分期建设考虑。当污水为自流进入时，设计流量为每期的最大设计流量；当污水为提升进入时，应按每期工作水泵的最大组合流量校核管渠配水能力；在合流制处理系统中，应按降雨时的设计流量设计，沉淀时间不宜小于 30min。

（2）无实测资料时，初沉池的设计数据宜按表 3-13 中的数据选用。

表 3-13　初沉池设计数据

沉淀时间/h	表面水力负荷/[$m^3/(m^2 \cdot h)$]	每人每日污泥量/g	污泥含水率/%
0.5～2.0	1.5～4.5	16～36	95～97

（3）初沉池的有效水深宜采用 2～4m，超高不应小于 0.3m，缓冲层为 0.3～0.5m。

（4）初次沉淀池的污泥区容积，除设机械排泥的宜按 4h 的污泥量计算外，宜按不大于 2d 的污泥量计算。

（5）当采用污泥斗排泥时，每个污泥斗均应设单独的闸阀和排泥管。污泥斗的斜壁与水平面的倾角，方斗宜为 60°，圆斗宜为 55°。

（6）采用静水压力排泥时，静水压力小于 1.5m。

（7）排泥管的直径不应小于 200mm。

（8）初沉池出水的最大堰负荷不宜大于 2.9L/(s·m)。

（9）初沉池应设置浮渣的撇除、输送和处置设施。

3.3.2　平流式沉淀池的设计与计算

3.3.2.1　结构形式与设计要求

平流式沉淀池平面呈矩形，一般由进水装置、出水装置、沉淀区、缓冲区、污泥区及排泥装置等构成。排泥方式有机械排泥和多斗排泥两种，机械排泥多采用链带式刮泥机和桥式刮泥机。图 3-15 为桥式刮泥机平流式沉淀池；图 3-16 为多斗式平流沉淀池。

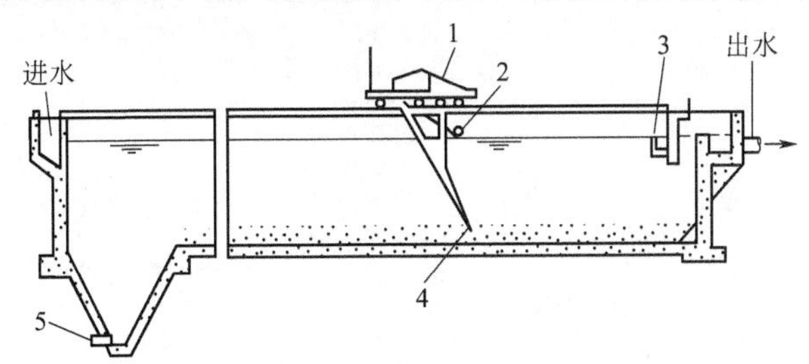

图 3-15　桥式刮泥机平流式沉淀池

1—驱动装置；2—刮渣板；3—浮渣槽；4—刮泥板；5—排泥管

平流式沉淀池设计的主要内容包括：进水装置、出水装置、沉淀区、缓冲区、污泥区、排泥装置以及排浮渣设备的设计与选择。

平流沉淀池的设计，应符合下列要求。

（1）每格长度与宽度之比不宜小于 4，长度与有效水深之比不宜小于 8，池长不宜大于 60m。

（2）宜采用机械排泥，排泥机械的行进速度为 0.3～1.2m/min。

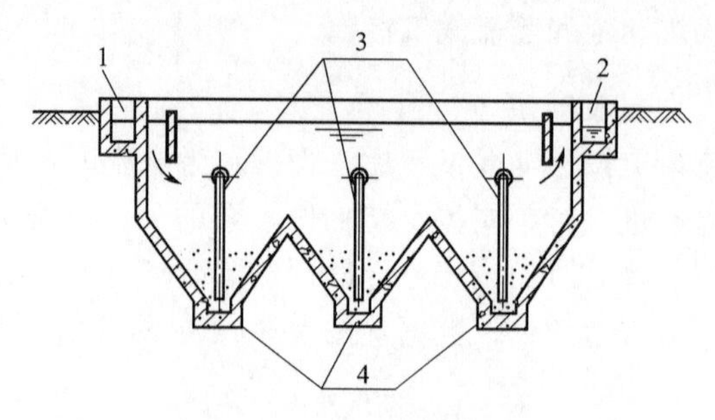

图 3-16 多斗式平流沉淀池

1—进水槽；2—出水槽；3—排泥管；4—污泥斗

（3）缓冲层高度，非机械排泥时为 0.5m，机械排泥时应根据刮泥板高度确定，且缓冲层上缘宜高出刮泥板 0.3m。

（4）池底纵坡不宜小于 0.01。

3.3.2.2 平流式沉淀池设计计算公式

平流式沉淀池设计计算公式见表 3-14。

3.3.2.3 其他设计要求

（1）池底坡度：采用机械刮泥时，不小于 0.005，一般为 0.01～0.02。

（2）为了保证进水在沉淀区均匀分布，进水口应采取整流措施，一般有穿孔墙、挡流板、底孔等，如图 3-17 所示。

表 3-14 平流式沉淀池设计计算公式

名称	公式	符号说明
池子总表面积	$A=\frac{Q_{max}}{q'}$	A——沉淀池的总表面积，m^2； Q_{max}——最大设计流量，m^3/h； q'——表面水力负荷，$m^3/(m^2 \cdot h)$，可通过试验获得或参见表 3-13
沉淀部分的有效水深	$h_2=q't$	h_2——沉淀池的有效水深，多采用 2～4m； t——沉淀时间，h，可通过试验获得或参见表 3-13
沉淀部分有效容积	$V'=Q_{max}t$ 或 $V'=Ah_2$	V'——沉淀部分有效容积，m^3； Q_{max}、t、A、h_2——符号意义同上
池长	$L=3.6vt$	L——沉淀池的长度，m，长深比一般采用 8～12，长宽比以 3～5 为宜； v——最大设计流量时的水平流速，mm/s，初沉池取 7mm/s，二沉池取 5mm/s； t——沉淀时间，h，可通过试验获得或参见表 3-13
池子总宽度	$B=\frac{A}{L}$	B——沉砂池的总宽度，m； A、L——符号意义同上
池子个数（或分格数）	$n=\frac{B}{b}$	n——池子个数； b——每个池子（或分格数）宽度，m； B——沉砂池的总宽度，m
污泥部分所需容积	$V=\frac{SNT}{1000}$	V——污泥部分所需容积，m^3； S——每人每日污泥量，L/(人·d)，一般采用 0.3～0.8L/(人·d)； N——设计人口，人； T——两次清除污泥的间隔时间，初次沉淀池一般采用 2d；二次沉淀池可按 2h 考虑；机械排泥初次沉淀池和生物膜法处理后的二次沉淀池可按 4h 考虑

续表

名称	公式	符号说明
污泥部分所需容积	如已知污水悬浮物浓度与去除率，污泥量可按下式计算：$V=\dfrac{Q(C_0-C_1)T\times 86400\times 100}{\gamma(100-P_0)}$	C_0、C_1——进水与沉淀出水的悬浮物浓度，kg/m^3，如有浓缩池、消化池及污泥脱水机的上清液回流至初次沉淀池，则式中的 C_0 应取进水浓度的 1.3 倍，C_1 应取 C_0 的 50%～60%； P_0——污泥含水率，%； γ——污泥容重，kg/m^3，一般取 $1000kg/m^3$； Q——设计日流量，m^3/d； T——两次排泥的时间间隔，同上
污泥斗容积	$V_1=\dfrac{1}{3}h_4''(f_1+f_2+\sqrt{f_1f_2})$	V_1——污泥斗容积，m^3； f_1——斗上口面积，m^2； f_2——斗下口面积，m^2； h_4''——泥斗高度，m
污泥斗以上梯形部分污泥容积	$V_2=\left(\dfrac{l_1+l_2}{2}\right)h_4'b$	V_2——污泥斗以上梯形部分污泥容积，m^3； l_1——梯形上底长，m； l_2——梯形下底长，m； b——每个池子(或分格数)宽度，m； h_4'——梯形高度，m
池子总高度	$H=h_1+h_2+h_3+h_4$	H——沉淀池的总高，m； h_1——沉淀池的超高，m，一般取 0.3m； h_3——缓冲层的高度，m，一般取 0.3～0.5m

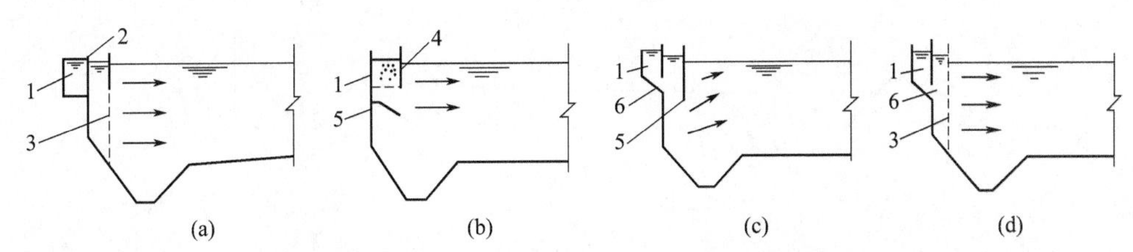

图 3-17　平流式沉淀池入口的整流措施

1—进水槽；2—溢流堰；3—有孔整流墙；4—底孔；5—挡流板；6—潜孔

(3) 为了保证出水均匀和池内水位，出水通常采用溢流堰式集水槽，集水槽的形式见图 3-18。溢流堰多采用锯齿形三角堰，出水水面宜位于齿高的 1/2 处，见图 3-19。为使用方便，堰板应能上下调整。

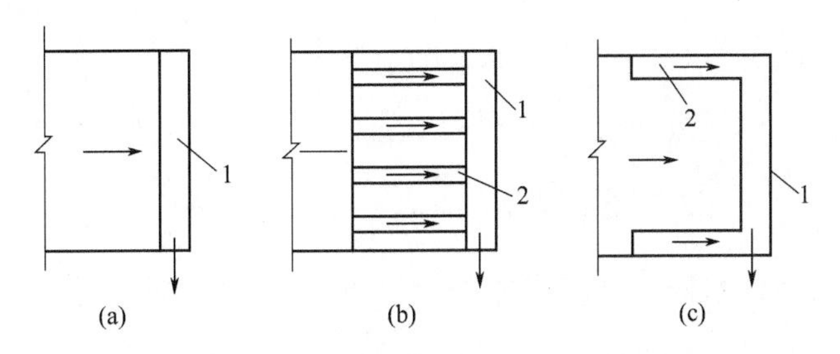

图 3-18　平流式沉淀池集水槽形式

1—集水槽；2—集水支渠

(4) 进出口处应设挡板，其位置是距进口为 0.5～1.0m，距出口为 0.25～0.5m。挡板应高出池内水面 0.1～0.15m。进口挡板的淹没深度视沉淀池深度而定，不小于 0.25m，一般为 0.5～1.0m；出口挡板的淹没深度一般为 0.3～0.4m。

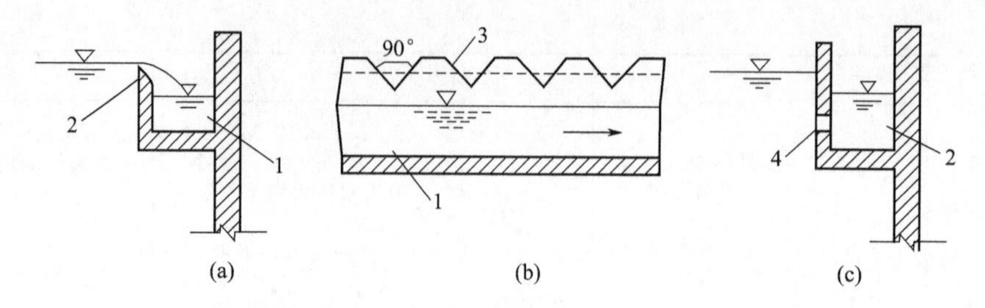

图 3-19 锯齿形三角堰

1—集水槽；2—自由堰；3—锯齿三角堰；4—淹没堰口

（5）在出水堰前应设置收集与排除浮渣的设施，一般采用可转动的排渣管或浮渣槽。

【例 3-5】 已知某城镇污水处理厂的最大设计流量 $Q_{\max}=440\text{m}^3/\text{h}$，设计人口 60000 人，采用链带式刮泥机，求平流式沉淀池各部分尺寸。

［**解**］ 平流式沉淀池计算草图见图 3-20。

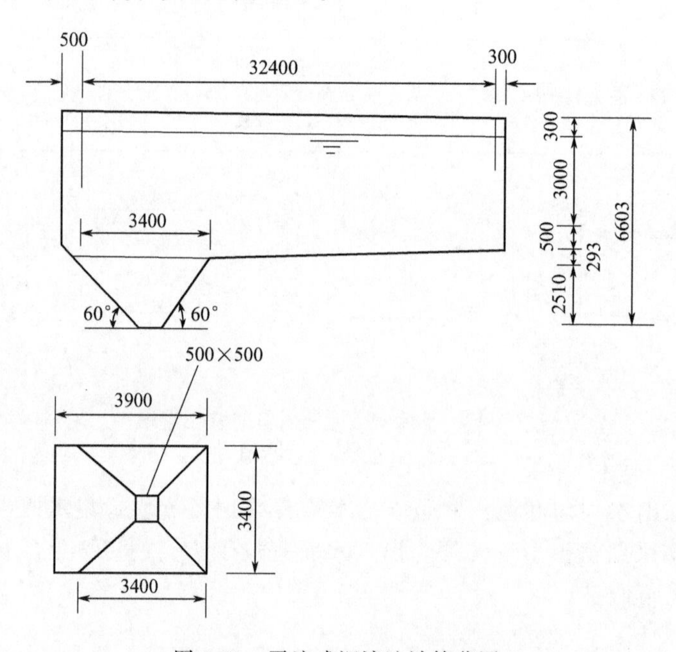

图 3-20 平流式沉淀池计算草图

（1）池子总表面积 设表面水力负荷 $q'=2\text{m}^3/(\text{m}^2\cdot\text{h})$，池子总表面积

$$A=\frac{Q_{\max}}{q'}=\frac{440}{2}=220\ (\text{m}^2)$$

（2）沉淀部分的有效水深 设沉淀时间 $t=1.5\text{h}$，有效水深

$$h_2=q't=2\times1.5=3.0\ (\text{m})$$

（3）沉淀部分有效容积

$$V'=Q_{\max}t=440\times1.5=660\ (\text{m}^3)$$

（4）池长 设最大设计流量时的水平流速 $v=6\text{mm/s}$，沉淀池的长度

$$L=3.6vt=3.6\times6\times1.5=32.4\ (\text{m})$$

长深比

$$\frac{L}{h_2}=\frac{32.4}{3}=10.8(满足要求)$$

(5) 池子总宽度

$$B=\frac{A}{L}=\frac{220}{32.4}=6.79\ (\mathrm{m})$$

(6) 池子个数（或分格数）　设 2 个池子，每个池子宽

$$b=\frac{B}{n}=\frac{6.79}{2}=3.4\ (\mathrm{m})$$

长宽比

$$\frac{L}{b}=\frac{32.4}{3.4}=9.53>4.0(符合要求)$$

(7) 污泥部分所需容积　设 $T=4\mathrm{h}$（机械排泥），$S=0.5\mathrm{L}/(人\cdot \mathrm{d})$，污泥部分所需容积

$$V=\frac{SNT}{1000}=\frac{0.5\times 60000\times (4/24)}{1000}=5\ (\mathrm{m}^3)$$

每个池子污泥部分所需容积

$$V'=\frac{5}{2}=2.5\ (\mathrm{m}^3)$$

(8) 污泥斗容积　污泥斗底采用 500mm×500mm，上口采用 3400mm×3400mm，污泥斗斜壁与水平面的夹角为 60°，污泥斗的高度

$$h_4''=\frac{3.4-0.5}{2}\tan 60°=2.51\ (\mathrm{m})$$

污泥斗容积

$$\begin{aligned} V_1 &=\frac{1}{3}h_4''(f_1+f_2+\sqrt{f_1 f_2}) \\ &=\frac{1}{3}\times 2.5\times (0.5^2+3.4^2+\sqrt{0.5^2\times 3.4^2}) \\ &=11.26\ (\mathrm{m}^3) \end{aligned}$$

(9) 污泥斗以上梯形部分污泥容积　设池底坡度为 0.01，梯形部分高度

$$h_4'=(32.4+0.3-3.4)\times 0.01=0.293\ (\mathrm{m})$$

污泥斗以上部分污泥容积

$$\begin{aligned} V_2 &=\left(\frac{l_1+l_2}{2}\right)h_4' b \\ &=\frac{32.4+3.4}{2}\times 0.293\times 3.4=35.67\ (\mathrm{m}^3) \end{aligned}$$

(10) 污泥斗和梯形部分污泥容积

$$V_1+V_2=11.26+35.67=46.93\ (\mathrm{m}^3)>2.5\ (\mathrm{m}^3)$$

(11) 池子总高度　设缓冲层高度 $h_3=0.5\mathrm{m}$，超高 $h_1=0.3\mathrm{m}$

$$H=h_1+h_2+h_3+h_4=h_1+h_2+h_3+(h_4'+h_4'')$$
$$=0.3+3+0.5+(0.293+2.51)=6.603\ (\mathrm{m})$$

3.3.3 竖流式沉淀池的设计与计算

3.3.3.1 竖流式沉淀池的构造形式与设计要求

竖流式沉淀池一般为圆形或方形，由中心进水管、出水装置、沉淀区、污泥区及排泥装置组成。沉淀区呈柱状，污泥斗呈截头倒锥体。图 3-21 为竖流式沉淀池构造简图。污水自中心管流入后向下经反射板呈上向流流至出水堰，污泥沉入污泥斗并在静水压力的作用下排出池外。

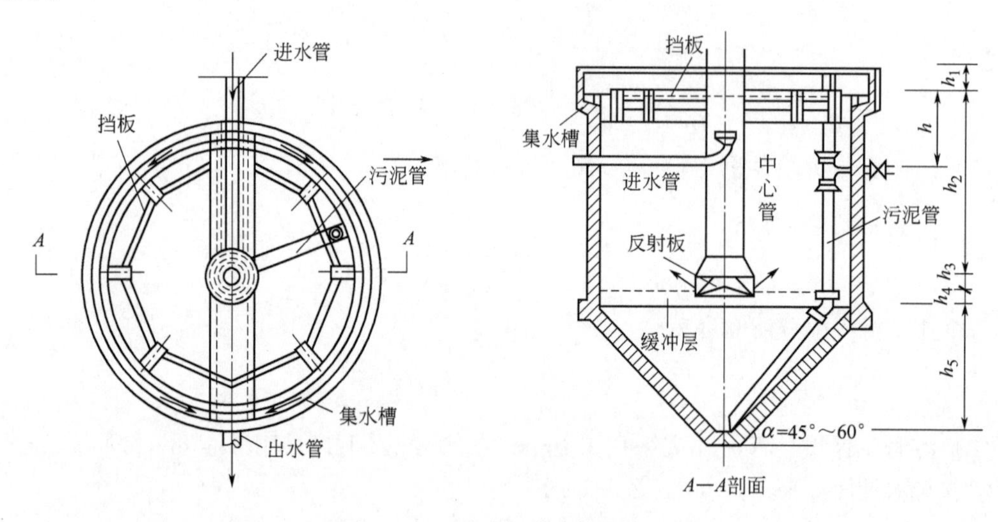

图 3-21 竖流式沉淀池构造简图

竖流沉淀池的设计，应符合下列要求。

(1) 水池直径（或正方形的一边）与有效水深之比不宜大于 3。

(2) 中心管内流速不宜大于 30mm/s。

(3) 中心管下口应设有喇叭口和反射板，板底面距泥面不宜小于 0.3m。

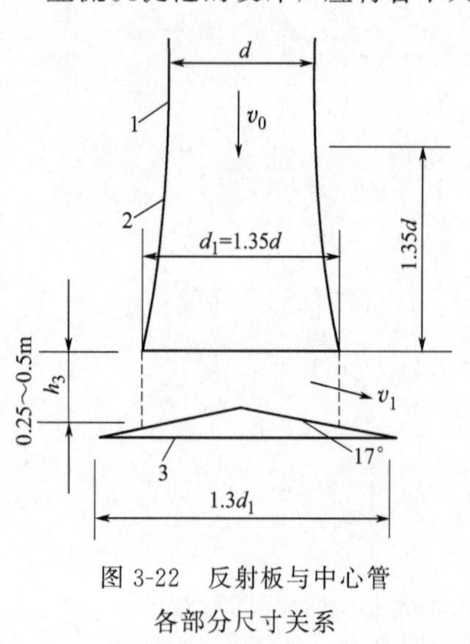

图 3-22 反射板与中心管各部分尺寸关系

1—中心管；2—喇叭口；3—反射板

3.3.3.2 竖流式沉淀池设计与计算

竖流式沉淀池设计的主要内容包括：中心管面积与直径、沉淀区有效面积、池直径、沉淀区有效水深、污泥斗容积等。设计计算公式见表 3-15。

在设计计算中应注意以下几个问题。

(1) 中心管下口应设有喇叭口和反射板，反射板及中心管各部分尺寸关系见图 3-22。

(2) 当池子直径（或正方形的一边）小于 7.0m 时，澄清污水沿周边流出；当池子直径大于等于 7.0m 时，应增设辐射式集水支渠。

(3) 排泥管下端距池底不大于 0.20m，管上端高出水面 0.4m 以上。

(4) 浮渣挡板距集水槽 0.25～0.5m，高出水面 0.1～0.15m，淹没深度为0.30～0.40m。

表 3-15　竖流式沉淀池设计计算公式

名称	公式	符号说明
中心管面积	$f=\frac{Q_{max}}{v_0}$	f——中心管面积，m^2； v_0——中心管内流速，m/s，不大于 0.03m/s； Q_{max}——每池最大设计流量，m^3/s
中心管直径	$d=\sqrt{\frac{4f}{\pi}}$	d——中心管直径，m； f——中心管面积，m^2
中心管喇叭口与反射板之间的间隙高度	$h_3=\frac{Q_{max}}{v_1 d_1 \pi}$	h_3——中心管喇叭口与反射板之间的间隙高度，m，一般在 0.25～0.5m； v_1——污水由中心管喇叭口与反射板之间的间隙流出的速度，m/s，不大于 30m/s； d_1——喇叭口的直径，m； Q_{max}——每池最大设计流量，m^3/s
沉淀部分有效面积	$F=\frac{Q_{max}}{v}$	F——沉淀部分有效面积，m^2； v——污水在沉淀区上升的流速，m/s，在数值上等于表面水力负荷，可通过试验确定或参见表 3-13； Q_{max}——每池最大设计流量，m^3/s
沉淀池直径	$D=\sqrt{\frac{4(F+f)}{\pi}}$	D——沉淀池直径，m，池子直径（或正方形的一边）与有效水深之比值不大于 3.0，池子直径不宜大于 8.0m，一般采用 4.0～7.0m； F、f——符号意义同上
沉淀部分有效水深	$h_2=3600vt$	h_2——沉淀池的有效水深，m，竖流式沉淀池的有效水深也就是中心管浸入水下的深度； t——沉淀时间，h，按表 3-13 选取； v——符号意义同上
污泥部分所需容积	$V=\frac{SNT}{1000}$	V——污泥部分所需容积，m^3； S——每人每日污泥量，L/(人·d)，初次沉淀池一般采用 0.3～0.8L/(人·d)； N——设计人口，人； T——两次清除污泥的间隔时间，初次沉淀池一般采用 2d；机械排泥初次沉淀池可按 4h 考虑
	$V=\frac{Q(C_0-C_1)T\times86400\times100}{\gamma(100-P_0)}$	C_0、C_1——进水与沉淀出水的悬浮物浓度，kg/m^3，如有浓缩池、消化池及污泥脱水机的上清液回流至初次沉淀池，则式中的 C_0 应取进水浓度的 1.3 倍，C_1 应取 C_0 的 50%～60%； P_0——污泥含水率，%； γ——污泥容重，kg/m^3，一般取 $1000kg/m^3$； Q——设计日流量，m^3/d； T——两次排泥的时间间隔，同上
圆截锥部分容积	$V_2=\frac{\pi h_5}{3}(R+Rr+r^2)$	V_2——圆截锥部分容积，m^3； R——圆截锥上部半径，m； r——圆截锥下部半径，m； h_5——污泥室圆截锥部分的高度，m
池子总高度	$H=h_1+h_2+h_3+h_4+h_5$	H——沉淀池的总高，m； h_1——沉淀池的超高，m，一般取 0.3m； h_3——中心管喇叭口与反射板之间的间隙高度，m； h_4——缓冲层的高度，m，一般取 0.3～0.5m； h_2、h_5——符号意义同上

【例 3-6】 已知某城镇污水处理厂的最大设计流量 $Q_{max}=0.125m^3/s$，设计人口 58000 人，求竖流式沉淀池各部分尺寸。

［解］ 竖流式沉淀池计算草图参见图 3-21。

（1）中心管面积 设中心管内流速 $v_0=0.03m/s$，采用 4 个池子，中心管

$$f=\frac{Q_{max}}{nv_0}=\frac{0.125}{4\times0.03}=1.04\ (m^2)$$

（2）中心管直径

$$d=\sqrt{\frac{4f}{\pi}}=\sqrt{\frac{4\times1.04}{\pi}}=1.32\ (m)$$

（3）中心管喇叭口与反射板之间的间隙高度 设污水由中心管喇叭口与反射板之间的间隙流出的速度 $v_1=0.03m/s$，中心管喇叭口与反射板之间的间隙高度

$$h_3=\frac{Q_{max}}{nv_1d_1\pi}=\frac{0.125}{4\times0.03\times1.32\times\pi}=0.25\ (m)$$

（4）沉淀部分有效面积 设表面负荷为 $2.52m^3/(m^2\cdot h)$，则上升流速

$$v=u=2.52(m/h)=0.0007(mm/s)$$

沉淀部分有效面积

$$F=\frac{Q_{max}}{nv}=\frac{0.125}{4\times0.0007}=44.64\ (m^2)$$

（5）沉淀池直径

$$D=\sqrt{\frac{4\times(F+f)}{\pi}}=\sqrt{\frac{4\times(44.64+1.04)}{\pi}}=7.63\ (m)<8\ (m)$$

（6）沉淀部分有效水深 设沉淀时间 $t=1.5h$，有效水深

$$h_2=3600vt=3600\times0.0007\times1.5=3.78\ (m)$$

径深比

$$\frac{D}{h_2}=\frac{7.63}{3.78}=2.02<3(符合要求)$$

（7）集水槽堰负荷校核 设集水槽单边出水，则集水槽出水堰的堰负荷

$$q_0=\frac{Q_{max}}{n\pi D}=\frac{0.125}{4\times\pi\times7.63}=0.0013[m^3/(s\cdot m)]$$

$$=1.3L/(s\cdot m)<2.9L/(s\cdot m)(符合要求)$$

（8）污泥部分所需容积 设每人每日污泥量 $S=0.5L/(人\cdot d)$，两次清除污泥的间隔时间 $T=2d$，污泥部分所需容积

$$V=\frac{SNT}{1000}=\frac{0.5\times58000\times2}{1000}=58\ (m^3)$$

每个沉淀池的污泥体积

$$V_1=\frac{V}{4}=\frac{58}{4}=14.5\ (m^3)$$

（9）圆截锥部分容积 设圆截锥底部直径 $r=0.4m$，圆截锥侧壁倾角 $\alpha=55°$，则圆截锥部分的高度

$$h_5=(R-r)\tan\alpha=\left(\frac{7.63}{2}-0.4\right)\tan55°=4.88\ (m)$$

圆截锥部分容积

$$V_2=\frac{\pi h_5}{3}(R^2+Rr+r^2)=\frac{\pi\times4.88}{3}\times(3.82^2+3.82\times0.4+0.4^2)$$
$$=83.20\ (m^3)>14.5\ (m^3)$$

(10) 池子总高度　设沉淀池的超高 $h_1=0.3m$，缓冲层的高度 $h_4=0.3m$，池子总高度

$$H=h_1+h_2+h_3+h_4+h_5$$
$$=0.3+3.78+0.25+0.3+4.88=9.51\ (m)$$

3.3.4　辐流式沉淀池的设计计算

3.3.4.1　结构形式与设计要求

辐流式沉淀池一般为圆形，也有正方形。辐流式沉淀池主要由进水管、出水管、沉淀区、污泥区及排泥装置组成。按进出水的形式可分为中心进水周边出水、周边进水中心出水和周边进水周边出水三种类型。中心进水周边出水辐流式沉淀池（见图 3-23）应用最为广泛。污水经中心进水头部的出水口流入池内，在挡板的作用下，平稳均匀地流向周边出水堰。随着水流沿径向流动，水流速度越来越小，有利于悬浮颗粒的沉淀。

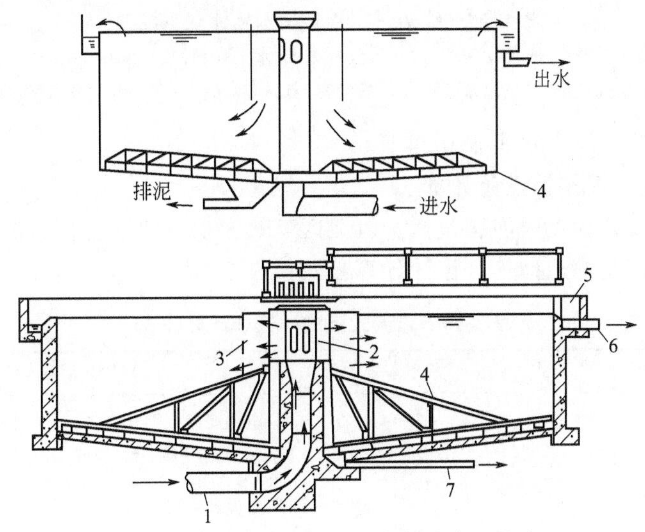

图 3-23　中心进水周边出水辐流式沉淀池

1—进水管；2—中心管；3—穿孔挡板；4—刮泥机；5—出水槽；6—出水管；7—排泥管

近几年在实际工程中也有采用周边进水中心出水或周边进水周边出水辐流式沉淀池（见图 3-24）。周边进水可以降低进水时的流速，避免进水冲击池底沉泥，提高池的容积利用系数。这类沉淀池多用于二次沉淀池。

辐流式沉淀池沉淀的污泥一般经刮泥机刮至池中心排出，二次沉淀池的污泥多采用吸泥机排出。辐流沉淀池的设计，应符合下列要求。

(1) 水池直径（或正方形的一边）与有效水深之比宜为 6～12，水池直径不宜大于 50m。

(2) 宜采用机械排泥，排泥机械旋转速度宜为 1～3r/h，刮泥板的外缘线速度不宜大于 3m/min。当水池直径（或正方形的一边）较小时也可采用多斗排泥。

(3) 缓冲层高度，非机械排泥时宜为 0.5m；机械排泥时，应根据刮泥板高度确定，且缓冲层上缘宜高出刮泥板 0.3m。

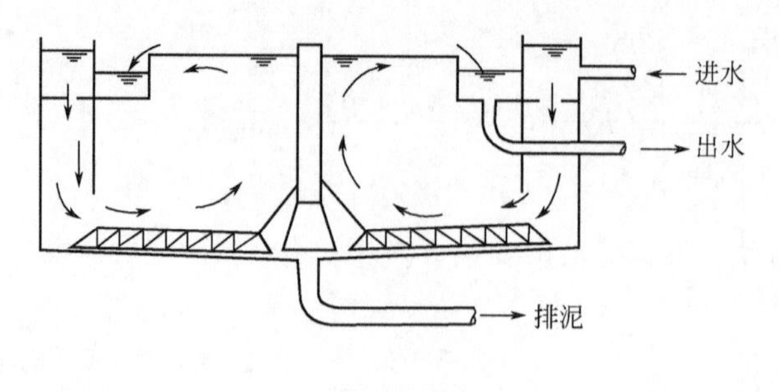

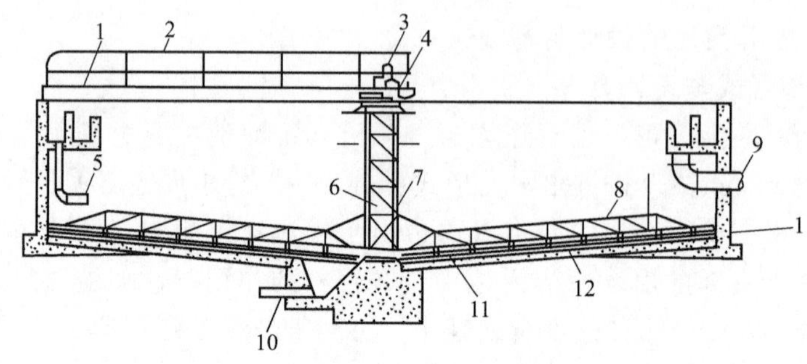

图 3-24 周边进水周边出水辐流式沉淀池

1—过桥；2—栏杆；3—传动装置；4—转盘；5—进水下降管；6—中心支架；7—传动器罩；8—桁架式耙架；9—出水管；10—排泥管；11—刮泥板；12—可调节的橡皮刮板

（4）坡向泥斗的底坡不宜小于 0.05。

3.3.4.2 辐流式沉淀池设计计算

辐流式沉淀池设计的主要内容包括：沉淀区有效面积、池子直径、沉淀区有效水深、污泥斗容积以及排泥设备的选择等。设计计算公式见表 3-16。

表 3-16 辐流式沉淀池设计计算公式

名称	公式	符号说明
每座沉淀池表面积	$F=\frac{Q_{max}}{nq'}$	F——每座沉淀池表面积，m^2； q'——表面水力负荷，$m^3/(m^2 \cdot h)$，可通过试验确定或参见表 3-13； Q_{max}——最大设计流量，m^3/h； n——沉淀池座数，个
沉淀池直径	$D=\sqrt{\frac{4F}{\pi}}$	D——沉淀池直径，m，不宜小于 16m，池子直径（或正方形的一边）与有效水深的比值一般采用 6～12； F——每座沉淀池表面积，m^2
沉淀部分有效水深	$h_2=q't$	h_2——沉淀池的有效水深，m，一般不大于 4m； q'——表面水力负荷，$m^3/(m^2 \cdot h)$，可通过试验确定或参见表 3-13； t——沉淀时间，h，参见表 3-13
污泥部分所需容积	$V=\frac{SNT}{1000n}$	V——污泥部分所需容积，m^3； S——每人每日污泥量，L/(人·d)，初次沉淀池一般采用 0.3～0.8 L/(人·d)； N——设计人口，人； n——沉淀池座数，个； T——2 次清除污泥的间隔时间，初次沉淀池一般采用 2d；二次沉淀池可按 2 h 考虑；机械排泥初次沉淀池和生物膜法处理后的二次沉淀池可按 4h 考虑

续表

名称	公式	符号说明
污泥部分所需容积	如已知污水悬浮物浓度与去除率，污泥量可按下式计算： $V=\frac{Q(C_0-C_1)T\times 8640\times 100}{\gamma(100-P_0)}$	C_0、C_1——进水与沉淀出水的悬浮物浓度，kg/m³，如有浓缩池、消化池及污泥脱水机的上清液回流至初次沉淀池，则式中的 C_0 应取进水浓度的 1.3 倍，C_1 应取 C_0 的 50%～60%； P_0——污泥含水率，%； γ——污泥容重，kg/m³，一般取 1000kg/m³； Q——设计日流量，m³/d； n——沉淀池座数，个； T——2 次排泥的时间间隔，同上
污泥斗容积	$V_1=\frac{\pi h_5}{3}(r_1^2+r_1r_2+r_2^2)$	V_1——圆截锥部分容积，m³； r_1——污泥斗上部半径，m； r_2——污泥斗下部半径，m； h_5——污泥斗高度，m
污泥斗以上圆锥体部分污泥容积	$V_2=\frac{\pi h_4}{3}(R^2+Rr_1+r_1^2)$	V_2——污泥斗以上圆锥体部分污泥容积，m³； R——池子半径，m； r_1——污泥斗下部半径，m； h_4——圆锥体高度，m
池子总高度	$H=h_1+h_2+h_3+h_4+h_5$	H——沉淀池的总高，m； h_1——沉淀池的超高，m，一般取 0.3m； h_3——缓冲层的高度，m，一般取 0.3～0.5m； h_4——圆锥体高度，m； h_2、h_5——符号意义同上

3.3.4.3　辐流式沉淀池设计计算例题

【例 3-7】 已知某城市污水处理厂的最大设计流量 $Q_{max}=3708\ m^3/h$，设计人口 359520 人，初次沉淀池拟采用中心进水周边出水辐流式沉淀，采用刮泥机刮泥。求辐流式沉淀池各部分尺寸。

[**解**]　辐流式沉淀池计算草图见图 3-25。

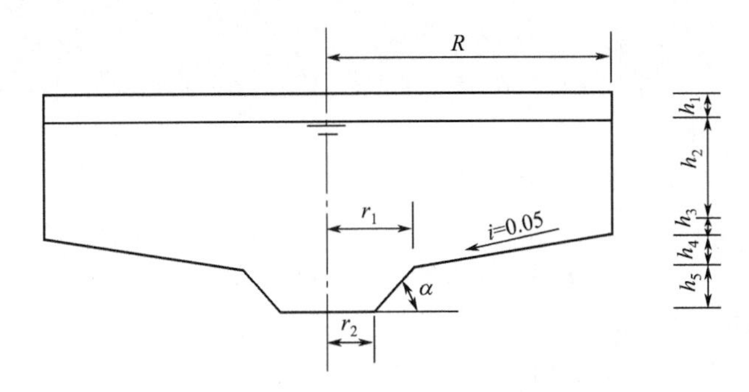

图 3-25　辐流式沉淀池计算草图

(1) 沉淀部分水面面积

设表面负荷 $q'=2m^3/(m^2\cdot h)$，$n=2$（个）

$$F=\frac{Q_{max}}{nq'}=\frac{3708}{2\times 2}=926.55(m^2)$$

(2) 池子直径

$$D=\sqrt{\frac{4F}{\pi}}=\sqrt{\frac{4\times 926.55}{3.14}}=34.4(m)$$

(3) 沉淀部分有效水深

设沉淀时间 $t=1.5\text{h}$，有效水深

$$h_2=q't=2\times2=3(\text{m})$$

(4) 沉淀部分有效容积

$$V'=\frac{Q_{\max}}{n}t=\frac{3708}{2}\times1.5=2781(\text{m}^3)$$

(5) 污泥部分所需的容积

设 $S=0.5\text{L}/(人\cdot\text{d})$，贮泥时间 $T=4\text{h}$，污泥部分所需的容积

$$V=\frac{SNT}{1000n}=\frac{359520\times0.5\times4}{1000\times2\times24}=14.98(\text{m}^3)$$

(6) 污泥斗容积

设污泥斗上部半径 $r_1=2\text{m}$，污泥斗下部半径 $r_2=1\text{m}$，倾角 $\alpha=60°$，污泥斗高度

$$h_5=(r_1-r_2)\tan\alpha=(2-1)\times\tan60°=1.73(\text{m})$$

污泥斗容积

$$V_1=\frac{\pi h_5}{3}(r_1^2+r_1r_2+r_2^2)=\frac{3.14\times1.73}{3}\times(2^2+2\times1+1^2)=12.7(\text{m}^3)$$

(7) 污泥斗以上圆锥体部分污泥容积

设池底径向坡度为 0.05，则圆锥体的高度

$$h_4=(R-r)\times0.05=(17.2-2)\times0.05=0.76(\text{m})$$

圆锥体部分污泥容积

$$V_2=\frac{\pi h_4}{3}(R^2+Rr_1+r_1^2)=\frac{3.14\times0.625}{3}\times(14.5^2+14.5\times2+2^2)=159.2(\text{m}^3)$$

(8) 污泥总容积

$$V_1+V_2=12.7+265.88=278.58(\text{m}^3)>14.98(\text{m}^3)$$

(9) 沉淀池总高度

设 $h_1=0.3\text{m}$，$h_3=0.5\text{m}$，沉淀池总高度

$$H=h_1+h_2+h_3+h_4+h_5=0.3+3+0.5+0.76+1.73=6.29(\text{m})$$

(10) 沉淀池池边高度

$$H'=h_1+h_2+h_3=0.3+3+0.5=3.8(\text{m})$$

(11) 径深比

$$D/h_2=34.4/3=11.47(符合要求)$$

(12) 集水槽堰负荷校核

设集水槽双面出水，则集水槽出水堰的堰负荷

$$q_0=\frac{Q_{\max}}{2n\pi D}=\frac{3708/3600}{2\times2\times\pi\times34.4}=0.00238[\text{m}^3/(\text{s}\cdot\text{m})]$$

$$=2.38[\text{L}/(\text{s}\cdot\text{m})]<2.9[\text{L}/(\text{s}\cdot\text{m})](符合要求)$$

3.3.5 斜板（管）沉淀池的设计与计算

3.3.5.1 结构形式与设计要求

斜板（管）沉淀池是根据浅层沉淀理论，在沉淀池沉淀区放置与水平面成一定倾角（通常为 60°）的斜板或斜管组件，以提高沉淀效率的一种高效沉淀池。斜板（管）沉淀池由进

水穿孔花墙、斜板（管）装置、出水渠、沉淀区和污泥区组成。按水流与污泥的相对运动方向，斜板（管）沉淀池可分为异向流、同向流和侧向流 3 种。异向流斜板（管）沉淀池水流自下向上，水中的悬浮颗粒是自上向下；同向流斜板（管）沉淀池水流和水中的悬浮颗粒都是自上向下；侧向流斜板（管）沉淀池水流沿水平方向流动，水中的悬浮颗粒是自上向下。图 3-26 为异向流斜板（管）沉淀池示意图。由于沉淀区设有斜板或斜管组件，因此，斜板（管）沉淀池的排泥只能依靠静水压力排出。

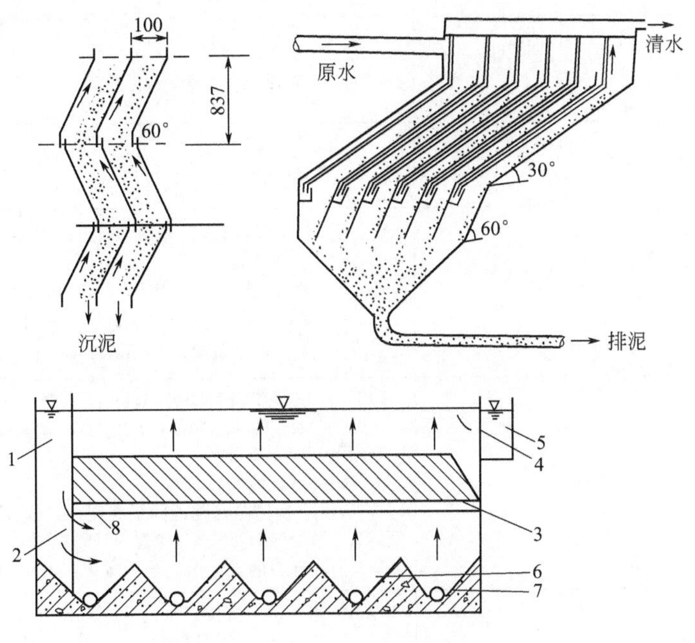

图 3-26　异向流斜板（管）沉淀池示意

1—配水槽；2—穿孔墙；3—斜板或斜管；4—淹没孔口；5—集水槽；6—集泥斗；7—排泥管；8—阻流板

斜板（管）沉淀池常用于废水处理厂的扩容改建，或在用地特别受限的废水处理厂中应用。斜板（管）沉淀池不宜于作为二次沉淀池，因为活性污泥黏度较大，容易黏附在斜板（管）上，影响沉淀效果甚至可能堵塞斜板（管）。另外，在二次沉淀池中可能会因厌氧消化产生气泡，进而影响沉淀分离效果。

升流式异向流斜管（板）沉淀池的设计，应符合下列要求。

(1) 升流式异向流斜管（板）沉淀池的设计表面水力负荷，可按普通沉淀池的设计表面水力负荷的 2 倍计算。

(2) 斜管孔径（或斜板净距）宜为 80～100mm。

(3) 斜管（板）斜长宜为 1.0～1.2m。

(4) 斜管（板）水平倾角宜为 60°。

(5) 斜管（板）区上部水深宜为 0.7～1.0m。

(6) 斜管（板）区底部缓冲层高度宜为 1.0m。

斜管（板）沉淀池应设冲洗设施。

3.3.5.2　斜板（管）沉淀池设计计算

斜板（管）沉淀池设计计算公式见表 3-17。

表 3-17 斜板（管）沉淀池设计计算公式

名称	公式	符号说明
每座沉淀池表面积	$F=\frac{Q_{max}}{0.91nq'}$	F——每座沉淀池表面积，m^2； q'——表面水力负荷，$m^3/(m^2 \cdot h)$，可取 2 倍表 3-13 所推荐的值； Q_{max}——最大设计流量，m^3/h； 0.91——斜板区面积利用系数； n——沉淀池座数，个
池子平面尺寸	(1)圆形池直径 $D=\sqrt{\frac{4F}{\pi}}$	D——沉淀池直径，m； F——每座沉淀池表面积，m^2
	(2)方形池长 $a=\sqrt{F}$	a——方形池长，m； F——每座沉淀池表面积，m^2
池内停留时间	$t=\frac{(h_2+h_3)60}{q'}$	t——沉淀时间，min，初次沉淀池不超过 30min，二次沉淀池不超过 60min； h_2——斜板(管)区上部水深，m，一般为 0.5～1.0m； h_3——斜板(管)高度，m，一般为 0.5～1.0m； q'——表面水力负荷，$m^3/(m^2 \cdot h)$
污泥部分所需容积	$V=\frac{SNT}{1000n}$	V——污泥部分所需容积，m^3； S——每人每日污泥量，L/(人·d)，一般采用 0.3～0.8L/(人·d)； N——设计人口，人； n——沉淀池座数，个； T——2 次清除污泥的间隔时间，初次沉淀池一般采用 2d；二次沉淀池可按 2h 考虑；机械排泥初次沉淀池和生物膜法处理后的二次沉淀池可按 4h 考虑
	如已知污水悬浮物浓度与去除率，污泥量可按下式计算： $V=\frac{Q(C_0-C_1)T86400\times100}{\gamma(100-P_0)n}$	C_0、C_1——进水与沉淀出水的悬浮物浓度，kg/m^3，如有浓缩池、消化池及污泥脱水机的上清液回流至初次沉淀池，则式中的 C_0 应取进水浓度的 1.3 倍，C_1 应取 C_0 的 50%～60%； P_0——污泥含水率，%； γ——污泥容重，kg/m^3，一般取 $1000kg/m^3$； Q——设计日流量，m^3/d； n——沉淀池座数，个； T——两次排泥的时间间隔，同上
污泥斗容积	(1)圆锥体 $V_1=\frac{\pi h_5}{3}(r_1^2+r_1r_2+r_2^2)$	V_1——圆截锥部分容积，m^3； r_1——污泥斗上部半径，m； r_2——污泥斗下部半径，m； h_5——污泥斗高度，m
	(2)方锥体 $V_1=\frac{h_5}{3}(a^2+aa_1+a_1^2)$	V_1——圆截锥部分容积，m^3； a——污泥斗上部边长，m； a_1——污泥斗下部边长，m； h_5——污泥斗高度，m
池子总高度	$H=h_1+h_2+h_3+h_4+h_5$	H——沉淀池的总高，m； h_1——沉淀池的超高，m，一般取 0.3m； h_4——斜板(管)下缓冲层的高度，m，一般取 0.5～1.0m； h_2、h_3、h_5——符号意义同上

3.3.5.3 斜板（管）沉淀池设计计算例题

【例 3-8】 已知某城市污水处理厂的最大设计流量 $Q_{max}=800m^3/h$，设计人口 160000 人，初沉池采用升流式异向流斜板沉淀池。求斜板沉淀池各部分尺寸。

［**解**］斜板沉淀池计算草图见图 3-27。

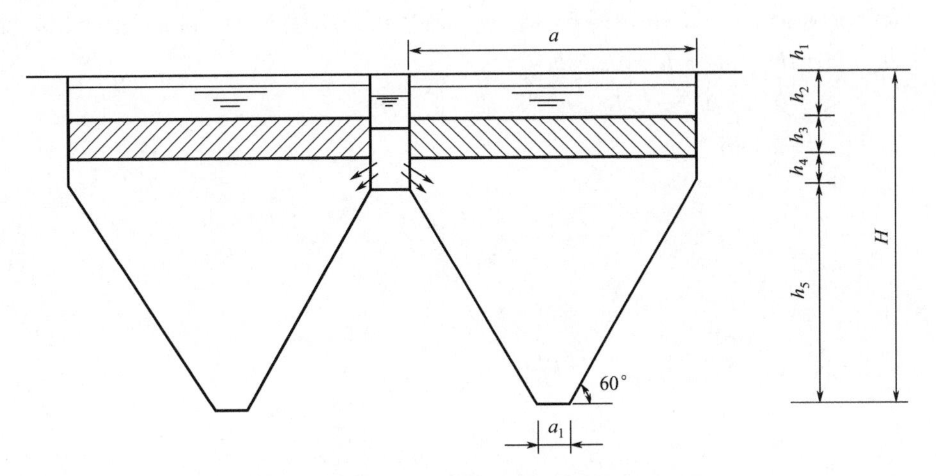

图 3-27　斜板沉淀池计算草图

（1）每座沉淀池表面积

初沉池采用 4 个，设表面水力负荷 $q'=4\text{m}^3/(\text{m}^2\cdot\text{h})$，每座沉淀池表面积

$$F=\frac{Q_{\max}}{0.91nq'}=\frac{797}{0.91\times4\times4}=54.74(\text{m}^2)$$

（2）池子平面尺寸

设沉淀池为方形池，池子边长

$$a=\sqrt{F}=\sqrt{54.74}=7.4(\text{m})$$

（3）池内停留时间

设斜板长为 1.0m，斜板倾角为 60°，斜板（管）高度

$$h_3=1\times\sin60°=0.866(\text{m})$$

设斜板区上部水深 $h_2=0.7\text{m}$，池内停留时间

$$t=\frac{60(h_2+h_3)}{q'}=\frac{(0.7+0.866)\times60}{4}=23.50(\text{min})$$

（4）污泥部分所需容积

设每人每日污泥量 $S=0.6\text{L}/(\text{人}\cdot\text{d})$，排泥时间 $T=2.0\text{d}$，污泥部分所需容积

$$V=\frac{SNT}{1000n}=\frac{0.6\times160000\times2}{1000\times4}=48(\text{m}^3)$$

（5）污泥斗容积

设污泥斗下部边长 $a_1=0.8\text{m}$，污泥斗高度

$$h_5=\left(\frac{a}{2}-\frac{a_1}{2}\right)\tan60°=\left(\frac{7.4}{2}-\frac{0.8}{2}\right)\tan60°=5.72(\text{m})$$

污泥斗容积

$$V_1=\frac{h_5}{3}\left(a^2+aa_1+a_1^2\right)$$

$$=\frac{5.72}{3}\times(7.4^2+7.4\times0.8+0.8^2)$$

$$=116.92(\text{m}^3)>48(\text{m}^3)$$

（6）池子总高度

设沉淀池的超高 $h_1=0.3m$，斜板（管）下缓冲层的高度 $h_4=0.8m$，池子总高度

$$
\begin{aligned}
H &= h_1+h_2+h_3+h_4+h_5 \\
&= 0.3+0.7+0.866+0.8+5.72 \\
&= 8.386\ (m)
\end{aligned}
$$

第4章 活性污泥法工艺系统及辅助构筑物设计与计算

4.1 活性污泥法设计的一般规定

（1）活性污泥法有多种处理工艺，应根据去除碳源污染物、脱氮、除磷、好氧污泥稳定等不同要求和外部环境条件，选择适宜的活性污泥处理工艺。外部环境条件，一般指操作管理要求，包括水量、水质、占地、供电、地质、水文、设备供应等。

（2）根据可能发生的运行条件，包括进水负荷和特性，以及污水温度、大气温度、湿度、沙尘暴、初期运行条件等，设置不同运行方案。

（3）生物反应池的超高，当采用鼓风曝气时为0.5～1.0m；当采用机械曝气时，其设备操作平台宜高出设计水面0.8～1.2m。

（4）污水中含有大量产生泡沫的表面活性剂时，应有除泡沫措施。目前常用的消除泡沫措施有水喷淋和投加消泡剂等方法。

（5）每组生物反应池在有效水深一半处宜设置放水管。主要是生物反应池投产初期采用间歇曝气培养活性污泥时，静沉后用作排除上清液。

（6）廊道式生物反应池的池宽与有效水深之比宜采用（1∶1）～（2∶1）。有效水深应结合流程设计、地质条件、供氧设施类型和选用风机压力等因素确定，可采用4.0～6.0m。在条件许可时，水深可加大。

（7）生物反应池中的好氧区（池），采用鼓风曝气器时，处理每立方米污水的供气量不应小于$3m^3$。好氧区采用机械曝气器时，混合全池污水所需功率不宜小于$25W/m^3$；氧化沟不宜小于$15W/m^3$。缺氧区（池）、厌氧区（池）应采用机械搅拌，混合功率宜采用2～$8W/m^3$。机械搅拌器布置的间距、位置，应根据试验资料确定。

（8）生物反应池的设计，应充分考虑冬季低水温对去除碳源污染物、脱氮和除磷的影响，必要时可采取降低负荷、增长泥龄、调整厌氧区（池）及缺氧区（池）水力停留时间和保温或增温等措施。

当污水温度低于10℃时，应按《寒冷地区污水活性污泥法处理设计规程》（CECS111：2000）的有关规定修正设计计算数据。

（9）原污水、回流污泥进入生物反应池的厌氧区（池）、缺氧区（池）时，宜采用淹没入流方式。

4.2 A_1/O（缺氧/好氧）法

4.2.1 A_1/O法的基本原理及工艺流程

A_1/O法是前置反硝化生物脱氮处理工艺，工艺流程见图4-1。

生物反应池的前一部分是缺氧池，后一部分是好氧池。在好氧段，污水中的有机物被氧

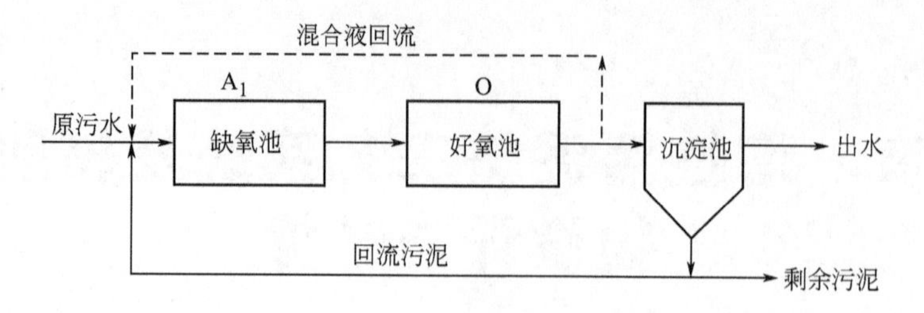

图 4-1　A_1/O 脱氮工艺流程

化成 CO_2 和 H_2O，同时有机氮和氨氮被硝化细菌氧化为亚硝酸盐和亚硝酸盐，硝化后的出水部分回流至缺氧池。在缺氧段，反硝化细菌利用原污水的有机物作为碳源，使回流硝化液中的硝酸盐和亚硝酸盐发生反硝化为反应，最后变成氮气逸出，从而达到去除总氮的目的。

A_1/O 工艺的脱氮率与混合液回流比有关，混合液回流比越大，脱氮效果越好，脱氮率与回流比的关系可按式(4-1) 粗略估算：

$$\eta=\frac{QR_{内}}{Q+QR_{内}}=\frac{R_{内}}{1+R_{内}} \tag{4-1}$$

式中　η——系统的脱氮率，%；

$R_{内}$——混合液回流比，%；

Q——污水流量，m^3/d。

根据以上公式计算混合液回流比与脱氮的关系得出表 4-1。

表 4-1　混合液回流比与脱氮的关系

$R_{内}$/%	50.0	100.0	200.0	300.0	400.0	500.0	600.0	700.0	800.0	900.0	1000.0
η/%	33.3	50.0	66.7	75.0	80.0	83.3	85.0	87.5	88.8	90.0	90.9

从表 4-1 可以看出，当混合液回流比为 600%时，脱氮率才达到 85%。因此，A_1/O 工艺的脱氮率不能太高，否则，回流量太大，不仅回流泵能耗增加，而且曝气池容积增大。

当仅需脱氮时，宜采用 A_1/O 法。

4.2.2　A_1/O 法的设计参数和设计要求

(1) A_1/O（缺氧/好氧）法生物脱氮的主要设计参数，宜根据试验资料确定；无试验资料时，可采用经验数据或按表 4-2 的规定取值。

表 4-2　A_1/O（缺氧/好氧）法的主要设计参数

项　目	单位	参数值
BOD_5 污泥负荷	$kgBOD_5/(kgMLSS \cdot d)$	0.05～0.15
总氮负荷率	$kgTN/(kgMLSS \cdot d)$	≤0.05
污泥浓度(MLSS)	g/L	2.5～4.5
污泥龄	d	11～23
污泥产率系数	$kgVSS/kgBOD_5$	0.3～0.6
需氧量	$kgO_2/kgBOD_5$	1.1～2.0
水力停留时间	h	8～16
		其中缺氧段 0.5～3.0

续表

项　　目		单位	参数值
污泥回流比		%	50～100
混合液回流比		%	100～400
总处理效率	BOD_5	%	90～95
	TN	%	60～85

（2）缺氧区（池）应采用机械搅拌，混合功率宜采用 2～8W/m^3。机械搅拌器布置的间距、位置应根据试验资料确定。

（3）设计时所采用的硝化菌和反硝化菌的反应速度常数应取冬季水温时的数值。

（4）反硝化池进水溶解性 BOD_5 浓度与 NO_x^--N 浓度之比值，即 S-BOD_5/NO_x^--N 不小于 4。

（5）污泥回流比 R 为 50%～100%。硝酸盐混合液回流比 $R_内$ 为 200%～500%。

（6）硝化最佳 pH 值为 8.0～8.4。氧化 lgNH_4^+-N 需氧 4.57g，并消耗 7.149 碱度，而反硝化 lgNO_x^--N 生成 3.57g 碱度（均以 $CaCO_3$ 计），并生成 2.6g O_2。

4.2.3　A_1/O 法的设计计算

（1）生化反应器容积　生化反应器容积的计算有两种方法，动力学计算法和有机负荷计算法。由于考虑脱氮，因此目前采用动力学计算法比较多。

① 动力学计算法确定生化反应器容积

采用动力学计算法确定生化反应器容积是把好氧区和缺氧区分开计算，然后合在一起就得到总容积。

好氧区的容积，可按下列公式计算：

$$V_1=\frac{Y\theta_c Q(S_0-S_e)}{1000X} \tag{4-2}$$

$$\theta_c=F\frac{1}{\mu} \tag{4-3}$$

$$\mu=0.47\frac{N_a}{K_n+N_a}e^{0.098(T-15)} \tag{4-4}$$

式中　V_1——好氧区有效容积，m^3；

Q——设计流量，m^3/d；

S_0——生物反应池进水 BOD_5 浓度，mg/L；

S_e——生物反应池出水 BOD_5 浓度，mg/L；

Y——污泥总产率系数，kgMLSS/kgBOD_5，宜根据试验资料确定。无试验资料时，系统有初次沉淀池时取 0.3kgMLSS/kgBOD_5，无初次沉淀池时取 0.6～1.0kgMLSS/kgBOD_5；

θ_c——固体停留时间，d；

X——生物反应池内混合液悬浮固体平均浓度，gMLSS/L；

F——安全系数，为 1.5～3.0；

μ——硝化菌比生长速率，d^{-1}；

N_a——生物反应池中氨氮浓度，mg/L；

K_n——硝化作用中氮的半速率常数，mg/L；

T——设计温度，℃；

0.47——15℃时，硝化菌最大比生长速率，d^{-1}。

缺氧区（池）容积，可按下列公式计算：

$$V_2=\frac{0.001Q(N_k-N_{te})-0.12\Delta X_V}{K_{de}X} \tag{4-5}$$

$$K_{de(T)}=K_{de(20)}1.08^{(T-20)} \tag{4-6}$$

$$\Delta X_V=yY\frac{Q(S_0-S_e)}{1000} \tag{4-7}$$

式中 V_2——缺氧区有效容积，m^3；

N_k——生物反应池进水总凯氏氮浓度，mg/L；

N_{te}——生物反应池出水总氮浓度，mg/L；

ΔX_V——排出生物反应池系统的微生物量，kgMLVSS/d；

K_{de}——脱氮速率，$kgNO_3$-N/(kgMLSS·d)，宜根据试验资料确定。无试验资料时，20℃的K_{de}值可采用0.03～0.06$kgNO_3$-N/(kgMLSS·d)，并进行温度修正；$K_{de(T)}$、$K_{de(20)}$分别为T℃和20℃时的脱氮速率；

T——设计温度，℃；

y——MLSS中MLVSS所占比例。

总容积：

$$V=V_1+V_2 \tag{4-8}$$

式中 V——生化反应器总有效容积，m^3。

② 有机负荷计算法确定生化反应器容积

采用有机负荷法计算生化反应器容积，采用直接计算总容积，然后按比例确定缺氧和好氧容积的比例。

$$V=\frac{24Q(S_0-S_e)}{1000L_SX} \tag{4-9}$$

式中 V——生物反应池容积，m^3；

Q——生物反应池的设计流量，m^3/h；

L_S——生物反应池五日生化需氧量污泥负荷，$kgBOD_5$/(kgMLSS·d)；

X——生物反应池内混合液悬浮固体平均浓度，gMLSS/L。

③ 污泥龄计算法确定生化反应器容积

采用污泥龄法计算生化反应器容积，采用直接计算总容积，然后按比例确定缺氧和好氧容积的比例。

$$V=\frac{24Y\theta_cQ(S_0-S_e)}{1000X_V(1+K_d\theta_c)} \tag{4-10}$$

式中 V——生物反应池容积，m^3；

Q——生物反应池的设计流量，m^3/h；

Y——污泥产率系数，$kgVSS/kgBOD_5$，宜根据试验资料确定，无试验资料时一般取0.4～0.8$kgVSS/kgBOD_5$；

X_V——生物反应池内混合液挥发性悬浮固体平均浓度，gMLVSS/L；

θ_c——固体停留时间，d，其一般取值为 0.2～15d；

K_d——衰减系数，d^{-1}，20℃取值为 0.04～0.075d^{-1}。

A_1 段与 O 段的停留时间比为 1∶(3～4)，所以，根据总停留时间可分别求出 A_1 段和 O 段的停留时间，从而算出 A_1 段和 O 段的有效容积。

(2) 混合液回流比和混合液回流量

混合液回流比，可按式(4-11) 计算：

$$R_{内}=\frac{\eta_{TN}}{1-\eta_{TN}} \tag{4-11}$$

式中　$R_{内}$——混合液回流比,%；

η_{TN}——总氮去除率,%。

混合液回流量，可按式(4-12) 计算：

$$Q_{Ri}=\frac{1000V_n K_{de} X}{N_{te}-N_{ke}}-Q_R \tag{4-12}$$

式中　Q_{Ri}——混合液回流量，m^3/d，混合液回流比不宜大于 400%；

Q_R——回流污泥量，m^3/d；

N_{ke}——生物反应池出水总凯氏氮浓度，mg/L；

N_{te}——生物反应池出水总氮浓度，mg/L。

(3) 污泥龄

$$\theta_c=\frac{VX_V}{X_W} \tag{4-13}$$

式中　θ_c——污泥龄，d；

X_W——每日产生的剩余活性污泥量，kg/d；

V——曝气池的容积，m^3。

(4) 剩余污泥量　剩余活性污泥量：

$$X_W=Y(S_0-S_e)Q-K_d VX_V \tag{4-14}$$

式中　X_W——每日产生的剩余活性污泥量，kg/d。

其余符号意义同前。

包括去除的 SS 在内的剩余污泥量：

$$W=X_W+(0.5\sim0.7)Q(C_0-C_e) \tag{4-15}$$

式中　W——每日产生的剩余污泥量，kg/d；

C_0、C_e——生化反应池进水和出水的 SS 浓度，kg/m^3。

其余符号意义同前。

(5) 需氧量　需氧量包括有机物降解的需氧量和硝化需氧量两部分，并应考虑细胞合成所需的氨氮和排放剩余活性污泥所相当的 BOD_5 的值，同时，还应考虑反硝化过程中放出的氧量与消耗相应量有机物反硝化菌的碳源所相当的 BOD_5 值，所以

$$O_2=aS_r+bN_r-0.62bN_D-cX_W \tag{4-16}$$

式中　O_2——需氧量，kg/d；

S_r——BOD 的去除量，kg/d；

N_r——氨氮被硝化去除量，kg/d；

N_D——NO_x^--N 的脱氮量，kg/d；

a，b，c——BOD_5、NH_4^+-N 和活性污泥氧的当量，其数值分别为 1.47、4.57、1.42。

$$N_r = 0.001QK(N_{K0} - N_{Ke}) - 0.12X_W \tag{4-17}$$

式中 N_{K0}、N_{Ke}——进、出水凯氏氮浓度，mg/L；

0.12——微生物体中氮含量的比例关系，即生成 1kg 生物体需 0.12kg 氮量；

K——日变化系数。

$$N_D = 0.001QK(N_{K0} - N_{Ke} - N_{Oe}) - 0.12X_W \tag{4-18}$$

式中 N_{Oe}——出水中 NO_x^--N 的浓度，mg/L。

曝气系统布置与普通活性污泥法相同。

【例 4-1】 某城镇污水日平均流量 $Q=20000m^3/d$，日变化系数 $K=1.1$，计算水温 30℃。设计城市污水水质 $BOD_5=160mg/L$，SS=240mg/L，TKN=45mg/L（认为进水中不含 NO_3^--N）。一级处理 BOD_5 去除率为 20%，SS 去除率为 50%，TN 去除率为=20%。出水水质要求：$BOD_5 \leqslant 20mg/L$，SS≤20mg/L，TN≤15mg/L，NH_4^+-N≤8mg/L。计算 A_1/O 曝气池。

［解］（1）确定设计参数 经过一级处理后，A_1/O 曝气池的进水水质为：

$$BOD_5 = 160 \times (1-20\%) = 128(mg/L)$$

$$SS = 240 \times (1-50\%) = 120(mg/L)$$

$$TKN = 45 \times (1-20\%) = 36(mg/L)$$

取污泥负荷率 $L_S=0.10kgBOD_5/(kgMLSS \cdot d)$；

污泥回流比 $R=100\%$；

曝气池混合液污泥浓度 $X=3000mg/L$。

（2）混合液回流比 曝气池 TN 的去除率为：

$$\eta_{TN} = \frac{TN_0 - TN_e}{TN_0} = \frac{36-15}{36} = 58.3\%$$

混合液回流比为：

$$R_{内} = \frac{\eta_{TN}}{1-\eta_{TN}} \times 100\% = \frac{0.583}{1-0.583} \times 100\% = 139.8\%$$

取 $R_{内}=200\%$。

（3）计算 A_1/O 曝气池的主要工艺尺寸

生化池的设计流量

$$Q = \frac{20000 \times 1.1}{24} \approx 916.7(m^3/h)$$

有效容积为：

$$V = \frac{24Q(S_0 - S_e)}{1000L_S X} = \frac{24 \times 916.7 \times (128-20)}{1000 \times 0.1 \times 3} \approx 7920\ (m^3)$$

取有效水深为 $H_1=4.0m$，曝气池表面积为：

$$S_{总} = \frac{V}{H_1} = \frac{7920}{4.0} = 1980\ (m^2)$$

设两组曝气池，每组曝气池的表面积 S 为 $1980/2m^2$，即 $990m^2$。

廊道宽取 5m，则单组曝气池廊道总长度为 L：

$$L=\frac{S}{5}=\frac{990}{5}=198\ (\text{m})$$

每组曝气池设 3 条廊道，则每个廊道的长度为 L_1 为 66m。

污水在 A_1/O 曝气池的停留时间 t 为：

$$t=\frac{V}{Q}=\frac{7920}{916.7}\approx 8.64\ (\text{h})$$

取缺氧 A_1 段的水力停留时间 $t_1=2.5\text{h}$，则 O 段的水力停留时间 $t_2=6.14\text{h}$。

（4）剩余污泥量　取 $X_V=0.7X=0.7\times 3000=2100\ (\text{mg/L})$，则每日微生物的增殖量为：

$$\begin{aligned}X_W&=Y(S_0-S_e)Q-K_dVX_V\\&=0.55\times(0.128-0.02)\times 20000-0.05\times 7920\times\frac{2100}{1000}=356.4\ (\text{kg/d})\end{aligned}$$

污泥龄 θ_c 为：

$$\theta_c=\frac{VX_V}{X_W}=\frac{7920\times\frac{2100}{1000}}{356.4}=46.7\ (\text{d})$$

包括被去除的 SS 在内的剩余污泥量：

$$W=X_W+0.5Q(C_0-C_e)=356.4+0.5\times(0.12-0.02)\times 20000=1356.4\ (\text{kg/d})$$

假定剩余污泥含水率 $P=99.2\%$，剩余污泥容积量为：

$$q=\frac{W}{1000(1-P)}=\frac{1356.4}{1000\times(1-0.992)}=169.6\ (\text{m}^3/\text{d})$$

（5）需氧量计算　BOD 的去除量：

$$S_r=0.001QK(S_0-S_e)=\frac{20000\times 1.1}{24}\times(0.128-0.02)=99\ (\text{kg/h})$$

氨氮被硝化去除量：

$$\begin{aligned}N_r&=0.001QK(NK_0-NK_e)-0.12X_W\\&=0.001\times\frac{20000\times 1.1}{24}\times(38-8)-0.12\times\frac{366.7}{24}=25.67\ (\text{kg/h})\end{aligned}$$

NO_x^--N 的脱氮量：

$$\begin{aligned}N_D&=0.001QK(NK_0-NK_e-NO_e)-0.12X_W\\&=0.001\times\frac{20000\times 1.1}{24}\times(38-8-7)-0.12\times\frac{366.7}{24}=19.24\ (\text{kg/h})\end{aligned}$$

总需氧量：

$$\begin{aligned}O_2&=aS_r+bN_r-0.62bN_D-cX_W\\&=1.47\times 99+4.57\times 25.67-0.62\times 4.57\times 19.24-1.42\times\frac{356.4}{24}\\&=187.24\text{kg/h}=4493\ (\text{kg/d})\end{aligned}$$

4.3　A_2/O（厌氧/好氧）法

4.3.1　A_2/O 法的基本原理及工艺流程

A_2/O 法是生物除磷基本工艺，工艺流程见图 4-2。

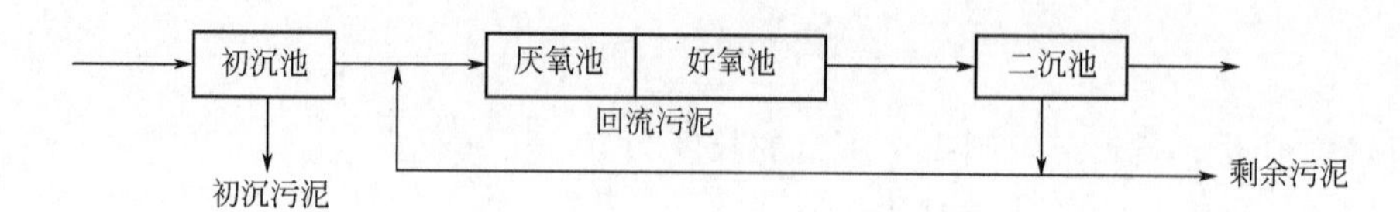

图 4-2 A_2/O 除磷工艺流程图

反应池由厌氧池和好氧池组成。经初沉池处理的废水与回流活性污泥相混合进入反应池。活性污泥在厌氧池进行磷的释放，混合液中磷的浓度随废水在厌氧池的停留时间的增长而增加，接着废水流入好氧池，活性污泥进行磷的摄取，混合液中磷的浓度随污水在厌氧池的停留时间的增长而减少。废水最后经二沉池进行固液分离后排放，沉淀的污泥一部分回流，剩余的排放。A_2/O 法 BOD_5 去除率与普通活性污泥法相同，磷的去除率较好，一般可达 75%。出水磷小于 1mg/L。

4.3.2 A_2/O 法的工艺设计

4.3.2.1 设计参数和设计要求

（1）厌氧／好氧法（A_2/O 法）生物除磷的主要设计参数，宜根据试验资料确定；无试验资料时，可采用经验数据或按表 4-3 的规定取值。

表 4-3 厌氧／好氧法（A_2/O 法）生物除磷的主要设计参数

项目	单位	参数值
BOD 污泥负荷	$kgBOD_5/(kgMLSS \cdot d)$	0.4～0.7
污泥浓度(MLSS)X	g/L	2.0～4.0
污泥龄 θ_c	d	3.5～7
污泥产率 Y	$kgVSS/kgBOD_5$	0.4～0.8
污泥含磷率	kgTP/kgVSS	0.03～0.07
需氧量 O_2	$kgO_2/kgBOD_5$	0.7～1.1
水力停留时间(HRT)	h	5～8
		其中厌氧段 1～2
		A∶O=(1∶2)～(1∶3)
污泥回流比 R	%	40～100
总处理效率 η	%	80～90(BOD_5)
	%	75～85(TP)

（2）生化反应池进水溶解性总磷与溶解性 BOD_5 之比值（即 S-P/S-BOD）应不大于 0.06。

（3）厌氧段 DO 约为 0，好氧段 DO 约为 2mg/L。

（4）进水中的 $BOD_5/TP>20$。

（5）厌氧区（池）应采用机械搅拌，混合功率宜采用 2～8W/m³。机械搅拌器布置的间距、位置，应根据试验资料确定。

4.3.2.2 工艺设计计算

（1）生化反应器容积　生化反应器容积可按式(4-9) 和式(4-10) 计算，反应池中厌氧区（池）和好氧区（池）之比，宜为 (1∶2)～(1∶3)；

生物反应池中厌氧区（池）的容积，也可按下列公式计算：

$$V_P=\frac{t_P Q}{24} \tag{4-19}$$

式中　V_P——厌氧区（池）容积，m^3；

t_P——厌氧区（池）停留时间，h，宜为 1～2h；

Q——设计污水流量，m^3/d。

（2）污泥龄、剩余污泥量　污泥龄、剩余污泥量的计算方法见式(4-13) 和式(4-14)。

（3）需氧量　计算公式与普通活性污泥法相同，即：

$$O_2=a'Q(S_0-S_e)+b'VX_V \tag{4-20}$$

式中　O_2——每日系统的需氧量，kg/d；

a'——有机物代谢的需氧系数，即活性污泥微生物每代谢 1kg BOD 所需的氧量，kg/kgBOD_5；一般 $a'=0.25$～0.76kg/kgBOD_5，平均为 0.47kg/kgBOD_5；

b'——污泥自身氧化需氧系数，即每 1kg 活性污泥每天自身氧化所需要的氧量，kg/(kgMLSS·d)；一般 $b'=0.10$～0.37，平均为 0.17。

【例 4-2】 某城镇污水日平均流量 $Q=28000m^3/d$，日变化系数 $K=1.1$，计算水温 25℃。一级处理出水：$BOD_5=135mg/L$，SS=140mg/L，COD=255mg/L，TN=24mg/L（认为进水中不含 NO_3^--N），TP = 3.8mg/L。要求二级出水水质：$BOD_5 \leqslant 20mg/L$，SS≤20mg/L，TP≤1mg/L。设计 A_2/O 除磷曝气池工艺尺寸。

［解］

$$\frac{COD}{TN}=\frac{255}{24}=10.63>10$$

$$\frac{BOD_5}{TP}=\frac{135}{3.8}=35.53>20$$

因此，适合采用 A_2/O 除磷工艺。

（1）确定设计参数　取污泥负荷率 $L_S=0.30$kgBOD_5/(kgMLSS·d)；

取曝气池混合液污泥浓度 $X=2000mg/L$。

（2）计算 A_2/O 曝气池主要工艺尺寸　总有效容积为：

生化池的设计流量　$Q=\frac{28000\times1.1}{24}\approx1283.3\ (m^3/h)$

$$V=\frac{24Q(S_0-S_e)}{1000L_SX}=\frac{24\times1283.3\times(135-20)}{1000\times0.3\times0.2}\approx5903.18\ (m^3)$$

取有效水深为 $H_1=4.0m$，曝气池表面积为：

$$S_{总}=\frac{V}{H_1}=\frac{5903.18}{4.0}\approx1476\ (m^2)$$

设两组曝气池，每组曝气池的表面积 S 为 $1476/2m^2$，即 $738m^2$。

廊道宽取 5m，则单组曝气池廊道总长度为 L：

$$L=\frac{S}{5}=\frac{738}{5}=147.6\ (m)$$

$$\frac{L}{b}=\frac{147.6}{5}=29.52>10$$

$$\frac{b}{H_1}=\frac{5}{4}=1.25$$

满足要求。

每组曝气池设 3 条廊道，则每个廊道的长度 L_1 为 49.2m。

取 A_2 ：O=1：3，则 A_1 段曝气池的容积 V_1 为：

$$V_1=\frac{V}{4}=\frac{5903.18}{4}\approx147.6\ (m^3)$$

而 O 段曝气池的容积 V_2 为：

$$V_2=3V_1=3\times1476=4428\ (m^3)$$

(3) 校核水力停留时间

$$t=\frac{V}{Q}=\frac{5903.18}{1283.3}=4.6\ (h)$$

满足要求。

(4) 剩余污泥量　取 $X_V=0.75X=0.75\times2000=1500mg/L$，则每日微生物的增殖量为：

$$X_W=Y(S_0-S_e)Q-K_dVX_V$$
$$=0.55\times(0.135-0.02)\times28000-0.05\times5903.18\times\frac{1500}{1000}=1328.26\ (kg/d)$$

污泥龄 θ_c 为：

$$\theta_c=\frac{VX_V}{X_W}=\frac{5903.18\times\frac{1500}{1000}}{1328.26}=6.67\ (d)$$

满足要求。

包括被去除的 SS 在内的剩余污泥量：

$$W=X_W+0.5Q(C_0-C_e)=1328.26+0.5(0.14-0.02)\times28000=3008.26\ (kg/d)$$

假定剩余污泥含水率 $P=99.2\%$，剩余污泥容积量为：

$$q=\frac{W}{1000(1-P)}=\frac{3008.26}{1000\times(1-0.992)}=376.03\ (m^3/d)$$

(5) 验算出水水质　剩余活性污泥含磷量按 6%计，出水 TP_e 为：

$$TP_e=TP-0.06\frac{1000X_W}{Q}=3.8-0.06\times\frac{1000\times1328.26}{28000}\approx10.95\ (mg/L)<1\ (mg/L)$$

动力学参数 K_2 取 0.025，则出水中 BOD_5 浓度为：

$$S=\frac{KQS_0}{KQ+K_2X_VV}=\frac{1.1\times28000\times135}{1.1\times28000+0.025\times1500\times5903.18}=16.49\ (mg/L)<20\ (mg/L)$$

(6) 需氧量计算　需氧量计算方法同普通活性污泥法，在此不详细计算。

4.4　A^2/O（厌氧/缺氧/好氧）法及改良 A^2/O 法

4.4.1　A^2/O 法的基本原理及工艺流程

A^2/O 法是同时脱氮除磷处理工艺，通过厌氧、缺氧和好氧交替变化的环境，完成除磷脱氮反应。在厌氧条件下，回流污泥中的聚磷菌受到抑制，只能释放体内的磷酸盐获取能量，以吸收污水中的可快速生物降解的溶解性有机物来维持生存，并在细胞内将有机物转化为 PHB 贮存起来，在这个过程中完成了磷的厌氧释放；在缺氧条件下，反硝化细菌利用污水中的有机碳作为电子供体，以硝酸盐作为电子受体进行“无氧呼吸”，将回流液中硝态氮还原成氮气释放出来，完成反硝化过程；在好氧条件下，一方面聚磷菌将体内的 PHB 进行好氧分解，释放的能量用于细胞合成、增殖和吸收污水中的磷合成聚磷酸盐，随剩余污泥排出系统，从而实现污水的脱磷；另一方面硝化菌把污水中的氨氮氧化成硝酸盐。工艺流程见图 4-3。

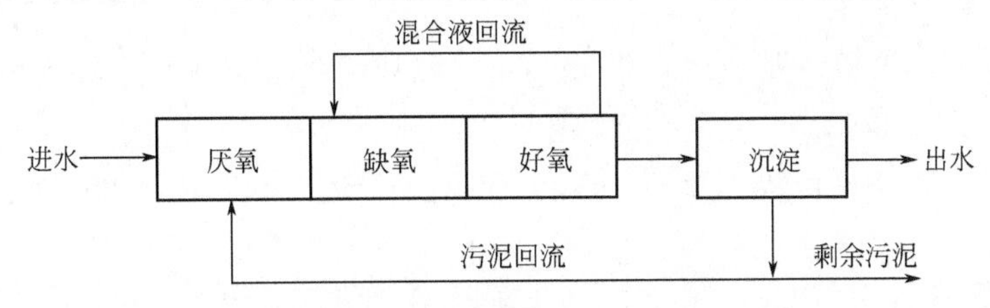

图 4-3　A^2/O 脱氮除磷工艺流程

在首段，厌氧池主要是进行磷的释放，使污水中 P 的浓度升高，溶解性有机物被细胞吸收而使污水中 BOD 浓度下降；另外，NH_4^+-N 因细胞的合成而被去除一部分，使污水中 NH_4^+-N 浓度下降，但 NO_3^--N 含量没有变化。

在缺氧池中，反硝化菌利用污水中的有机物作碳源，将回流混合液中带入的大量 NO_3^--N和 NO_2^--N 还原为 N_2 释放至空气中，因此 BOD_5 浓度继续下降，NO_3^--N 浓度大幅度下降，而磷的变化很小。

在好氧池中，有机物被微生物生化降解后浓度继续下降；有机氮被氨化继而被硝化，使 NH_4^+-N 浓度显著下降，但随着硝化过程的进展，NO_3^--N 的浓度增加，P 随着聚磷菌的过量摄取，也以较快的速率下降。

所以，A^2/O 工艺可以同时完成有机物的去除、硝化脱氮、磷的过量摄取而被去除等功能，脱氮的前提是 NH_4^+-N 应完全硝化，好氧池能完成这一功能；缺氧池则完成脱氮功能。

4.4.2　A^2/O 法的工艺设计

4.4.2.1　设计参数和设计要求

(1) A^2/O 工艺的主要设计参数，宜根据试验资料确定；无试验资料时，可采用经验数据或按表 4-4 的规定取值。

表 4-4　A^2/O 工艺的主要设计参数

项目	单位	参数值
BOD 污泥负荷	$kgBOD_5/(kgMLSS \cdot d)$	0.1～0.2
污泥浓度(MLSS)X	g/L	2.5～4.5
污泥龄 θ_c	d	10～20
污泥产率 Y	$kgVSS/kgBOD_5$	0.3～0.6
需氧量 O_2	$kgO_2/kgBOD_5$	1.1～1.8
水力停留时间(HRT)	h	7～14
		其中厌氧 1～2
		缺氧 0.5～3.0

续表

项目	单位	参数值
污泥回流比 R	%	20～100
混合液回流比 R_i	%	≥200
总处理效率 η	%	85～95(BOD_5)
	%	50～75(TP)
	%	55～80(TN)

(2) 好氧段 TN 负荷一般小于 0.05kgTN/(kgMLSS·d)，KN 负荷 S 小于 0.05kgKN/(kgMLSS·d)；缺氧段的 $BOD_5/NO_x\text{-}N>4$。

(3) 厌氧段 TP 负荷一般小于 0.06kgTP/(kgMLSS·d)，P/BOD_5 小于 0.06，COD/TN 大于 8。

(4) 好氧段溶解氧 DO＝2mg/L；缺氧段溶解氧 DO≤0.5mg/L；厌氧段溶解氧 DO<0.2mg/L。

缺氧区（池）、厌氧区（池）应采用机械搅拌，混合功率宜采用 2～8W/m³。机械搅拌器布置的间距、位置，应根据试验资料确定。

4.4.2.2 工艺设计

(1) 生化反应器容积　生化反应器容积可按式(4-9) 和式(4-10) 计算，反应池中厌氧区（池）和好氧区（池）之比，宜为 (1∶2)～(1∶3)；

(2) 需氧量计算　需氧量计算与 A/O 工艺相同，具体见式(4-16)。

(3) 剩余污泥量计算　剩余污泥量计算与 A/O 工艺相同，具体见式(4-14)。

【例 4-3】 某城镇污水日平均流量 $Q=20000m^3/d$，日变化系数 $K=1.1$，一级处理出水：$BOD_5=160mg/L$，COD＝280mg/L，SS＝130mg/L，TN＝31mg/L，TP＝5.5mg/L，设计水温 30℃。出水水质要求：$BOD_5\leqslant 20mg/L$，SS≤20mg/L，TN≤15mg/L，TP≤1mg/L。设计 A^2/O 池工艺尺寸。

[解]

$$\frac{COD}{TN}=\frac{280}{31}=9.03>8$$

$$\frac{TP}{BOD_5}=\frac{5.5}{160}=0.034<0.06$$

因此，适合采用 A^2/O 除磷工艺。

(1) 设计参数的确定　取污泥负荷率 $L_S=0.13kgBOD_5/(kgMLSS\cdot d)$。

污泥回流比 $R=60\%$。

曝气池混合液污泥浓度 $X=3300mg/L$。

水力停留时间：$t=6h$。

(2) 混合液回流比　曝气池 TN 的去除率为：

$$\eta_{TN}=\frac{TN_0-TN_e}{TN_0}=\frac{33-15}{33}=54.6\%$$

混合液回流比为：

$$R_{内}=\frac{\eta_{TN}}{1-\eta_{TN}}\times100\%=\frac{0.516}{1-0.516}\times100\%=106.61\%$$

取 $R_{内}=200\%$。

(3) 计算 A^2/O 曝气池的主要工艺尺寸

生化池的设计流量 $Q=\frac{20000\times1.1}{24}\approx916.7$ (m^3/h)

有效容积为：

$$V=\frac{24Q(S_0-S_e)}{1000L_SX}=\frac{24\times916.7\times(160-20)}{1000\times0.13\times3}\approx7897.72(m^3)$$

取有效水深为 $H_1=4.0m$，曝气池表面积为：

$$S_{总}=\frac{V}{H_1}=\frac{7897.72}{4.0}=1974.43(m^2)$$

设两组曝气池，每组曝气池的表面积 S 为 $1974.43/2m^2$，即 $987.23m^2$。

廊道宽取 5m，则单组曝气池廊道总长度 L 为：

$$L=\frac{S}{5}=\frac{987.23}{5}=1974.44(m)$$

每组曝气池设 5 条廊道，则每个廊道的长度 L_1 为 39.49m。

污水在 A^2/O 曝气池的停留时间 t 为：

$$t=\frac{V}{Q}=\frac{7897.72}{916.7}\approx8.62(h)$$

满足要求。

各段的水力停留时间比为：厌氧∶缺氧∶好氧＝1∶2∶4，因此，厌氧段水力停留时间为 1.23h，缺氧段水力停留时间为 2.46h，好氧段水力停留时间为 4.93h。

(4) 校核氮磷负荷

$$好氧段容积\ V_{好}=Qt_3=916.7\times4.93=4519.33(m^3)$$

$$好氧段总氮负荷=\frac{QTN_0}{XV_{好}}=\frac{20000\times1.1\times31}{3000\times4519.33}=0.050[kgTN/(kgMLSS\cdot d)]（符合要求）$$

$$厌氧段容积\ V_{厌}=Qt_1=916.7\times1.23=1127.54(m^3)$$

$$厌氧段总磷负荷=\frac{QTP_0}{XV_{厌}}=\frac{20000\times1.1\times5.5}{3000\times1127.54}=0.036[kgTP/(kgMLSS\cdot d)]（符合要求）$$

(5) 剩余污泥量计算

取 $X_V=0.7X=0.7\times3000=2100mg/L$，则每日微生物的增殖量为：

$$\begin{aligned}X_W&=Y(S_0-S_e)Q-K_dVX_V\\&=0.55\times(0.16-0.02)\times20000-0.04\times7897.72\times\frac{2100}{1000}\approx877(kg/d)\end{aligned}$$

污泥龄 θ_c 为：

$$\theta_c=\frac{VX_V}{X_W}=\frac{7897.72\times\frac{2100}{1000}}{877}\approx18.91(d)$$

包括被去除的 SS 在内的剩余污泥量：

$$W=X_W+0.5Q(C_0-C_e)=877+0.5(0.16-0.02)\times20000=2277(\mathrm{kg/d})$$

假定剩余污泥含水率 $P=99.2\%$，剩余污泥容积量为：

$$q=\frac{W}{1000(1-P)}=\frac{2277}{1000\times(1-0.992)}=284.63(\mathrm{m^3/d})$$

4.4.3 改良 A^2/O 法

运行的实践表明，对于普通的 A^2/O 工艺，由于回流污泥直接回流到厌氧池，对系统的处理效果有一定影响。一方面是回流污泥中的硝态氮进入厌氧区，将优先夺取污水中易生物降解有机物，使聚磷菌缺少碳源，失去竞争优势，降低除磷效果。在进水碳源（BOD）不足的情况下，这种现象尤为明显。另一方面是回流污泥中含有一定的溶解氧，如果直接回流到厌氧池，对厌氧池的厌氧条件有一定的影响。

针对上述情况，研究人员又开发了改良 A^2/O 工艺。其改良之处是在普通 A^2/O 工艺前增加前置反硝化段，全部回流污泥和10%～30%（根据实际情况进行调节）的水量进入前置反硝化段中，剩下的水量进入厌氧段。主要目的是利用少量进水中的可快速分解的有机物作碳源去除回流污泥中的硝酸盐氮，同时消耗掉污泥中带来的溶解氧，从而为厌氧段聚磷菌的磷释放创造良好的环境，提高生物除磷效果。

改良 A^2/O 工艺流程见图 4-4。

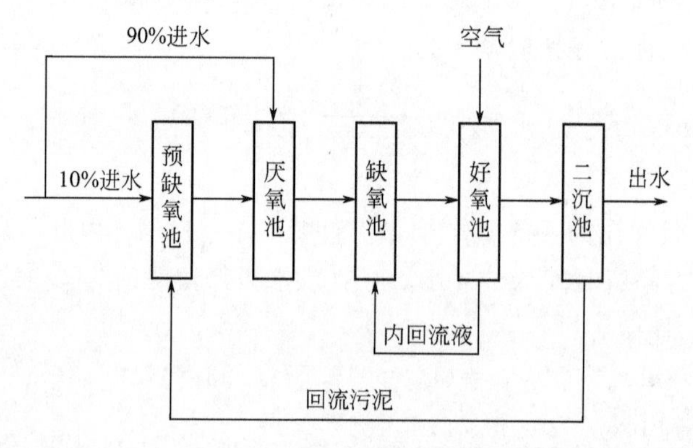

图 4-4 改良 A^2/O 工艺流程

4.5 氧化沟

4.5.1 氧化沟的基本工艺流程及基本原理

氧化沟是活性污泥法的一种，又称循环曝气池。曝气池呈封闭渠道形，污水和活性污泥在循环水流的作用下混合接触，完成有机物的净化过程。氧化沟平面多为椭圆形或圆形，总长为90～600m。氧化沟的基本处理工艺流程如图 4-5 所示。

污水进入池内，在曝气装置的推动下不停地循环流动，出水通过出水堰进入二沉池进行沉淀分离。在氧化沟中，微生物和有机物充分接触，进而被氧化分解成 CO_2 和 H_2O。一般情况下，BOD_5 的去除率为95%～99%，脱氮率为90%左右，除磷率为50%左右。

氧化沟曝气池占地面积比一般的生物处理要大，但一般不设初沉池和污泥厌氧消化系统，因此，节省了构筑物之间的空间，使污水厂总占地面积并未增大，在经济上具有竞争力。

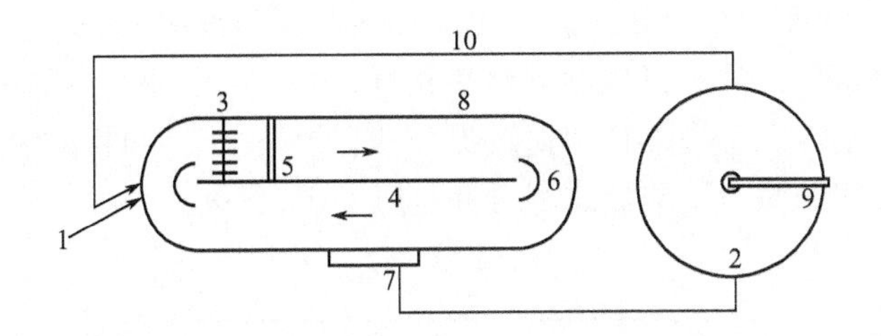

图 4-5　氧化沟的基本处理工艺流程

1—进水；2—沉淀池；3—转刷；4—中心墙；5—导流板；
6—导流墙；7—出水堰；8—边壁；9—刮泥机；10—回流污泥

氧化沟具有以下特征。

(1) 氧化沟在流态上介于推流式和完全混合式之间，局部流态为推流式，整体处在完全混合状态，同时具有这两种混合方式的某些特点。

(2) 水力停留时间和污泥龄较长，悬浮有机物和溶解有机物可同时得到较彻底的降解，产泥量少，剩余污泥已得到高度稳定，不需设置初沉池，污泥不需进行厌氧消化。

(3) 与二沉池合建为一体的氧化沟，以及交替运行的氧化沟，可以不设二沉池，使处理流程更加简单。

(4) 因省去了初沉池、消化池，有时还可省去二沉池和污泥回流设施，使污水处理厂总占地面积不仅没有增加，反而减少了用地。

(5) 具有推流式流态的特征，溶解氧沿池长方向形成浓度梯度，产生好氧、缺氧和厌氧条件，通过系统合理设计与控制，可以取得很好的脱氮除磷效果。

(6) 污水在氧化沟中停留时间较长，一般在 24～48h 之间，而污水一个循环流动的时间只有 4～20min，整个系统的流态呈完全混合式，具有抗冲击负荷能力强的特点。

4.5.2　氧化沟的类型及原理

4.5.2.1　卡罗塞 (Carrousel) 氧化沟

卡罗塞氧化沟是 20 世纪 60 年代由荷兰某公司开发研制的，由多个沟渠串联的氧化沟和二沉池及污泥回流系统组成（见图 4-6）。在有机负荷低时，可停止部分曝气器的运行，在保证水流搅拌混合循环流动的前提下，节省能量消耗。曝气器的下游为富氧区，上游为低氧区，外环还可能出现缺氧区，这不仅有利于生物凝聚和沉淀，也形成了生物脱氮的环境条件。

卡罗塞氧化沟在世界上应用广泛，处理规模 200～65000m^3/d，BOD 去除率高达95%～99%，脱氮率可达 90%以上，除磷率在 50%左右，如配以投加混凝剂，除磷效果可达95%。卡罗塞氧化沟在我国也得到应用，用于处理城市污水和有机性工业废水。

卡罗塞氧化沟具有如下工艺特点。

(1) 立式表面曝气器单机功率大，调节性能好，节能效果显著，平均氧转移动力效率大于 2.1kW · h；

(2) 有较强的混合搅拌和抗冲击负荷能力；

(3) 氧化沟深度增大，达到 5m 以上，减少了占地面积和基建费用。

为了提高卡罗塞氧化沟脱氮除磷的功能，研究人员开发了许多新的设计。如卡罗塞 2000 型氧化沟、卡罗塞 3000 型氧化沟等。

图 4-7 所示为卡罗塞 2000 型氧化沟。在出水堰以后不设曝气器，采用水下推进器保持污水的流动，并将进水段设计为可控制的预脱氮池，通过设在曝气器周围的侧向导流渠，可充分利用渠内原有流速，在不增加任何回流提升动力的情况下，将相当于 400％以上进水流量的硝化液回流到前置缺氧池，与原水混合并进行反硝化反应。

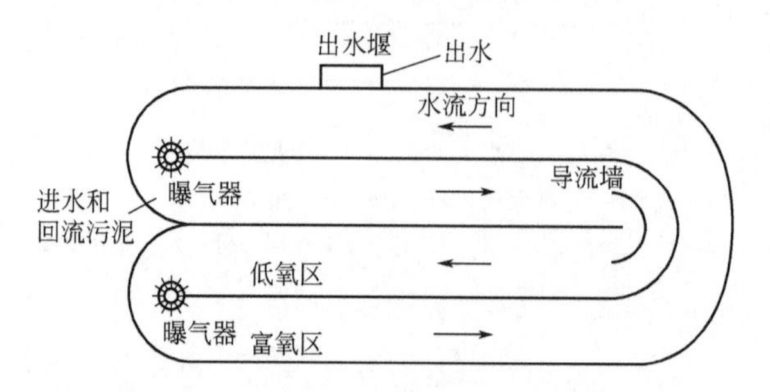

图 4-6 卡罗塞氧化沟

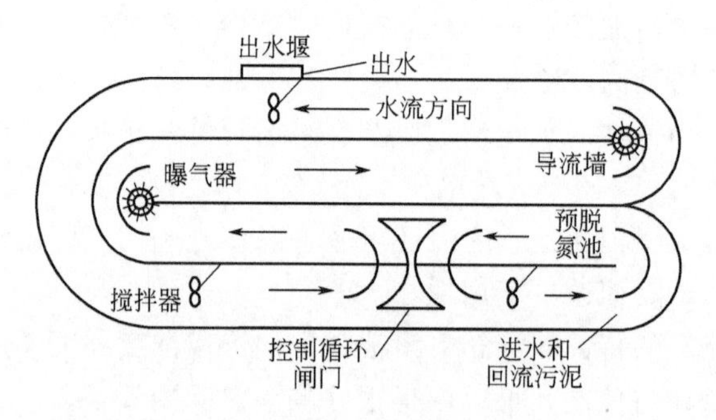

图 4-7 卡罗塞 2000 型氧化沟

为了提高卡罗塞氧化沟的脱氮除磷效果，一般在卡罗塞氧化沟前设置厌氧、缺氧段，简称 A^2/O 氧化沟，是较为常见的类型之一。其工艺流程见图 4-8。

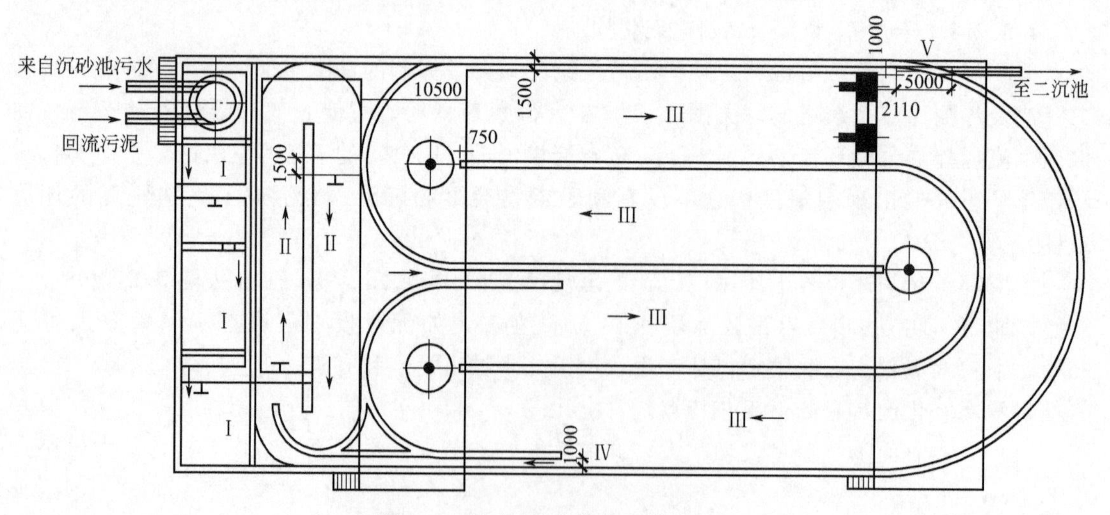

图 4-8 A^2/O 氧化沟的工艺流程

Ⅰ—厌氧区；Ⅱ—缺氧区；Ⅲ—好氧区；Ⅳ—混合液回流入口；Ⅴ—氧化沟出水口

A^2/O 氧化沟采用完全混合型与推流型相结合的延时曝气活性污泥法，其独特的池型与相应曝气设备布局使之形成了缺氧—厌氧—好氧工艺流程。该设备能在缺氧和厌氧条件下，把好氧生物不易降解的大分子有机物裂解成易于降解的小分子有机物。

A^2/O 氧化沟将厌氧、缺氧、好氧过程集中在一个池内完成，各部分用隔墙分开自成体系，但彼此又有联系。该工艺充分利用污水在氧化沟内循环流动的特性，把好氧区和缺氧区结合起来，实现无动力回流，节省了去除 NO_3^--N 所需混合液回流的能量消耗。

4.5.2.2　交替运行式氧化沟

交替式工作氧化沟是由丹麦 Kruger 公司开发创建。根据运行方式和沟的数量分为单沟（A 型）、双沟（D 型）和三沟（T 型）三种形式。

单沟交替工作氧化沟由于不能保证连续进水，只能间歇运行，故已经很少采用。

双沟式（D 型）氧化沟由容积相同的 A、B 两池组成（见图 4-9），串联运行，交替地作为曝气池和沉淀池，一般以 8h 为一个运行周期。该系统出水水质好，污泥稳定，不需设污泥回流装置，但是最大的缺点是曝气设施利用率仅为 37.5%。

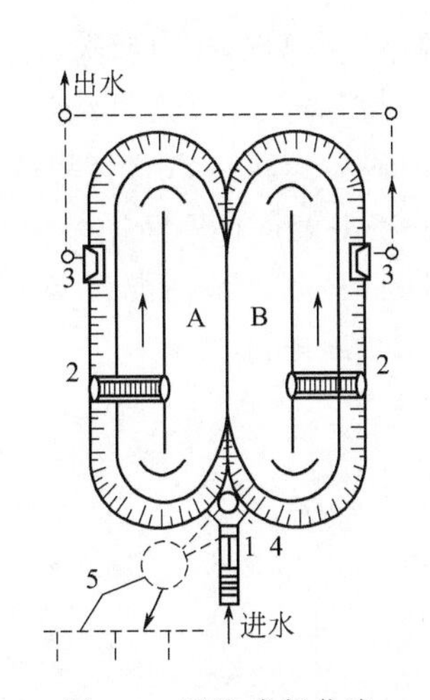

图 4-9　双沟式氧化沟

1—沉砂池；2—曝气转刷；3—出水堰；
4—排泥管；5—污泥井

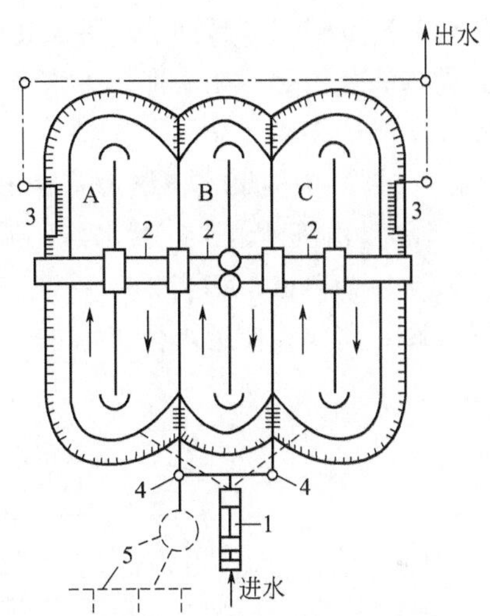

图 4-10　三沟式氧化沟

1—沉砂池；2—曝气转刷；3—出水堰；
4—排泥管；5—污泥井

三沟式氧化沟（T 型）是由 3 个相同的氧化沟组建在一起作为一个单元运行（见图 4-10）。3 个氧化沟之间相互双双连通，两侧氧化沟可起曝气和沉淀双重作用，中间氧化沟一直为曝气池，原污水交替地进入两侧氧化沟，处理水则相应地从作为沉淀池的两侧氧化沟中流出，这样提高了曝气设备的利用率（可达 58%），另外也有利于生物脱氮。三沟式氧化沟基本运行方式大体分为 6 个阶段，工作周期为 3h。通过控制系统自动控制进、出水方向，溢流堰的升降以及曝气设备的开动和停止。

为提高氧化沟容积和设备的利用率，可加大中沟的设计容积或将中沟做成容积相等的 2 个池子。中沟容积可占 50%～70%或更多，边沟容积占 50%～30%。当边沟容积较小时，应校核其沉淀功能是否满足要求。

双沟式（D 型）氧化沟以去除有机物为主。为了提高脱氮效率，研究人员开发了双沟式 DE 型氧化沟。DE 型氧化沟为半交替式氧化沟，它具有独立的二沉池和回流污泥系统。两个氧化沟相互连通，串联运行，可交替进、出水。通过两沟内转刷交替处于高速和低速运行，实现两沟交替处于缺氧和好氧状态，从而达到脱氮的目的。

如在 DE 型氧化沟前增设厌氧池，则可以达到脱氮除磷的功能。改良型 DE 氧化沟就是在DE型氧化沟前加设缺氧池和厌氧池以强化聚磷菌的释磷和吸磷作用，见图4-11。为防止污泥膨胀，设立了一个生物选择区，而且采用两点进水法，即20%的污水进入缺氧区，80%的污水进入生物选择区。

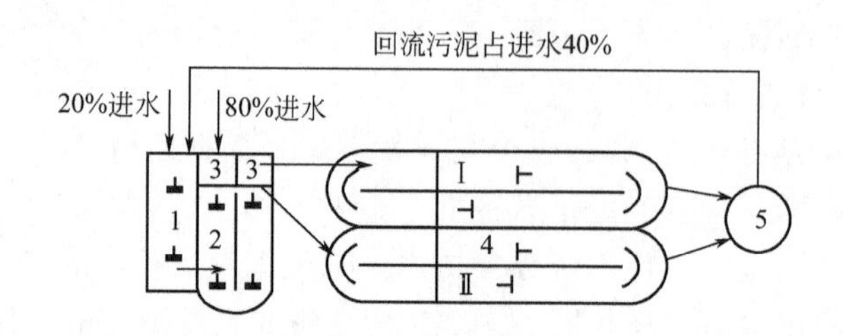

图4-11 改良型DE氧化沟

1—缺氧区；2—厌氧区；3—生物选择区；4—DE型氧化沟；5—二沉池

4.5.2.3 Orbal（奥贝尔）型氧化沟

奥贝尔氧化沟起源于南非、发展于美国，是由多个同心的椭圆形或圆形沟渠组成的具有脱氮除磷功能的多级氧化沟。典型的奥贝尔氧化沟有3个同心沟，外沟渠的容积约为总容积的50%～70%，中沟渠容积约为总容积的20%～30%，内沟渠容积仅占总容积的10%。如图4-12所示。由沉砂池来的污水与回流污泥均进入最外一条沟渠，在不断循环流动的同时，依次进入下一个渠道，相当于一系列完全混合反应池串联在一起，最后混合液从内沟渠排出。渠内设导向阀，使进水位于出水口的下游，以避免污水的短流。

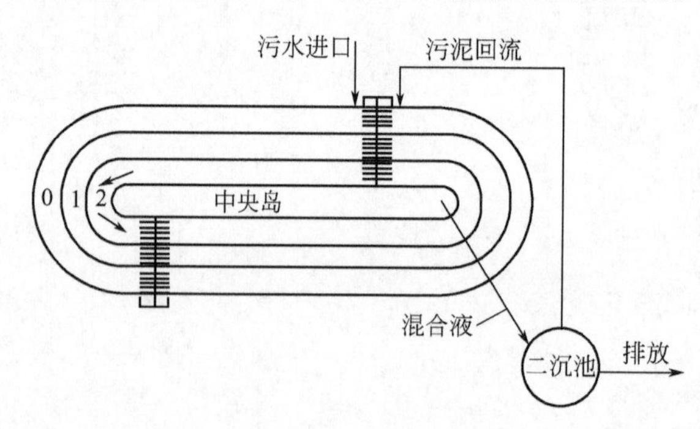

图4-12 Orbal型氧化沟

污水在外沟中以缺氧状态运行，促进了同时进行的硝化和反硝化过程。虽然外沟的实际需氧量可高达总需氧量的75%，但转碟供给此沟道的氧仅占该系统的总需氧量的30%～60%，使系统在缺氧状态下运行，通过整个通道的溶解氧为零。外沟内同时硝化和反硝化作用造成总脱氮效率约为80%，无须内循环。外沟是多数发生硝化-反硝化过程的地点，被称为曝气缺氧反应池。尽管处于溶解氧为零的情况，系统的大部分硝化作用发生在外沟。

中沟的溶解氧在“摆动”方式下运行。溶解氧的设计值为1mg/L。实际运行中溶解氧根据日负荷量而变化，在每天的高峰负荷时，溶解氧降至接近零，而当低负荷时上升为2mg/L。

内沟的溶解氧设计值为2mg/L，以保持“最终处理”方式，使污水在进入沉淀池前能去除剩余BOD_5和NH_3-N，由于内沟体积小，需氧量为外沟所需的几分之一，所以只要补给少量的氧就可维持高的溶解氧。

奥贝尔氧化沟系统如增加内循环（从内沟到外沟），脱氮率将达到95%以上。

奥贝尔氧化沟曝气设备多采用曝气转盘，直径为 $D=1400\text{mm}$，每米水平轴上转碟数不宜超过 5 个。转盘的数量取决于渠内所需的溶解氧量，水深一般 3.5～4.5m，并保持沟底流速为 0.3～0.9m/s。在运行时，外、中、内沟渠的溶解氧分别为厌氧、缺氧、好氧状态，使溶解氧保持较大的梯度，有利于提高充氧效率，同时有利于有机物的去除和脱氮除磷。

4.5.2.4　OCO 氧化沟

OCO 氧化沟工艺是丹麦 Puritek 公司开发的一种新型水处理工艺反应池。由 3 个相互连接的圆形结构及带有半圆形隔板的结构组成，它分为厌氧区、缺氧区和好氧区，每个区中有一个水下的搅拌器，使水产生水平流动，在无隔板区，可以做到控制水流混合的程度。图 4-13是典型的 OCO 工艺。

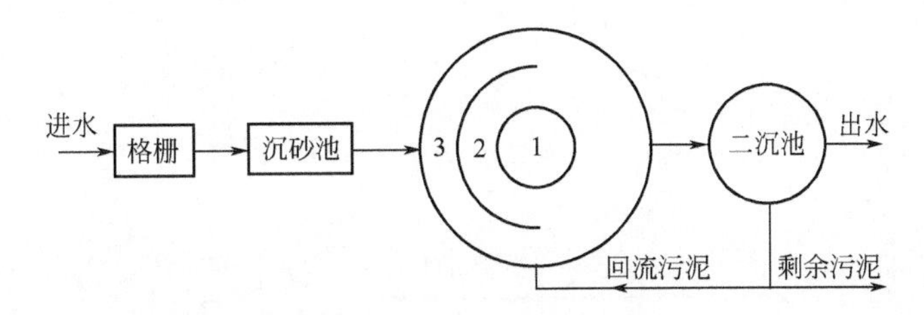

图 4-13　OCO 工艺流程

1—厌氧区；2—缺氧区；3—好氧区

该工艺具有以下特征。

(1) 反应池由 3 个相互连接的圆形结构及带有半圆形隔板的结构组成，工艺占地小，土建投资低；

(2) 操作运行灵活，可按 A^2/O 或 A/O 工艺运行；

(3) 可不设初沉池，需设二沉池；

(4) OCO 工艺污泥浓度高，污泥负荷低，剩余污泥少；

(5) 由于各个 OCO 池单独运行，可根据污水处理厂规模而增加 OCO 反应池数；

(6) 因为在 OCO 池中有好氧、缺氧和厌氧三种不同的运行条件，所以它对氮磷有很高的去除率；

(7) OCO 工艺过分依赖自动控制，使操作管理和维修复杂化。

4.5.2.5　曝气-沉淀一体化氧化沟

所谓一体化氧化沟就是将二次沉淀池建在氧化沟内，这种氧化沟在 20 世纪 80 年代初在美国开发后，发展迅速，出现了多种形式的一体化氧化沟。图 4-14 所示是其中的一种。

由图可见，在氧化沟的一个沟渠内设沉淀槽，在沉淀槽的两侧设隔墙。其底部设一排三角形的导流板，同时在水面设穿孔集水管，以收集澄清水。氧化沟内的混合液从沉淀区的底部流过，部分混合液则从导流板间隙上升进入沉淀区，而沉淀下来的污泥从导流板间隙下滑回氧化沟。曝气采用机械表面曝气。

4.5.2.6　二次沉淀池交替运行氧化沟

这种系统氧化沟连续运行，设两座二次沉淀池，交替运行，交替回流污泥，澄清水通过堰口排出，如图 4-15 所示。也有用两座侧沟作为二次沉淀池交替运行的氧化沟系统，如图 4-16所示。

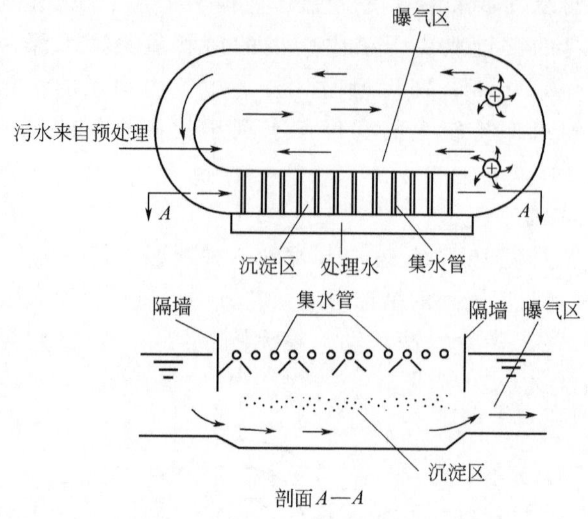

图 4-14 曝气-沉淀一体化氧化沟

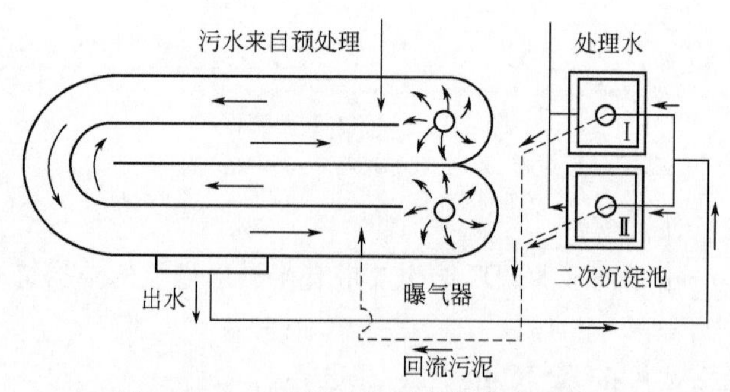

图 4-15 二次沉淀池交替运行氧化沟系统

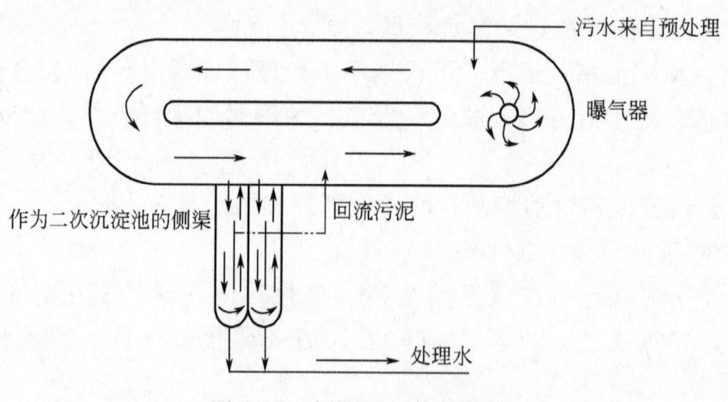

图 4-16 侧沟形一体氧化沟

4.5.3 氧化沟的工艺设计

4.5.3.1 工艺设计参数

(1) 有机物负荷一般为0.03～0.08kgBOD$_5$/(kgMLSS・d)。

(2) 水力停留时间 t 一般不小于16h。

(3) 污泥龄 θ_c 与对象有关，只要求去除 BOD$_5$ 时，θ_c 采用5～8d，污泥产率系数 $Y=0.6$；要求有机碳氧化和氨的硝化时，θ_c 取10～20d，污泥产率系数 $Y=0.5～0.55$；要求去除 BOD$_5$ 并脱氮时，θ_c 取30d，$Y=0.48$。

(4) 污泥浓度（MLSS）为 2500～4500mg/L。

(5) 污泥回流比 75%～150%。

(6) 氧化沟的有效水深与曝气、混合和推流设备的性能有关，宜采用 3.5～4.5m。采用转刷曝气器时，氧化沟水深为 2.5～3m；采用曝气转盘曝气时，氧化沟水深为 3.5m；采用垂直轴表面曝气器时，氧化沟水深为 4～4.5m。

(7) 二次沉淀池的表面溢流率为 12.6～21.0$m^3/(m^2 \cdot d)$，悬浮物体负荷为 20～100$kgSS/(m^2 \cdot d)$，溢流堰负荷为 126～190$m^3/(m \cdot d)$。

(8) 进水和回流污泥点宜设在缺氧区首端，出水点宜设在充氧器后的好氧区。氧化沟的超高与选用的曝气设备类型有关，当采用转刷、转碟时，宜为 0.5m；当采用竖轴表曝机时，宜为 0.6m～0.8m，其设备平台宜高出设计水面 0.8～1.2m。

(9) 根据氧化沟渠宽度，弯道处可设置一道或多道导流墙；氧化沟的隔流墙和导流墙宜高出设计水位 0.2～0.3m。

(10) 曝气转刷、转碟宜安装在沟渠直线段的适当位置，曝气转碟也可安装在沟渠的弯道上，竖轴表曝机应安装在沟渠的端部。

(11) 氧化沟内的平均流速宜大于 0.25m/s。

4.5.3.2　工艺设计

(1) 总容积 V 的计算

① 好氧区容积 V_1 的计算

$$V_1=\frac{Y\theta_c Q S_r}{X_V(1+K_d\theta_c)} \tag{4-21}$$

式中　V_1——好氧区（碳氧化、氨氮硝化）所需容积，m^3；

Q——污水平均日流量，m^3/d；

S_r——进、出水 BOD_5 浓度的差值，$kgBOD_5/m^3$；

θ_c——污泥龄，d；

X_V——氧化沟 MLVSS 浓度，kg/m^3；

Y——污泥净增长系数。

② 反硝化区容积 V_2 的计算　反硝化区容积与反硝化区需要的污泥量有关。

$$V_2=\frac{G}{X} \tag{4-22}$$

式中　V_2——反硝化区容积，m^3；

G——反硝化区需要的污泥量，kg。

反硝化区需要的污泥量与反硝化区脱氮量有关。

$$G=\frac{N_r}{K_{de}} \tag{4-23}$$

式中　N_r——反硝化区脱氮量，kg；

G——脱氮速率，$kgNO_3^--N/(kgMLSS \cdot d)$；宜根据试验资料确定；无试验资料时，20℃ K_{de}值可采用 0.03～0.06$kgNO_3^--N/(kgMLSS \cdot d)$，并按式(4-24)进行温度修正。

$$K_{de(T)}=K_{de(20)}1.08^{(T-20)} \tag{4-24}$$

式中 T——设计温度，℃；

$K_{de(T)}$、$K_{de(20)}$——T℃和20℃时的脱氮速率。

反硝化区脱氮量 N_r 应等于进水总氮量减去随剩余污泥排放氮量和随出水带走的总氮量。

$$N_r = QC_{TN(0)} - 0.124\frac{YQS_r}{1+K_d\theta_c} - QC_{TN(e)} \tag{4-25}$$

式中 $C_{TN(0)}$——进水中总氮浓度，kgN/m³；

$C_{TN(e)}$——出水中总氮浓度，kgN/m³；

0.124——系数，微生物细胞分子式 $C_5H_7NO_3$ 中N占12.4%。

其他符号意义同前。

③ 氧化沟总容积 V

$$V = V_1 + V_2 \tag{4-26}$$

(2) 需氧量 需氧量计算与 A^2/O 法相同。把需氧量 O_2 转换成标准状态下的曝气转刷的供氧量 R_0，然后根据曝气转刷的充氧能力（kg/h）来确定其台数，最后进行布置，并校核在具体设计的运行方式时，其供氧量是否大于需氧量 O_2 的要求。

(3) 碱度校核 碱度校核是为了确定混合液的pH值是否处于生物处理要求的范围内。碱度校核的影响因素为去除 BOD_5 产生的碱度、还原 NO_3^--N 所产生的碱度和氧化 NH_4^+-N 要求的碱度等。

每氧化1mg NH_4^+-N 需要消耗7.14mg碱度；每氧化1mg BOD_5 产生0.1碱度；每还原1mg NO_3^--N 产生3.57mg碱度。一般认为，硝化反应的剩余碱度达到100mg/L（以 $CaCO_3$ 计），即可保持pH≥7.2，生物反应能够正常进行。

【例4-4】 某城市污水设计流量 $Q=30000m^3/d$，$K_Z=1.3$，污水进水水质 $BOD_5=140mg/L$，$COD_{Cr}=210mg/L$，SS=150mg/L，NH_3-N=20mg/L，TKN=34mg/L，碱度 $S_{ALK}=280mg/L$，TP=8.5mg/L，最低水温12℃，最高水温25℃。设计三沟式氧化沟，要求脱氮，出水 BOD_5≤20mg/L，SS≤20mg/L，NH_3-N＜8mg/L，TN＜15mg/L。试设计三沟式氧化沟工艺尺寸。

［解］ (1) 确定设计参数 污泥龄 $\theta_c=30d$；氧化沟污泥平均浓度MLSS=4000mg/L，MLVSS=2800mg/L。

(2) 好氧区容积 V_1 的计算

$$V_1 = \frac{YQS_r\theta_c}{X_V(1+K_d\theta_c)} = \frac{0.48\times30000\times(140-20)\times30}{3000\times(1+0.05\times30)} = 7405.7\ (m^3)$$

好氧区水力停留时间 t_1

$$t_1 = \frac{V_1}{Q} = \frac{7405.7}{30000} = 0.02469\ (d) = 5.92\ (h)$$

(3) 反硝化区容积 V_2 的计算 反硝化区脱氮量：

$$N_r = QC_{TN(0)} - 0.124\frac{YQS_r}{1+K_d\theta_c} - QC_{TN(e)}$$

$$= 30000\times\frac{34}{1000} - 0.124\frac{0.48\times30000\times(140-20)}{(1+0.05\times30)\times1000} - 30000\times\frac{15}{1000}$$

$$= 484.29\ (kg/d) = 16.14\ (mg/L)$$

取 $K_{de(20)}=0.035$

$$K_{de(T)}=K_{de(20)}\times 1.08^{(T-20)}=0.035\times 1.08^{(12-20)}=0.019$$

反硝化区需要的污泥量：

$$G=\frac{N_r}{K_{de}}=\frac{484.29}{0.019}=25488.95\ (kg)$$

反硝化区容积：

$$V_2=\frac{G}{X_V}=\frac{25488.95}{2.8}=9103.2\ (m^3)$$

反硝化区水力停留时间 t_2

$$t_2=\frac{V_2}{Q}=\frac{9103.2}{30000}=0.303(d)=7.27\ (h)$$

(4) 碱度平衡　氧化沟每日微生物的增殖量 X_W 为：

$$X_W=\frac{YQS_r}{1+K_d\theta_c}=\frac{0.48\times 30000\times (140-20)}{1000\times (1+0.05\times 30)}=691.2\ (kg/d)$$

氧化沟产生的剩余活性污泥中含氮率为 12.4%，则用于生物合成的总氮量为：

$$N_0=0.124\times 691.2=85.71kg/d=2.86mg/L$$

需要氧化的 NH_3-N 量 N_1＝进水 TKN－出水 NH_3-N－生物合成所需氮 N_0，即

$$N_1=34-8-2.86=23.14\ (mg/L)$$

剩余碱度 $S_{ALK\,I}$＝原水碱度－硝化消耗碱度＋反硝化产生碱度＋氧化 BOD_5 产生碱度
＝280－7.14×23.14＋3.57×16.14＋0.1×120＝184.4 (mg/L)

此值可保持 pH>7.2，硝化和反硝化反应能够正常进行。

(5) 氧化沟好氧区和反硝化区的总容积及停留时间　好氧区和反硝化区的总容积为：

$$V=V_1+V_2=7405.7+9103.2=16508\ (m^3)$$

总水力停留时间：

$$t=\frac{V}{Q}=\frac{16508.9}{30000}=0.55\ (d)=13.21\ (h)$$

校核污泥负荷

$$N_s=\frac{QS_0}{XV}=\frac{30000\times 140}{4000\times 17640}=0.0595\ [kgBOD_5/(kgMLSS\cdot d)]$$

在 0.05～0.08kgBOD_5/(kgMLSS·d) 范围内，满足要求。

(6) 氧化沟的总容积及尺寸　三沟式氧化沟两条边沟轮换作澄清沉淀用，因此，氧化沟总容积应包括一部分沉淀区。一般沉淀区的容积占总三沟式氧化沟总容积的比例为 0.45 左右。

取生化反应区的容积占总三沟式氧化沟总容积的比例 $K=0.55$，则氧化沟总容积为：

$$V_{总}=\frac{V}{K}=\frac{16508}{0.55}=30014.5\ (m^3)$$

氧化沟分两组，则每组三沟式氧化沟容积 V' 为 30014.5/2＝15007 (m³)。

取氧化沟水深 $H=3.5$m，则每组氧化沟平面面积 S_1 为：

$$S_1=\frac{15007}{3.5}=4287.7\ (\mathrm{m}^2)$$

三沟中的每条沟的平面面积 S_2 为：

$$S_2=\frac{S_1}{3}=\frac{4287.7}{3}=1429.2\ (\mathrm{m}^2)$$

取氧化沟为矩形断面，每条沟两个廊道，每个廊道宽 7m，中间隔墙厚度 $b=0.25\mathrm{m}$。则弯道部分面积：

$$A_1=\left(7+\frac{0.25}{2}\right)^2\pi=159.5\ (\mathrm{m}^2)$$

直道部分面积：

$$A_2=S_2-A_1=1429.2-159.5=1269.7\ (\mathrm{m}^2)$$

直线段长度：

$$L=\frac{A_2}{2B}=\frac{1263.7}{2\times 7}=90.7\ (\mathrm{m})\text{，取 91m。}$$

(7) 剩余污泥量　包括被去除的 SS 在内的剩余污泥量：

$$W=X_W+0.5Q(C_0-C_e)=691.2+0.5\times(0.15-0.02)\times 30000=2641.2\ (\mathrm{kg/d})$$

假定剩余污泥含水率 $P=99.2\%$，剩余污泥容积量为：

$$q=\frac{W}{1000(1-P)}=\frac{2641.2}{1000\times(1-0.992)}=330.15\ (\mathrm{m^3/d})$$

需氧量计算与 A^2/O 法相同。

【例 4-5】 某城市污水设计流量 $Q=30000\mathrm{m^3/d}$，$K_Z=1.3$，污水进水水质 $BOD_5=160\mathrm{mg/L}$，$COD_{Cr}=210\mathrm{mg/L}$，$SS=180\mathrm{mg/L}$，$NH_3\text{-}N=25\mathrm{mg/L}$，$TN=37\mathrm{mg/L}$，碱度 $S_{ALK}=280\mathrm{mg/L}$，$TP=8.5\mathrm{mg/L}$，最低水温 14℃，最高水温 25℃。设计卡鲁塞尔氧化沟，要求脱氮，出水 $BOD_5\leqslant 20\mathrm{mg/L}$，$SS\leqslant 20\mathrm{mg/L}$，$NH_3\text{-}N<8\mathrm{mg/L}$，$TN<15\mathrm{mg/L}$。试设计卡鲁塞尔氧化沟工艺尺寸。

［解］　(1) 确定设计参数　污泥龄 $\theta_c=30\mathrm{d}$；氧化沟污泥平均浓度 $MLSS=4000\mathrm{mg/L}$，$MLVSS=3000\mathrm{mg/L}$。

(2) 好氧区容积 V_1 的计算

$$V_1=\frac{YQS_r\theta_c}{X_V(1+K_d\theta_c)}=\frac{0.48\times 30000\times(160-20)\times 30}{3000\times(1+0.05\times 30)}=8064\ (\mathrm{m}^3)$$

好氧区水力停留时间 t_1

$$t_1=\frac{V_1}{Q}=\frac{8064}{30000}=0.02688\ (\mathrm{d})=6.45\ (\mathrm{h})$$

(3) 反硝化区容积 V_2 的计算　反硝化区脱氮量：

$$N_r=QC_{TN(0)}-0.124\frac{YQS_r}{1+K_d\theta_c}-QC_{TN(e)}$$

$$=30000\times\frac{37}{1000}-0.124\frac{0.48\times 30000\times(160-20)}{(1+0.05\times 30)\times 1000}-30000\times\frac{15}{1000}$$

$$=560\ (\mathrm{kg/d})=18.67\ (\mathrm{mg/L})$$

取 $K_{de(20)}=0.035$

$$K_{de(T)}=K_{de(20)}1.08^{(T-20)}=0.035\times1.08^{(14-20)}=0.022$$

反硝化区需要的污泥量：

$$G=\frac{N_r}{K_{de}}=\frac{560}{0.022}=25454.54\ (kg)$$

反硝化区容积：

$$V_2=\frac{G}{X_V}=\frac{25454.54}{3}=8484.85\ (m^3)$$

反硝化区水力停留时间 t_2

$$t_2=\frac{V_2}{Q}=\frac{8484.85}{30000}=0.283\ (d)=6.79\ (h)$$

（4）碱度平衡　氧化沟每日微生物的增殖量 X_W 为：

$$X_W=\frac{YQS_r}{1+K_d\theta_c}=\frac{0.48\times30000\times(160-20)}{1000\times(1+0.05\times30)}=806.4\ (kg/d)$$

氧化沟产生的剩余活性污泥中含氮率为 12.4%，则用于生物合成的总氮量为：

$$N_0=0.124\times806.4=100\ (kg/d)=3.33\ (mg/L)$$

需要氧化的 NH_3-N 量 N_1＝进水 TKN－出水 NH_3-N－生物合成所需氮 N_0，即

$$N_1=37-8-3.33=25.67\ (mg/L)$$

剩余碱度 $S_{ALK\,I}$＝原水碱度－硝化消耗碱度＋反硝化产生碱度＋氧化 BOD_5 产生碱度

$$=280-7.14\times25.67+3.57\times18.67+0.1\times140=177.37\ (mg/L)$$

此值可保持 pH>7.2，硝化和反硝化反应能够正常进行。

（5）氧化沟的总容积及停留时间　氧化沟的总容积的总容积为：

$$V=V_1+V_2=8064.2+8484.85=16549\ (m^3)$$

总水力停留时间：

$$t=\frac{V}{Q}=\frac{16549}{30000}=0.5516\ (d)=13.24\ (h)$$

校核污泥负荷

$$N_s=\frac{QS_0}{XV}=\frac{30000\times160}{4000\times16549}=0.0725\ [kgBOD_5/(kgMLSS\cdot d)]$$

在 0.05～0.08kgBOD_5/(kgMLSS·d) 范围内，满足要求。

（6）氧化沟尺寸　设氧化沟 2 座，则每座氧化沟的容积 V' 为 16549/2＝8274.5m^3。

取氧化沟水深 $H=4$m，则每座氧化沟平面面积 S_1 为：

$$S_1=\frac{8274.5}{4}=2068.6\ (m^2)$$

取氧化沟每个廊道宽 7m，中间隔墙厚度 $b=0.25$m。则弯道部分面积近似为：

$$A_1=\left(2\times7+0.25+\frac{0.25}{2}\right)^2\pi+2\times7^2\times\pi=957\ (m^2)$$

直道部分面积：

$$A_2=S_1-A_1=2068-957=1111\ (m^2)$$

直线段长度：

$$L=\frac{A_2}{4B}=\frac{1111}{4\times 7}=39.7\ (\mathrm{m})$$

取40m。

（7）剩余污泥量　包括被去除的SS在内的剩余污泥量：

$$W=X_W+0.5Q(C_0-C_e)=806.4+0.5\times(0.18-0.02)\times 30000=3206.4\ (\mathrm{kg/d})$$

假定剩余污泥含水率 $P=99.2\%$，剩余污泥容积量为：

$$q=\frac{W}{1000(1-P)}=\frac{3206.4}{1000\times(1-0.992)}=400.8\ (\mathrm{m^3/d})$$

需氧量计算与 A^2/O 法相同。

【例4-6】 某城市污水设计流量 $Q=35000\mathrm{m^3/d}$，$K_Z=1.3$，污水进水水质 $BOD_5=170\mathrm{mg/L}$，$COD_{Cr}=210\mathrm{mg/L}$，$SS=190\mathrm{mg/L}$，$NH_3\text{-}N=26\mathrm{mg/L}$，$TKN=38\mathrm{mg/L}$（进水中认为不含硝态氮），碱度 $S_{ALK}=280\mathrm{mg/L}$，$TP=8\mathrm{mg/L}$，最低水温14℃，最高水温25℃。设计奥贝尔氧化沟，要求脱氮，出水 $BOD_5\leqslant 20\mathrm{mg/L}$，$SS\leqslant 20\mathrm{mg/L}$，$NH_3\text{-}N<8\mathrm{mg/L}$，$TN<15\mathrm{mg/L}$。试设计卡鲁塞尔氧化沟工艺尺寸。

［解］　（1）确定设计参数　污泥龄 $\theta_c=30\mathrm{d}$；氧化沟污泥平均浓度 $MLSS=4000\mathrm{mg/L}$，$MLVSS=3000\mathrm{mg/L}$。

（2）好氧区容积 V_1 的计算

$$V_1=\frac{YQS_r\theta_c}{X_V(1+K_d\theta_c)}=\frac{0.48\times 35000\times(170-20)\times 30}{3000\times(1+0.05\times 30)}=10080\ (\mathrm{m^3})$$

好氧区水力停留时间 t_1

$$t_1=\frac{V_1}{Q}=\frac{10080}{35000}=0.0288\ (\mathrm{d})=6.912\ (\mathrm{h})$$

（3）反硝化区容积 V_2 的计算　反硝化区脱氮量：

$$\begin{aligned}N_r&=QC_{TN(0)}-0.124\frac{YQS_r}{1+K_d\theta_c}-QC_{TN(e)}\\&=35000\times\frac{38}{1000}-0.124\times\frac{0.48\times 35000\times(170-20)}{(1+0.05\times 30)\times 1000}-35000\times\frac{15}{1000}\\&=680\ (\mathrm{kg/d})=19.43\ (\mathrm{mg/L})\end{aligned}$$

取 $K_{de(20)}=0.035$

$$K_{de(T)}=K_{de(20)}\times 1.08^{(T-20)}=0.035\times 1.08^{(14-20)}=0.022$$

反硝化区需要的污泥量：

$$G=\frac{N_r}{K_{de}}=\frac{680}{0.022}=30909.09\ (\mathrm{kg})$$

反硝化区容积：

$$V_2=\frac{G}{X_V}=\frac{30909.09}{3}=10303\ (\mathrm{m^3})$$

反硝化区水力停留时间 t_2

$$t_2=\frac{V_2}{Q}=\frac{10303}{35000}=0.294\ (\mathrm{d})=7.07\ (\mathrm{h})$$

（4）碱度平衡　氧化沟每日微生物的增殖量 X_W 为：

$$X_W=\frac{YQS_r}{1+K_d\theta_c}=\frac{0.48\times35000\times(170-20)}{1000\times(1+0.05\times30)}=1008\ (kg/d)$$

氧化沟产生的剩余活性污泥中含氮率为12.4%，则用于生物合成的总氮量为：

$$N_0=0.124\times1008=125\ (kg/d)=3.57\ (mg/L)$$

需要氧化的NH_3-N量N_1=进水TKN－出水NH_3-N－生物合成所需氮N_0，即

$$N_1=38-8-3.57=26.43\ (mg/L)$$

剩余碱度$S_{ALK\ I}$=原水碱度－硝化消耗碱度＋反硝化产生碱度＋氧化BOD_5产生碱度

$$=280-7.14\times26.43+3.57\times19.43+0.1\times150=175.66\ (mg/L)$$

此值可保持pH>7.2，硝化和反硝化反应能够正常进行。

(5) 氧化沟的总容积及停留时间　氧化沟的总容积为：

$$V=V_1+V_2=10080+10303=20383\ (m^3)$$

总水力停留时间：

$$t=\frac{V}{Q}=\frac{20383}{35000}=0.58\ (d)=13.98\ (h)$$

校核污泥负荷

$$N_s=\frac{QS_0}{XV}=\frac{35000\times170}{4000\times20383}=0.073\ [kgBOD_5/(kgMLSS\cdot d)]$$

在0.05～0.08$kgBOD_5/(kgMLSS\cdot d)$范围内，满足要求。

(6) 氧化沟尺寸　设氧化沟2座。

单座氧化沟有效容积

$$V'=\frac{V}{2}=\frac{20383}{2}=10191.5\ (m^3)$$

氧化沟弯道部分按占总容积的80%考虑，直线部分按占总容积的20%考虑。

$$V_{弯}=0.8\times10191.5=8153.2\ (m^3)$$

$$V_{直}=0.2\times10191.5=2038.3\ (m^3)$$

取氧化沟有效水深$H=4m$，超高为0.5m，外、中、内三沟道之间分隔墙厚度为0.25。则：

$$A_{弯}=\frac{8153.2}{4}=2038.3\ (m^2)$$

$$A_{直}=\frac{2038.3}{4}=509.6\ (m^2)$$

取内沟、中沟、外沟的宽度分别为7m、7m、8m，直线段长度L为：

$$L=\frac{A_{直}}{2(B_{外}+B_{中}+B_{内})}=\frac{509.6}{2\times(8+7+7)}=11.58\ (m)$$

设中心岛半径为r，则：

$$A_{弯}=A_{外弯}+A_{中弯}+A_{内弯}$$

$$A_{外弯}=\pi(r+7+0.25+7+0.25+8)^2-\pi(r+7+0.25+7+0.25)^2=\pi\times8\times(2r+37)$$

$$A_{中弯}=\pi(r+7+0.25+7)^2-\pi(r+7+0.25)^2=\pi\times7\times(2r+21.5)$$

$$A_{内弯}=\pi(r+7)^2-\pi r^2=\pi\times7\times(2r+7)$$

代入上式得：

$$2038.3=\pi\times 8\times(2r+37)+\pi\times 7\times(2r+21.5)+\pi\times 7\times(2r+7)=\pi(44r+495.5)$$

$r=3.48$m，取 $r=3.5$m。

校核各沟道的比例：

$$外沟道面积=8\times 11.58\times 2+8\pi\times(2\times 3.5+37)=1291.12\ (m^2)$$

$$中沟道面积=8\times 11.58\times 2+7\pi\times(2\times 3.5+21.5)=812.03\ (m^2)$$

$$内沟道面积=8\times 11.58\times 2+7\pi\times(2\times 3.5+7)=493.16\ (m^2)$$

$$外沟道占总面积的比例=\frac{1291.12}{1291.12+812.03+493.16}\times 100\%=49.73\%$$

$$中沟道占总面积的比例=\frac{812.03}{1291.12+812.03+493.16}\times 100\%=31.27\%$$

$$内沟道占总面积的比例=\frac{493.16}{1291.12+812.03+493.16}\times 100\%=18.99\%$$

基本符合奥贝尔氧化沟各沟道容积比（一般为 50∶33∶17 左右）。

(7) 剩余污泥量　包括被去除的 SS 在内的剩余污泥量：

$$W=X_W+0.5Q(C_0-C_e)=1008+0.5\times(0.17-0.02)\times 35000=3633\ (kg/d)$$

假定剩余污泥含水率 $P=99.2\%$，剩余污泥容积量：

$$q=\frac{W}{1000(1-P)}=\frac{3633}{1000\times(1-0.992)}=454.13\ (m^3/d)$$

需氧量计算与 A^2/O 法相同。

4.6 序批式活性污泥法及变形工艺

4.6.1 序批式活性污泥法的工艺流程及基本原理

序批式活性污泥法工艺是由按一定顺序间歇操作运行的 SBR 反应器组成的，没有二沉池和污泥回流设备，有时也不设初沉池。每个 SBR 反应器的一个完整的操作过程包括 5 个阶段：进水期、反应期、沉淀期、排水排泥期和闲置期。

进水期是反应池接纳污水的过程。由于充水开始之前是上一个周期的闲置期，所以此时的反应器中剩有高浓度的活性污泥混合液，这也相当于传统活性污泥法中污泥回流作用。进水有 3 种方式：非限制曝气（一边曝气一边充水）、限制曝气（充水完毕后再开始曝气）、半限制曝气（充水后期曝气）。

反应期是在进水期结束后或 SBR 反应器充满水后，进行曝气或搅拌以达到去除污染物的目的。反应阶段活性污泥微生物周期性地处于高浓度及低浓度基质的环境中，反应器也相应地形成厌氧—缺氧—好氧的交替过程，使其不仅具有良好的有机物处理效能，而且具有良好的除磷脱氮效果。

沉淀期相当于传统活性污泥法中的二次沉淀池。在停止曝气和搅拌的情况下，活性污泥絮体进行重力沉淀和上清液分离。

排水排泥期的作用就是排出沉淀后的上清液，并排放剩余污泥。一般反应池中保留 50%的活性污泥和水，活性污泥数量占反应器容积的 30%左右。污泥作为下个处理周期的回流污泥使用，剩下一部分处理水，可起循环水和稀释水的作用。

闲置期的作用是通过搅拌、曝气或静置使微生物恢复活性，并起到一定的反硝化作用而进行脱氮，为下一个运行周期创造良好的初始条件。通过闲置期后的活性污泥处于一种营养物的饥饿状态，单位质量的活性污泥具有很大的吸附表面积，因而当进入下个运行周期的进水期时，活性污泥便可充分发挥其较强的吸附能力而有效地去除初期污染物。

对于单个SBR反应器，进水、出水都是间歇的，但多个SBR反应器并联运行，可以做到连续排污。如图4-17所示，按操作顺序依次对每个SBR反应器进行充水，当处理系统中的最后一个反应器充水完成后，第一个反应器已完成整个运行周期并接着充水，如此循环往复运行。

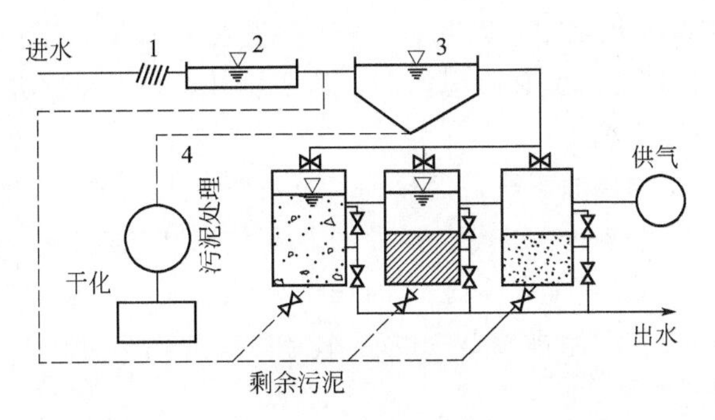

图4-17 处理生活污水的三池SBR系统

1—格栅；2—沉砂池；3—初沉池；4—污泥管

由于传统的SBR工艺存在一些不足（比如不能连续进水等），因此，在实际中应用的并不多。目前实际工程中应用的多是SBR的变形工艺。

4.6.2 序批式活性污泥法的变形工艺

4.6.2.1 间歇式循环延时曝气活性污泥法（ICEAS工艺）

间歇式循环延时曝气活性污泥法是20世纪80年代初在澳大利亚发展起来的，1976年建成世界上第一座ICEAS污水处理厂，随后在日本、美国、加拿大、澳大利亚等地得到推广应用。1986年美国国家环保局正式批准ICEAS工艺为革新代用技术（I/A）。

ICEAS反应器由预反应区（生物选择器）和主反应区两部分组成，预反应区容积约占整个池子的10%左右。预反应区一般处于厌氧或缺氧状态，设置预反应区的主要目的是使系统选择出适应废水中有机物降解，絮凝能力更强的微生物。预反应区的设置，可以使污水在高负荷运行，保证菌胶团细菌的生长，抑制丝状菌生长，控制污泥膨胀。运行方式采用连续进水、间歇曝气、周期排水的形式。

ICEAS最大的特点是在SBR反应器前部增加了一个预反应区（生物选择器），实现了连续进水（沉淀期、排水期间仍保持进水），间歇排水。但由于连续进水，沉淀期也进水，在主反应池（区）底部会造成搅动而影响泥水分离，因此，进水量受到一定的限制。另外，该工艺强调延时曝气，污泥负荷很低。

ICEAS工艺比传统的SBR法费用更省、管理更方便。

4.6.2.2 循环式活性污泥法（CAST工艺）

CAST工艺是在ICEAS工艺的基础上发展而来的。但CAST工艺沉淀阶段不进水，并增加了污泥回流，而且预反应区容积所占的比例比ICEAS工艺小。通行的CAST反应池一般分为三个反应区：生物选择器、缺氧区和好氧区，这三个部分的容积比通常为1∶5∶30。

CAST 反应池的每个工作周期可分为充水-曝气期、沉淀期、滗水期和充水-闲置期。

CAST 工艺的最大特点是将主反应区中的部分剩余污泥回流到选择器中，沉淀阶段不进水，使排水的稳定性得到保证。缺氧区的设置使 CAST 工艺具有较好的脱氮除磷效果。

CAST 工艺周期工作时间一般为 4h，其中充水-曝气 2h，沉淀 1h，滗水 1h。反应池最少设 2 座，使系统连续进水，一池充水-曝气，另一池沉淀和滗水。

4.6.2.3 周期循环活性污泥法（CASS 工艺）

CASS 法与 CAST 法相同之处是系统都由选择器和反应池组成，不同之处是 CASS 为连续进水而 CAST 为间歇进水，而且污泥不回流，无污泥回流系统。CASS 反应器内微生物处于好氧—缺氧—厌氧周期变化之中，因此，CASS 工艺与 CAST 工艺一样，它具有较好的除磷脱氮效果。CASS 法处理工艺流程除无污泥回流系统外，与 CAST 法相同。

4.6.2.4 UNITANK 工艺

UNITANK 工艺，又称单池系统，是比利时史格斯清水公司（SEGHERS ENGINEERING WATER NV）于 20 世纪 80 年代末开发的专利技术。UNITANK 池一般由 A、B、C 三个矩形池组成，三个池水力相通，每个池内均设有供氧设备，在外边（A、C 池）两侧矩形池设有固定出水堰和剩余污泥排放口，既可作为曝气池，又可作为沉淀池。连续分池进水，具有脱氮除磷效果。

UNITANK 的特点在于一体化，布置紧凑，能较好地利用土地面积，节约用地效果明显；不需混合液回流及活性污泥回流，流程简单，利于管理；设置不同的循环时间，适应性较强，序批式控制，易于实现处理过程的自动控制。其运行方式类似于 T 型氧化沟。

UNITANK 工艺除了保持传统 SBR 的特征以外，还具有滗水简单、池子结构简化、出水稳定、不需回流等特点，通过改变进水点的位置可以起到回流的作用和达到脱氮、除磷的目的。

4.6.2.5 MSBR 工艺

MSBR 即改良型序批式反应器。MSBR 集合了 SBR 和 A^2/O 的特点，出水水质稳定、高效，有较高的净化能力，不足之处是自动化控制要求较高，这对小城镇是一个制约性因素，但也不能完全说此工艺在小城镇就不宜采用，应该根据具体情况进行考虑，对经济比较发达、封闭水体、具有较高脱氮除磷要求的小城镇有一定的适用性。但是，由于目前其运行管理经验不是很丰富，而且运行流程长，工艺控制相对复杂，因此，主要适用于经济水平较发达的小城镇，而对于不太发达的一般建制镇应慎重选择。

4.6.3 序批式活性污泥法的工艺设计

4.6.3.1 工艺设计参数

(1) SBR 反应池宜按平均日污水量设计；SBR 反应池前、后的水泵、管道等输水设施应按最高日最高时污水量设计。

(2) 污泥负荷的取值，以脱氮为主要目标时，宜按表 4-2 的规定取值；以除磷为主要目标时，宜按表 4-3 的规定取值；同时脱氮除磷时，宜按表 4-4 的规定取值。

(3) 高负荷时污泥浓度（MLSS）为 1500～2000mg/L，低负荷时污泥浓度（MLSS）为 3000～5000mg/L。

(4) 排出比在高负荷时为 1/4～1/2，在低负荷时为 1/6～1/3。

(5) 反应池宜采用矩形池，水深宜为 4.0～6.0m；反应池长度与宽度之比：间隙进水

时宜为 (1∶1)～(2∶1)，连续进水时宜为 (2.5∶1)～(4∶1)。

(6) 安全高度（活性污泥界面以上最小水深）应在 50cm 以上。

(7) 高负荷时的周期数一般为 3～4，低负荷时的周期数一般为 2～3。

(8) 反应池应采用有防止浮渣流出设施的滗水器；同时，宜有清除浮渣的装置。

4.6.3.2　工艺设计

目前，SBR 工艺的一些机理和设计方法还有待于进一步研究。工程实践中，SBR 工艺的设计借鉴活性污泥工艺的设计计算方法，考虑到周期运行的特点，设计中引入反应时间比（或排水比）的参数。设计计算内容包括与生物化学有关的计算，与沉淀有关的计算，需氧量的计算，反应周期及各时段的确定等。

(1) 反应器总有效容积

$$V=\frac{Y\theta_c QS_r}{eX_V(1+K_d\theta_c)} \tag{4-27}$$

式中　V——反应器总有效容积，m^3；

e——曝气时间比。

其余符号意义同前。

(2) 排水比

$$\frac{1}{m}=\frac{V_2}{V_1+V_2}=\frac{h_2-h_1}{h_2}=\frac{V_2}{V}=\frac{Q}{nV}$$

式中　$\frac{1}{m}$——排水比；

V_1——排水结束时池内水的容积，m^3；

V_2——排出的水量，m^3；

h_1——排水结束时的水位，m^3；

h_2——标准水位，m^3。

(3) 沉淀时间

$$t_s=\frac{h+\varepsilon}{u}=\frac{H/m+\varepsilon}{u} \tag{4-28}$$

式中　t_s——沉淀时间，h；

h——滗水深度，m；

ε——安全水深，m；

H——反应池有效水深，m；

u——污泥界面沉降速率，m/h。

当污泥浓度≤3000mg/L 时，污泥界面沉降速率为：

$$u=7.4\times10^4 TX^{-1.7} \tag{4-29}$$

式中　T——污水温度，℃。

当污泥浓度>3000mg/L 时，污泥界面沉降速率为：

$$u=4.6\times10^4 X^{-1.26} \tag{4-30}$$

需氧量计算与 A^2/O 法相同。

【例 4-7】 某镇污水处理厂海拔高度 950m，设计流量 $Q=12000m^3/d$，$K_Z=1.62$。设计进水水质 $COD_{Cr}=450mg/L$，$BOD_5=250mg/L$，$SS=300mg/L$，$TN=45mg/L$，

NH_3-N=35mg/L，TP=6mg/L，冬季水温 $T=10℃$。设计出水水质 $COD_{Cr}=60mg/L$，$BOD_5=20mg/L$，SS=20mg/L，NH_3-N=15mg/L，TP=0.5mg/L。设计采用非限制曝气SBR工艺，鼓风微孔曝气。不考虑反硝化脱氮，试对反应器进行设计。

［解］（1）运行周期　反应器个数 $n_1=4$，周期时间 $t=6h$，周期数 $n_2=4$，每个周期处理水量 $750m^3$。每周期分为进水、曝气、沉淀、排水4个阶段。其中进水时间：

$$t_e=\frac{24}{n_1 n_2}=\frac{24}{4\times 4}=1.5\ (h)$$

根据滗水器设备性能，排水时间 $t_d=0.5h$。

MLSS取4000mg/L，污泥界面沉降速率：

$$u=4.6\times 10^4\times X^{-1.26}=4.6\times 10^4\times 4000^{-1.26}=1.33\ (m)$$

曝气池滗水高度，$h_1=1.2m$，安全水深 $\varepsilon=0.5m$，沉淀时间：

$$t_s=\frac{h_1+\varepsilon}{u}=\frac{1.2+0.5}{1.33}=1.3\ (h)$$

曝气时间：　$$t_a=t-t_e-t_s-t_d=6-1.5-1.3-0.5=2.7\ (h)$$

曝气时间比：　$$e=\frac{t_a}{T}=\frac{2.7}{6}=0.45$$

（2）曝气池体积 V　二沉池出水 BOD_5 由溶解性 BOD_5 和悬浮性 BOD_5 组成，其中只有浓度溶解性 BOD_5 与工艺计算有关。出水中溶解性 BOD_5：

$$S_e'=S_e-7.1K_d f C_e=20-7.1\times 0.06\times 0.75\times 20=13.6\ (mg/L)$$

本例进水TN较高。为满足硝化要求，曝气段污泥龄 $\theta_c=25d$，污泥产率系数 Y 取0.6，污泥自身氧化系数 K_d 取0.06，曝气池体积：

$$V=\frac{YQ\theta_c(S_0-S_e')}{eXf(1+K_d\theta_c)}=\frac{0.6\times 12000\times 25\times (250-13.6)}{0.45\times 4000\times 0.75\times (1+0.06\times 25)}=12608\ (m^3)$$

（3）复核滗水高度 h_1　SBR曝气池共设4座，即 $n_2=4$，有效水深 $H=5m$，滗水高度 h_1：

$$h_1=\frac{HQ}{n_2 V}=\frac{5\times 12000}{4\times 12600}=1.19\approx 1.2\ (m)$$

（4）复核污泥负荷

$$N_s=\frac{QS_0}{eXV}=\frac{12000\times 250}{0.45\times 4000\times 12608}=0.13\ (kgBOD_5/kgMLSS)\ (满足要求)$$

（5）剩余污泥产量　每日微生物的增殖量 X_W 为（没考虑温度对 K_d 的影响）：

$$X_W=YQ\times\frac{S_0-S_e'}{1000}-eK_dVf\times\frac{X}{1000}$$

$$=0.6\times 12000\times\frac{250-13.6}{1000}-0.45\times 0.06\times 12608\times 0.75\times\frac{4000}{1000}$$

$$=680.9\ (kg/d)$$

包括被去除的SS在内的剩余污泥量：

$$W=X_W+0.5Q(C_0-C_e)=680.9+0.5\times(0.3-0.02)\times 12000=2360.9\ (kg/d)$$

假定剩余污泥含水率 $P=99.2\%$，剩余污泥容积量为：

$$q=\frac{W}{1000(1-P)}=\frac{2360.9}{1000\times(1-0.992)}=295.11\ (m^3/d)$$

(6) 复核出水 BOD_5

$$S'_e=\frac{24S_0}{24+K_aXft_an_2}=\frac{24\times250}{24+0.018\times4000\times0.75\times2.7\times4}=9.88\ (mg/L)$$

复核结果表明，出水 BOD_5 达到设计要求。

(7) 复核出水 NH_3-N

$$\mu_{m(10)}=0.5\times e^{0.098(10-15)}\times\frac{2}{1.3+2}\times[1-0.833\times(7.2-7.2)]=0.19$$

$$K_{N(10)}=0.5\times e^{0.118(10-18)}=0.28\ (mg/L)$$

$$b_{N(10)}=0.04\times1.04^{(10-20)}=0.027$$

硝化菌比增长速度为：

$$\mu_N=\frac{1}{\theta_c}+b_N=\frac{1}{25}+0.027=0.067\ (d^{-1})$$

出水氨氮为：

$$N_{e(10)}=\frac{K_{N(10)}\mu_{N(10)}}{\mu_{m(10)}-\mu_{N(10)}}=\frac{0.28\times0.067}{0.19-0.067}=0.15\ (mg/L)$$

复核结果表明。出水水质可以满足要求。

(8) 设计需氧量　设计需氧量包括氧化有机物需氧量，污泥自身需氧量、氨氮硝化需氧量和出水带走的氧量。有机物氧化需氧系数 $a'=0.5$，污泥需氧系数 $b'=0.12$。氧化有机物和污泥需氧量 AOR_1 为：

$$AOR_1=a'Q(S_0-S'_e)+eb'XVf$$

$$=0.5\times12000\times\left(\frac{250-13.6}{1000}\right)+0.45\times0.12\times\frac{4000}{1000}\times12608\times0.75$$

$$=1418.4+2042.5$$

$$=3460.9\ (kg/d)$$

进水总氮 $N_0=45mg/L$，出水氨氮 $N_e=15mg/L$，硝化氨氮需氧量 AOR_2：

$$AOR_2=4.6\left(Q\frac{N_0-N_e}{1000}-0.12\frac{eXVf}{\theta_c}\right)$$

$$=4.6\times\left(12000\times\frac{45-0.15}{1000}-0.12\times\frac{0.45\times4000\times12608\times0.75}{1000\times25}\right)$$

$$=1280.2\ (kg/d)$$

反硝化产生的氧量 AOR_3：

$$AOR_3=2.6\times\left(Q\frac{N_j-TN_e}{1000}-0.12\frac{eN_WVf}{\theta_c}\right)$$

$$=2.6\times\left(12000\times\frac{45-20}{1000}-0.12\times\frac{0.45\times4000\times12608\times0.75}{1000\times25}\right)$$

$$=624.3\ (kg/d)$$

总需氧量：

$$AOR=AOR_1+AOR_2+AOR_3=3460.9+1280.2-624.3$$

$$=4116.8\ (kg/d)=171.5\ (kg/h)$$

(9) 曝气池布置　SBR 反应池共设 4 座。每座曝气池长 42m，宽 15m，超高 0.5m，有效体积为 $3150m^3$，4 座反应池总有效体积 $12600m^3$。

【例 4-8】 已知条件同例 4-7，不考虑氨氮的硝化，试对 CASS 反应池进行设计。

［解］ （1）曝气时间 t_a 混合液污泥浓度 $X=2500$mg/L，污泥负荷 $N_s=0.1$kgBOD$_5$/kgMLSS，充水比 $\lambda=0.24$，曝气时间 t_a 为：

$$t_a=\frac{24\lambda S_0}{N_s X}=\frac{24\times 0.24\times 250}{0.1\times 2500}=5.76\approx 6\ (\text{h})$$

（2）沉淀时间 t_s

$$u=7.4\times 10^4 TX^{-1.7}=7.4\times 10^4\times 10\times 2500^{-1.7}$$
$$=1.24\ (\text{m/h})$$

设曝气池水深 $H=5$m，缓冲层高度 $\varepsilon=0.5$m，沉淀时间 t_s 为：

$$t_s=\frac{\lambda H+\varepsilon}{u}=\frac{0.24\times 5+0.5}{1.24}=1.37\ (\text{h})\approx 1.5\ (\text{h})$$

（3）运行时间 t 设排水时间 $t_d=0.5$h，运行周期

$$t=t_a+t_s+t_d=6+1.5+0.5=8\ (\text{h})$$

每日周期数：$n_2=\frac{24}{8}=3$

（4）曝气池容积 V 曝气池个数 $n_1=4$，每座曝气池容积：

$$V=\frac{Q}{\lambda n_1 n_2}=\frac{12000}{0.24\times 4\times 3}=4167\ (\text{m}^3)$$

（5）复核出水溶解性 BOD$_5$ 出水中的溶解性 BOD$_5$：

$$S_e'=\frac{24S_0}{24+K_2 X f t_a n_2}$$
$$=\frac{24\times 250}{24+0.022\times 2500\times 0.75\times 6\times 3}$$
$$=7.8\ (\text{mg/L})$$

计算结果满足设计要求。

（6）剩余污泥产量 10℃时活性污泥自身氧化系数：

$$K_{d(10)}=K_{d(20)}\theta_t^{T-20}=0.06\times 1.04^{(10-20)}=0.041$$

每日微生物的增殖量 X_W 为：

$$X_W=YQ\times\frac{S_0-S_e}{1000}-eK_d Vf\times\frac{X}{1000}$$
$$=0.6\times 12000\times\frac{250-7.8}{1000}-0.41\times 4167\times\frac{2500}{1000}\times 0.75\times\frac{6}{24}\times 4\times 3$$
$$=783.83\ (\text{kg/d})$$

包括被去除的 SS 在内的剩余污泥量：

$$W=X_W+0.5Q(C_0-C_e)=783.83+0.5\times(0.3-0.02)\times 12000=2463.83\ (\text{kg/d})$$

假定剩余污泥含水率 $P=99.2\%$，剩余污泥容积量为：

$$q=\frac{W}{1000(1-P)}=\frac{2463.83}{1000\times(1-0.992)}=307.98\ (\text{m}^3/\text{d})$$

（7）复核污泥龄

$$\theta_c=\frac{fXVn_1n_2t_a}{24X_W}$$
$$=\frac{0.75\times2500\times4167\times4\times3\times6}{24\times783\times1000}=29.9\ (\text{d})$$

计算结果表明，污泥龄可以满足氨氮完全硝化需要。

（8）复核滗水高度 h_1　曝气池有效水深 $H=5\text{m}$，滗水高度 h_1：

$$h_1=\frac{HQ}{n_1n_2V}=\frac{5\times12000}{4\times3\times4167}=1.2\ (\text{m})$$

复核结果与设定值相同。

（9）设计需氧量　设计需氧量包括氧化有机物需氧量和氨氮硝化需氧量，并应考虑细胞合成所需的氨氮和排放剩余污泥所相当的 BOD_5 的值。考虑最不利情况，按夏季时高水温计算设计需氧量。

a、b、c 为计算系数，$a=1.47$，$b=4.6$，$c=1.42$。

$$\text{AOR}=aQ\frac{S_0-S_e'}{1000}+b[Q(N_0-N_e)-0.12X_W]-cX_W$$
$$=1.47\times12000\times\frac{250-7.8}{1000}+4.6\times\left(12000\times\frac{45-15}{1000}-0.12\times783\right)-1.42\times783$$
$$=4272.4+1223.8-1111.9=4384.3\ (\text{kg/d})=182.7\ (\text{kg/h})$$

（10）曝气池布置　SBR 曝气池共设 4 座，每座曝气池长 55.6m，宽 15m，水深 5m，超高 0.5m，有效体积为 4170m³。其中预反应区长 9m，占曝气池容积的 1/6。

4.7　二次沉淀池的设计

二次沉淀池的作用是泥水分离，使生物处理构筑物出水（混合液）澄清。原则上，用于初次沉淀池的平流式沉淀池、辐流式沉淀池和竖流式沉淀池等都可以作为二次沉淀池使用。第二章有关沉淀池的规定，一般也都适用于二次沉淀池。但二次沉淀池中的混合液浓度高，沉淀过程是絮凝沉淀，沉淀分离的污泥具有质量轻，易被出水带走等特点。因此，二次沉淀池的设计计算、技术参数以及排泥方式等均与初次沉淀池有一定的区别。下面对其作简要的补充说明。

4.7.1　二次沉淀池的两项负荷

由于二次沉淀池不仅具有泥水分离的作用，而且应保证污泥得到足够的浓缩，以便供给曝气池所需的回流污泥。因此，二次沉淀池的设计计算应满足两项负荷，既水力表面负荷和固体表面负荷。

4.7.1.1　表面水力负荷

用此项负荷保证出水水质良好。生物膜法后的二次沉淀池的表面水力负荷为 1.0～2.0m³/(m²·h)，活性污泥法后的二次沉淀池的表面水力负荷为 0.6～1.5m³/(m²·h)。沉淀时间为 1.5～4.0h。

4.7.1.2　固体表面负荷

用此项负荷保证回流污泥的浓度，维持曝气池良好的运行。一般二次沉淀池的固体表面负荷不超过 150kg/(m^2 · d)，斜板（管）二次沉淀池可以考虑加大到 192kg/(m^2 · d)。

4.7.2 二次沉淀池的设计流量

计算二次沉淀池面积时，设计流量应采用最大小时流量，而不包括回流污泥流量。因为二次沉淀池的出水和排泥基本是从池子的上部和下部两个方向排出，而池子上部排水量基本相当于最大小时流量，因此，采用最大小时流量设计能够满足要求。但中心管（合建式的导流区）的设计应包括回流污泥流量。

4.7.3 池边水深的建议值

为了保证二次沉淀池的水力效率和有效容积，池边水深应随着直径的加大而适当放大。池边水深的建议值见表 4-5。

表 4-5 池边水深的建议值

池径/m	池边水深/m	池径/m	池边水深/m
10～20	3.0	30～40	4.0
20～30	3.5	＞40	4.0

当由于客观原因达不到上述建议值时，为了维持沉淀时间不变，须采用较低的表面负荷值。

4.7.4 二次沉淀池的污泥区容积

二次沉淀池的污泥区按不小于 2h 贮泥量考虑，计算公式如下：

$$V=\frac{4(1+R)QR}{1+2R} \tag{4-31}$$

式中 V——二次沉淀池的污泥区容积，m^3；

Q——最大小时设计流量，m^3/h；

R——回流比。

污泥斗中污泥浓度按混合液浓度及底流浓度平均计算。

4.8 化学除磷

污水经二级处理后，其出水总磷不能达到要求时，可采用化学除磷工艺处理。污水一级处理以及污泥处理过程中产生的液体有除磷要求时，也可采用化学除磷工艺。化学除磷可采用生物反应池的后置投加、同步投加和前置投加，也可采用多点投加。

化学除磷设计中，药剂的种类、剂量和投加点宜根据试验资料确定。化学除磷的药剂可采用铝盐、铁盐，也可采用石灰。用铝盐或铁盐作混凝剂时，宜投加离子型聚合电解质作为助凝剂。采用铝盐或铁盐作混凝剂时，其投加混凝剂与污水中总磷的摩尔比宜为 1.5～3.0。

化学除磷时，对接触腐蚀性物质的设备和管道应采取防腐蚀措施。

4.9 消毒

为保证公共卫生安全，防止传染性疾病传播，城镇污水处理应设置消毒设施。污水消毒程度应根据污水性质、排放标准或再生水要求确定。

污水宜采用紫外线或二氧化氯消毒，也可用液氯消毒。消毒设施和有关建筑物的设计应符合现行国家标准《室外给水设计规范》(GB 50013—2016) 的有关规定。

4.9.1　紫外线消毒

污水的紫外线剂量宜根据试验资料或类似运行经验确定，也可按下列标准确定。

(1) 二级处理的出水为 15～22mJ/cm²。

(2) 再生水为 24～30mJ/cm²。

紫外线照射渠的设计，应符合下列要求。

(1) 照射渠水流均布，灯管前后的渠长度不宜小于 1m。

(2) 水深应满足灯管的淹没要求。

紫外线照射渠不宜少于 2 条。当采用 1 条时，宜设置超越渠。

4.9.2　二氧化氯和氯

二级处理出水的加氯量应根据试验资料或类似运行经验确定。无试验资料时，二级处理出水可采用 6～15mg/L，再生水的加氯量按卫生学指标和余氯量确定。

二氧化氯或氯消毒后应进行混合和接触，接触时间不应小于 30min。

4.10　供氧设施的设计

4.10.1　供气量计算

生物反应池中好氧区的供氧应满足污水需氧量、混合和处理效率等要求，宜采用鼓风曝气或表面曝气等方式。

生物反应池中好氧区的污水需氧量，根据去除的五日生化需氧量、氨氮的硝化和除氮等要求，宜按下式计算：

$$O_2=0.001aQ(S_0-S_e)-c\Delta X_V+b[0.001Q(N_k-N_{ke})-0.12\Delta X_V]-0.62b[0.001Q(N_t-N_{ke}-N_{ce})-0.12\Delta X_V] \quad (4\text{-}32)$$

式中　O_2——污水需氧量，kgO_2/d；

Q——生物反应池的进水流量，m^3/d；

S_0——生物反应池进水五日生化需氧量，mg/L；

S_e——生物反应池出水五日生化需氧量，mg/L；

ΔX_V——排出生物反应池系统的微生物量，kg/d；

N_k——生物反应池进水总凯氏氮浓度，mg/L；

N_{ke}——生物反应池出水总凯氏氮浓度，mg/L；

N_t——生物反应池进水总氮浓度，mg/L；

N_{ce}——生物反应池出水硝态氮浓度，mg/L；

$0.12\Delta X_V$——排出生物反应池系统的微生物中含氮量，kg/d；

a——碳的氧当量，当含碳物质以 BOD_5 计时，取 1.47；

b——常数，氧化每千克氨氮所需氧量，kgO_2/kgN，取 $4.57kgO_2/kgN$；

c——常数，细菌细胞的氧当量，取 1.42。

去除含碳污染物时，去除每千克五日生化需氧量可采用 $0.7\sim1.2kgO_2$。

选用曝气装置和设备时，应根据设备的特性、位于水面下的深度、水温、污水的氧总转移特性、当地的海拔高度以及预期生物反应池中溶解氧浓度等因素，将计算的污水需氧量换算为标准状态下清水需氧量。

鼓风曝气时，可按下式将标准状态下污水需氧量换算为标准状态下的供气量。

$$G_S=\frac{Q_S}{0.28E_A} \tag{4-33}$$

式中 G_S——标准状态下供气量，m^3/h；

0.28——标准状态（0.1MPa、20℃）下的每立方米空气中含氧量，kgO_2/m^3；

Q_S——标准状态下生物反应池污水需氧量，kgO_2/h；

E_A——曝气器氧的利用率，%。

4.10.2 曝气器的选择与布置

鼓风曝气系统中的曝气器应选用有较高充氧性能、布气均匀、阻力小、不易堵塞、耐腐蚀、操作管理和维修方便的产品，并应具有不同服务面积、不同空气量、不同曝气水深，在标准状态下的充氧性能及底部流速等技术资料。

曝气器的数量应根据供氧量和服务面积计算确定。供氧量包括生化反应的需氧量和维持混合液 2mg/L 的溶解氧量。

廊道式生物反应池中的曝气器，可满池布置或池侧布置，或沿池长分段渐减布置。采用表面曝气器供氧时，宜符合下列要求。

(1) 叶轮的直径与生物反应池（区）的直径（或正方形的一边）之比：倒伞或混流型为(1∶3)～(1∶5)，泵型为 (1∶3.5)～(1∶7)。

(2) 叶轮线速度为 3.5～5.0m/s。

(3) 生物反应池宜有调节叶轮（转刷、转碟）速度或淹没水深的控制设施。

选用供氧设施时，应考虑冬季溅水、结冰、风沙等气候因素以及噪声、臭气等环境因素。

4.10.3 鼓风机房与供气管道系统

污水厂采用鼓风曝气时，宜设置单独的鼓风机房。鼓风机房可设有值班室、控制室、配电室和工具室，必要时应设置鼓风机冷却系统和隔声的维修场所。

鼓风机的选型应根据使用的风压、单机风量、控制方式、噪声和维修管理等条件确定。选用离心鼓风机时，应详细核算各种工况条件时鼓风机的工作点，不得接近鼓风机的喘振区，并宜设有调节风量的装置。在同一供气系统中，应选用同一类型的鼓风机，并应根据当地海拔高度，最高、最低空气的温度和相对湿度对鼓风机的风量、风压及配置的电动机功率进行校核。

采用污泥气（沼气）燃气发动机作为鼓风机的动力时，可与电动鼓风机共同布置，其间应有隔离措施，并应符合国家现行的防火防爆规范的要求。

计算鼓风机的工作压力时，应考虑进出风管路系统压力损失和使用时阻力增加等因素。输气管道中空气流速宜采用：干支管为 10～15m/s；竖管、小支管为 4～5m/s。

鼓风机设置的台数应根据气温、风量、风压、污水量和污染物负荷变化等对供气的需要量而确定。

鼓风机房应设置备用鼓风机，工作鼓风机台数在 4 台以下时，应设 1 台备用鼓风机；工作鼓风机台数在 4 台或 4 台以上时，应设 2 台备用鼓风机。备用鼓风机应按设计配置的最大机组考虑。

鼓风机应根据产品本身和空气曝气器的要求，设置不同的空气除尘设施。鼓风机进风管口的位置应根据环境条件而设置，宜高于地面。大型鼓风机房宜采用风道进风，风道转折点宜设整流板。风道应进行防尘处理。进风塔进口宜设置耐腐蚀的百叶窗，并应根据气候条件加设防止雪、雾或水蒸气在过滤器上冻结冰霜的设施。

选择输气管道的管材时，应考虑强度、耐腐蚀性以及膨胀系数。当采用钢管时，管道内外应有不同的耐热、耐腐蚀处理，敷设管道时应考虑温度补偿。当管道置于管廊或室内时，在管外应敷设隔热材料或加做隔热层。

鼓风机与输气管道连接处宜设置柔性连接管。输气管道的低点应设置排除水分（或油分）的放泄口和清扫管道的排出口。必要时可设置排入大气的放泄口，并应采取消声措施。

生物反应池的输气干管宜采用环状布置。进入生物反应池的输气立管管顶宜高出水面 0.5m。在生物反应池水面上的输气管，宜根据需要布置控制阀，在其最高点宜适当设置真空破坏阀。

大中型鼓风机应设置单独基础，机组基础间通道宽度不应小于 1.5m。鼓风机房内、外的噪声应分别符合国家现行的《工业企业噪声卫生标准》和《城市区域环境噪声标准》（GB 3096—2008）的有关规定。

4.11　回流污泥和剩余污泥系统设计

回流污泥设施宜采用离心泵、混流泵、潜水泵、螺旋泵或空气提升器。当生物处理系统中带有厌氧区（池）、缺氧区（池）时，应选用不易复氧的回流污泥设施，回流污泥设施宜分别按生物处理系统中的最大污泥回流比和最大混合液回流比计算确定。回流污泥设备台数不应少于 2 台，并应有备用设备设备，但空气提升器可不设备用设备。回流污泥设备宜有调节流量的措施。

剩余污泥量的计算有两种方法。

（1）按污泥泥龄计算

$$\Delta X=\frac{VX}{\theta_c} \tag{4-34}$$

式中　ΔX——剩余污泥量，kgSS/d；

V——生物反应池的容积，m^3；

X——生物反应池内混合液悬浮固体平均浓度，gMLSS/L；

θ_c——污泥泥龄，d。

（2）按污泥产率系数、衰减系数及不可生物降解和惰性悬浮物计算

$$\Delta X=Y(S_0-S_e)Q-K_dVX_V+fQ(SS_0-SS_e) \tag{4-35}$$

式中　ΔX——剩余污泥量，kgSS/d；

V——生物反应池的容积，m^3；

Y——污泥产率系数，kgVSS/kgBOD$_5$，20℃时为 0.3～0.8kgVSS/kgBOD$_5$；

Q——设计平均日污水量，m^3/d；

S_0——生物反应池进水五日生化需氧量，kg/m^3；

S_e——生物反应池出水五日生化需氧量，kg/m^3；

K_d——衰减系数，d^{-1}；

X_V——生物反应池内混合液挥发性悬浮固体平均浓度，gMLVSS/L；

f——SS的污泥转换率，gMLSS/gSS，宜根据试验资料确定，无试验资料时可取0.5～0.7gMLSS/gSS；

SS_0——生物反应池进水悬浮物浓度，kg/m^3；

SS_e——生物反应池出水悬浮物浓度，kg/m^3。

第5章 生物膜法处理构筑物设计与计算

5.1 生物滤池

5.1.1 生物滤池的基本原理及工艺系统

生物滤池是以土壤自净原理为依据，在污水灌溉的实践基础上，经较原始的间歇砂滤池和接触滤池而发展起来的人工生物处理技术，已有百余年的发展史。

生物滤池净化污水的过程：污水长时间以滴状喷洒在块状滤料层的表面上，在污水流经的表面上就会形成生物膜，待生物膜成熟后，栖息在生物膜上的微生物即摄取流经污水中的有机物作为营养，从而使污水得到净化。

生物滤池可分为普通生物滤池、高负荷生物滤池和塔式生物滤池。

普通生物滤池一般适用于处理每日污水量不高于1000m^{3}的小城镇污水或有机工业废水。其主要优点是处理效果良好，运行稳定，易于管理，节省能源。主要缺点是占地面积大，滤料易于堵塞，产生滤池蝇，散发臭味。

高负荷生物滤池属于第二代，是在普通生物滤池的基础上为克服普通生物滤池在构造、运行等方面存在的一些问题而发展起来的。高负荷生物滤池的水量负荷和有机物负荷与普通生物滤池相比都有较大幅度的提高。高负荷生物滤池系统可分为单池系统和二段（级）滤池系统，图5-1所示为二段（级）生物滤池系统。

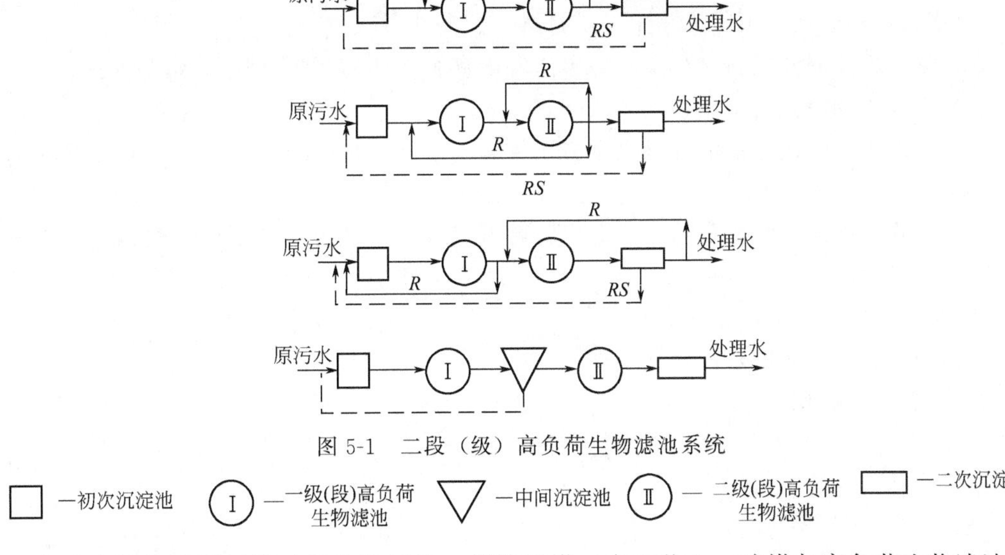

图5-1 二段（级）高负荷生物滤池系统

塔式生物滤池属于第三代生物滤池，简称滤塔。在工艺上，滤塔与高负荷生物滤池没有根本的区别，但在构造、净化功能等方面具有一定的特征。塔式生物滤池的水量负荷比较高，是高负荷生物滤池的2～10倍；BOD负荷也较高，是高负荷生物滤池的2～3倍。

5.1.2 生物滤池的工艺设计

5.1.2.1 工艺设计要求

（1）生物滤池的平面形状宜采用圆形或矩形。

（2）生物滤池的填料应质坚、耐腐蚀、高强度、比表面积大、空隙率高，适合就地取材，宜采用碎石、卵石、炉渣、焦炭等无机滤料。用作填料的塑料制品应抗老化，比表面积大，宜为100～200m^2/m^3；空隙率高，宜为80%～90%。

（3）生物滤池底部空间的高度不应小于0.6m，沿滤池池壁四周下部应设置自然通风孔，其总面积不应小于池表面积的1%。

（4）生物滤池的布水装置可采用固定布水器或旋转布水器。

（5）生物滤池的池底应设1%～2%的坡度坡向集水沟，集水沟以0.5%～2%的坡度坡向总排水沟，并有冲洗底部排水渠的措施。

（6）低负荷生物滤池采用碎石类填料时，应符合下列要求。

① 滤池下层填料粒径宜为60～100mm，厚0.2m；上层填料粒径宜为30～50mm，厚1.3～1.8m。

② 处理城镇污水时，正常气温下，水力负荷以滤池面积计，宜为1～3$m^3/(m^2·d)$；五日生化需氧量容积负荷以填料体积计，宜为0.15～0.3$kgBOD_5/(m^3·d)$。

（7）高负荷生物滤池宜采用碎石或塑料制品作填料，当采用碎石类填料时，应符合下列要求。

① 滤池下层填料粒径宜为70～100mm，厚0.2m；上层填料粒径宜为40～70mm，厚度不宜大于1.8m。

② 处理城镇污水时，正常气温下，水力负荷以滤池面积计，宜为10～36$m^3/(m^2·d)$；五日生化需氧量容积负荷以填料体积计，宜小于1.8$kgBOD_5/(m^3·d)$。

（8）塔式生物滤池直径宜为1～3.5m，直径与高度之比宜为（1∶6）～（1∶8）；填料层厚度宜根据试验资料确定，宜为8～12m。

（9）塔式生物滤池的填料应采用轻质材料。

（10）塔式生物滤池填料应分层，每层高度不宜大于2m，并应便于安装和养护。

（11）塔式生物滤池宜采用自然通风方式。

（12）塔式生物滤池进水的五日生化需氧量值应控制在500mg/L以下，否则处理出水应回流。

（13）塔式生物滤池水力负荷和五日生化需氧量容积负荷应根据试验资料确定。无试验资料时，水力负荷宜为80～200$m^3/(m^2·d)$，五日生化需氧量容积负荷宜为1.0～3.0$kgBOD_5/(m^3·d)$。

5.1.2.2 普通生物滤池的设计计算

（1）所需滤料体积

$$V=\frac{Q(S_0-S_e)}{M} \tag{5-1}$$

式中 V——滤料体积，m^3；

Q——进入生物滤池污水的平均日污水量，m^3/d；

S_0——进入生物滤池污水的BOD_5浓度，mg/L；

S_e——生物滤池出水的BOD_5浓度，mg/L；

M——滤料容积负荷，$gBOD_5/(m^3 \cdot d)$，宜为 $150 \sim 300gBOD_5/(m^3 \cdot d)$。

（2）滤料有效面积

$$F=\frac{V}{H} \tag{5-2}$$

式中　F——滤料有效面积，m^2；

H——滤料层总高度，m，一般为 1.5～2.0m。

（3）用水力负荷校核滤池面积

$$F=\frac{Q}{q} \tag{5-3}$$

式中　q——生物滤池水力负荷，$m^3/(m^2 \cdot d)$，宜为 $1 \sim 3m^3/(m^2 \cdot d)$。

（4）处理 $1m^3$ 污水所需空气量

$$D_1=\frac{S_0-S_e}{2.099Sn} \tag{5-4}$$

式中　D_1——处理 $1m^3$ 污水所需空气量，m^3/m^3；

2.099——空气含氧折算系数；

S——氧的密度，kg/m^3，在标准大气压下为 $1.429kg/m^3$；

n——氧的利用率，一般为 7%～15%。

【例 5-1】 某市设计人口 $N=80000$ 人，排水量标准为 200L/(人 · d)，进水 BOD_5 浓度为 167mg/L，出水 BOD_5 浓度为 20mg/L，设计普通生物滤池。

[**解**]（1）污水平均日流量

$$Q=80000 \times 0.2=16000(m^3/d)$$

（2）滤池总体积

取容积负荷 $M=170kgBOD_5/(m^3 \cdot d)$，则

$$V=\frac{Q(S_0-S_e)}{M}=\frac{16000 \times (167-20)}{200}=11760(m^3)$$

（3）设滤池层高 $H=2.0m$，则生物滤池的有效面积为：

$$F=\frac{V}{H}=\frac{11760}{2.0}=5880(m^2)$$

（4）滤池水力负荷校核

$$q=\frac{Q}{F}=\frac{16000}{5880}=2.72[m^3/(m^2 \cdot d)]$$

q 在 $1 \sim 3m^3/(m^2 \cdot d)$ 之间，可以满足要求。

（5）滤池的平均尺寸　采用 6 个滤池，每个滤池面积为：

$$F_1=\frac{F}{m}=\frac{5880}{6} \approx 1000(m^2)$$

平面尺寸为 $L \times B=25m \times 40m$

（6）每个滤池的滤料体积

$$V_1'=BLH=40 \times 25 \times 2=2000(m^3)$$

5.1.2.3　高负荷生物滤池的设计计算

（1）稀释后的进水 BOD_5

$$S_{01}=KS_e \tag{5-5}$$

式中 S_{01}——稀释后进水的BOD_5，mg/L；

S_e——出水的BOD_5，mg/L；

K——系数，见表5-1。

表5-1 K值

污水冬季平均温度/℃	年平均气温/℃	K值				
		H=2.0m	H=2.5m	H=3.0m	H=3.5m	H=10m
8～10	<3	2.5	3.3	4.4	5.7	7.5
10～14	3～6	3.3	4.4	5.7	7.5	9.6
>14	>6	4.4	5.7	7.5	9.6	12.0

注：H为滤池滤料层高度。

（2）回流稀释倍数

$$n=\frac{S_0-S_{01}}{S_{01}-S_e} \tag{5-6}$$

式中 S_0——原水的BOD_5，mg/L。

（3）滤池总面积

$$F=\frac{Q(n+1)S_{01}}{M} \tag{5-7}$$

式中 F——滤池总面积，m^3；

Q——平均日污水量，m^3/d；

M——滤池面积负荷，$gBOD_5/(m^2 \cdot d)$。

（4）滤池滤料总体积

$$V=HF \tag{5-8}$$

式中 V——滤池滤料总体积，m^3；

F——滤料层高度，m。

（5）滤池水力负荷

$$Q=\frac{M}{S_{01}} \tag{5-9}$$

式中 Q——滤池水力负荷，$m^3/(m^2 \cdot d)$。

【例5-2】 某市设计人口$N=80000$人，排水量标准为200L/(人·d)，BOD_5为25g/(d·人)。市内有一个食品加工厂，生产废水量为1800m^3/d，BOD_5按1500g/m^3计算。该市平均气温为7℃，混合污水冬季平均温度为14℃。拟采用高负荷生物滤池处理，试进行工艺设计计算。

[解]（1）污水流量

$$Q=80000\times0.2+1800=17800(m^3/d)$$

（2）混合污水的BOD_5值

$$S_0=(80000\times25+1800\times1500)\times\frac{1}{17800}$$

$$=(2000000+2700000)\times\frac{1}{17800}=264(mg/L)$$

因为$S_0>200$mg/L，故必须进行回流。

（3）回流稀释后混合污水要求的 BOD_5 浓度

$$S_{01}=KS_e$$

当 $H=2$m，混合污水温度 14℃，年平均气温 7℃时，$K=4.4$。

$$S_{01}=4.4\times30=132(\text{mg/L})$$

（4）回流稀释倍数

$$n=\frac{S_0-S_{01}}{S_{01}-S_e}=\frac{264-132}{132-30}=\frac{132}{102}=1.29\approx1.3$$

（5）滤池总面积　面积负荷取 $M=2000\text{g/(m}^2\cdot\text{d)}$。

$$F=\frac{Q(n+1)S_{01}}{M}=\frac{17800\times(1.3+1)\times132}{2000}=2702.04(\text{m}^2)$$

（6）滤料总容积

$$V=FH=2702\times2=5404(\text{m}^3)$$

（7）每个滤池面积　采用 6 座滤池，则单个滤池面积为：

$$F_1=\frac{F}{m}=\frac{2702}{6}=450(\text{m}^2)$$

（8）每个滤池的直径

$$D=\sqrt{\frac{4F_1}{\pi}}=24(\text{m})$$

（9）校核水力负荷

$$q=\frac{M}{S_{01}}=\frac{2000}{132}=15.15[\text{m}^3/(\text{m}^2\cdot\text{d})]$$

q 值介于 $10\sim30\text{m}^3/(\text{m}^2\cdot\text{d})$ 之间，可以满足要求。

5.1.2.4　塔式生物滤池的设计计算

（1）滤料总体积

$$V=\frac{Q(S_0-S_e)}{M}\tag{5-10}$$

式中　V——滤料体积，m^3；

Q——进入生物滤池污水的平均日污水量，m^3/d；

S_0——进入生物滤池污水的 BOD_5 浓度，mg/L；

S_e——生物滤池出水的 BOD_5 浓度，mg/L；

M——滤料容积负荷，$\text{gBOD}_5/(\text{m}^3\cdot\text{d})$，宜为 $1000\sim3000\text{gBOD}_5/(\text{m}^3\cdot\text{d})$。

（2）滤池总面积

$$F=\frac{V}{H}\tag{5-11}$$

式中　F——滤池总面积，m^2；

H——滤料层总高度，m。

（3）滤池直径

$$D=\sqrt{\frac{4F}{\pi n}}\tag{5-12}$$

式中　D——滤池直径，m；

n——滤池个数，个。

（4）滤池总高度

$$H_0=H+h_1+(m-1)h_2+h_3+h_4 \tag{5-13}$$

式中　H_0——滤池总高度，m；

h_1——超高，m，一般为0.5m；

h_2——滤料层间隙高，m，一般为0.2～0.4m；

h_3——最下层滤料与集水池最高水位距离，m，一般为0.5m以上；

h_4——集水池水深，m；

m——滤料层层数，层。

（5）每立方米污水所需空气量

$$G_0=\frac{S_0-S_e}{21} \tag{5-14}$$

式中　G_0——$1m^3$污水所需空气量，m^3/m^3。

（6）空气总量

$$G=G_0Q \tag{5-15}$$

式中　G——空气总量，m^3/d。

【例5-3】 某小城镇居民$N=10000$人，排水量标准150L/(人·d)，进水BOD_5浓度为170mg/L，出水BOD_5浓度为20mg/L，设计塔式生物滤池。

［**解**］（1）每日产生的污水量

$$Q=9000\times0.15=1350(m^3/d)$$

（2）滤料总体积

取容积负荷$M=2200gBOD_5/(m^3 \cdot d)$，则

$$V=\frac{Q(S_0-S_e)}{M}=\frac{1350\times(152-20)}{2200}=81(m^3)$$

（3）滤料的总面积

$$F=\frac{V}{H}=\frac{81}{14}=5.79(m^2)$$

采用两座滤池，每座池子滤料的面积为：

$$F'=\frac{F}{2}\approx3(m^2)$$

（4）滤池直径

$$D=\sqrt{\frac{4\times3.0}{3.14}}=1.95(m)$$

（5）校核塔径与塔高的比值

$$\frac{D}{H}=\frac{1.95}{14}=\frac{1}{7.18}$$

介于（1∶6）～（1∶8）之间，符合要求。

5.2　曝气生物滤池

5.2.1　曝气生物滤池的基本原理与工艺系统

曝气生物滤池简称BAF，是20世纪80年代末90年代初在普通生物滤池的基础上，借

鉴给水滤池工艺而开发的新型污水处理工艺，是普通生物滤池的一种变形工艺，也可看成生物接触氧化法的一种特殊形式，即在生物反应器内装填高比表面积的颗粒填料，以提供生物膜生长的载体。图5-2所示为曝气生物滤池的构造示意图。

池内底部设承托层，其上部则是作为滤料的填料。在承托层设置曝气用的空气管及空气扩散装置，处理水集水管兼作反冲洗水管也设置在承托层内。

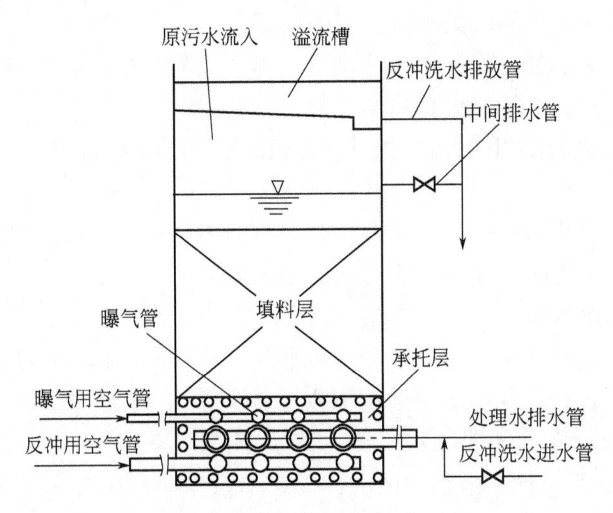

图5-2　曝气生物滤池构造示意

被处理的原污水从池上部进入池体，并通过由填料组成的滤层。在填料表面有由微生物栖息形成的生物膜。在污水滤过滤层的同时，由池下部通过空气管向滤层进行曝气，空气由填料的间隙上升，与下流的污水相向接触，空气中的氧转移到污水中，向生物膜上的微生物提供充足的溶解氧和丰富的有机物。在微生物的新陈代谢作用下，有机污染物被降解，污水得到处理。

原污水中的悬浮物及由于生物膜脱落形成的生物污泥被填料所截留。滤层具有二次沉淀池的功能。当滤层内的截污量达到某种程度时，对滤层进行反冲洗，反冲水通过反冲水排放管排出。

曝气生物滤池具有如下特点。

（1）较小的池容和占地面积，可以获得较大处理水量；

（2）由于曝气生物滤池对SS的截流作用使出水的SS很少，不需要设置二沉池，处理流程简化，基建和运转费用大大降低；系统具有抗冲击能力，没有污泥膨胀的问题，能保持较高的微生物浓度，运行管理简单；

（3）由于系统内微生物的自身特性，即使一段时间停运，其设施可在几天内恢复运行；

（4）过滤空间能被很好利用，空气能将污水中的固体物质带入滤床深处，在滤床中形成高负荷、均匀的固体物质，延长反冲洗周期，减少清洗时间和反冲洗水量。

5.2.2　曝气生物滤池的工艺设计

5.2.2.1　工艺设计要求

（1）曝气生物滤池的池型可采用上向流或下向流进水方式。

（2）曝气生物滤池前应设沉砂池、初次沉淀池或混凝沉淀池、除油池等预处理设施，也可设置水解调节池，进水悬浮固体浓度不宜大于60mg/L。

(3) 曝气生物滤池根据处理程度不同可分为碳氧化、硝化、后置反硝化或前置反硝化等。碳氧化、硝化和反硝化可在单级曝气生物滤池内完成，也可在多级曝气生物滤池内完成。

(4) 曝气生物滤池的池体高度宜为5～7m。

(5) 曝气生物滤池宜采用滤头布水布气系统。

(6) 曝气生物滤池宜分别设置反冲洗供气和曝气充氧系统。曝气装置可采用单孔膜空气扩散器或穿孔管曝气器。曝气器可设在承托层或滤料层中。

(7) 曝气生物滤池宜选用机械强度和化学稳定性好的卵石作承托层，并按一定级配布置。

(8) 曝气生物滤池的滤料应具有强度大、不易磨损、孔隙率高、比表面积大、化学物理稳定性好、易挂膜、生物附着性强、相对密度小、耐冲洗和不易堵塞的性质，宜选用球形轻质多孔陶粒或塑料球形颗粒。

(9) 曝气生物滤池的反冲洗宜采用气水联合反冲洗，通过长柄滤头实现。反冲洗空气强度宜为10～15L/(m^2·s)，反冲洗水强度不应超过8L/(m^2·s)。

(10) 曝气生物滤池后可不设二次沉淀池。

(11) 在碳氧化阶段，曝气生物滤池的污泥产率系数可为0.75kgVSS/kgBOD_5。

(12) 曝气生物滤池的容积负荷宜根据试验资料确定，无试验资料时，曝气生物滤池的五日生化需氧量容积负荷宜为3～6kgBOD_5/(m^3·d)，硝化容积负荷（以NH_3-N计）宜为0.3～0.8kgNH_3-N/(m^3·d)，反硝化容积负荷（以NO_3-N计）宜为0.8～4.0kgNO_3-N/(m^3·d)。

5.2.2.2 曝气生物滤池的设计计算

(1) 有效容积（即滤料体积）

$$V=\frac{QS_0}{M} \tag{5-16}$$

式中 V——滤池有效容积，m^3；

Q——平均日污水量，m^3/d；

S_0——进水BOD_5，mg/L；

M——滤料的容积负荷，gBOD_5/(m^3·d)。

(2) 滤池总面积

$$F=\frac{V}{h_3} \tag{5-17}$$

式中 F——滤池总面积，m^2；

h_3——填料层总高度，m。

(3) 滤池总高度

$$H=h_1+h_2+h_3+h_4+h_5 \tag{5-18}$$

式中 H——滤池总高度，m；

h_1——超高，m；

h_2——稳水层，m；

h_3——滤料层，m；

h_4——承托层，m；

h_5——配水层，m。

（4）空床水力停留时间

$$t'=\frac{V}{Q} \tag{5-19}$$

式中　t'——空床水力停留时间，h。

（5）实际水力停留时间

$$t=\varepsilon t' \tag{5-20}$$

式中　t——实际水力停留时间，h；

ε——滤料层空隙率。

【例 5-4】 某区域人口总数为 25000 人，排水量标准 200L/(人·d)，污水 BOD_5 值为 150mg/L，SS 值为 90mg/L，夏季污水的水温为 26℃，冬季平均水温为 10℃，出水 $BOD_5 \leqslant$ 20mg/L，SS≤20mg/L，试进行曝气生物滤池的工艺设计。

［**解**］（1）设计流量

平均日污水量　$Q=25000\times0.2=5000\ (m^3/d)$

平均时污水量　$Q'=\frac{5000}{24}=208.3(m^3/h)$

（2）滤料体积

取滤料容积负荷 $N_V=3kgBOD_5/(m^3\cdot d)$

滤料体积 $V=\frac{QLa}{1000N_V}=\frac{5000\times150}{1000\times3}=250\ (m^3)$

（3）滤池总面积

设滤池分两格，滤料高 h_3 为 3.5m

滤池总面积 $F=\frac{V}{h_3}=\frac{250}{3.5}=71.4\ (m^2)$

单格滤池面积 $f=\frac{F}{n}=\frac{71.4}{2}=35.7\ (m^2)$

（4）滤池尺寸

滤池采用正方形，单格滤池边长为

$$a=\sqrt{f}=\sqrt{35.7}=5.97\approx6(m)$$

（5）滤池总高度

$$H=H=h_1+h_2+h_3+h_4+h_5=0.5+0.9+3.5+0.3+1.5=6.7\ (m)$$

（6）污水在池内实际停留时间

空床停留时间

$$t'=\frac{V'}{Q}=\frac{2\times6\times6\times3.5}{5000/24}=1.2(h)$$

实际水力停留时间

$$t=\varepsilon t'=0.5\times1.2=0.6\ (h)$$

（7）校核污水水力负荷

$$N=\frac{Q}{F}=\frac{5000}{2\times6\times6}=69.4[m^3/(m^2\cdot d)]=2.9[m^3/(m^2\cdot h)]$$

滤速满足一般规定要求。

5.3 生物转盘

5.3.1 生物转盘的基本原理与工艺系统

生物转盘是从传统生物滤池演变而来。生物转盘中，生物膜的形成、生长以及其降解有机污染物的机理，与生物滤池基本相同。生物转盘与生物滤池的主要区别是它以一系列转动的盘片代替固定的滤料。部分盘片浸渍在废水中，通过不断转动与废水接触，氧气则是在盘片转出水面与空气接触时，从空气中吸取，而不进行人工曝气。生物转盘净化原理示意图见图 5-3。

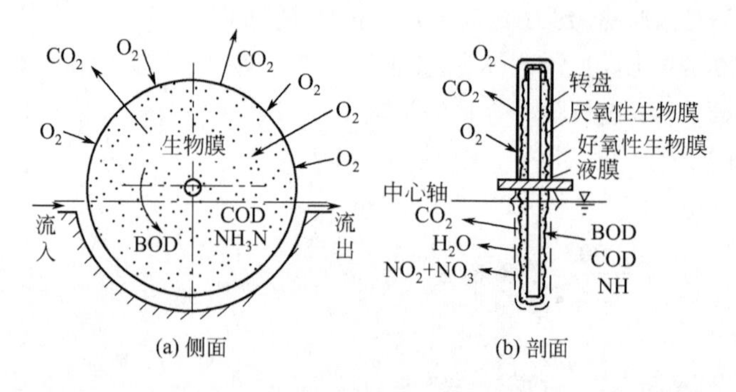

图 5-3 生物转盘净化原理示意

在中心轴上固定着多数轻质高强的薄圆板，并有 40%的表面积浸没在呈半圆状的接触反应池内，通过驱动装置（机械或空气）进行低速回转。圆板交替地与废水及空气接触，在废水中时吸收废水中的有机污染物质，在空气中则吸收微生物所必要的氧气，以进行生物分解。由于转盘的回转，废水在接触反应槽内得到搅拌，在生物膜上附着水层中的过饱和溶解氧使池内的溶解氧含量增加。生物膜的厚度因原废水的浓度和底物不同而有所不同，一般介于 0.5～1.0mm 之间。转盘的外侧有附着水层、生物膜则分为好氧层和厌氧层。活性衰退的生物膜在转盘的回转剪切力的作用下而脱落。

作为污水生物处理技术，生物转盘被认为是一种效果好、效率高、便于维护、运行费用低的工艺。

目前仍有新的生物转盘推出，如空气驱动式生物转盘，可依靠设在反应槽中的充气管驱动转盘又可以为生物供氧；利用藻菌共生体系来处理废水的藻类转盘；在曝气池内组装生物转盘的活性污泥式生物转盘；此外还有硝化转盘及厌氧反硝化脱氮转盘，以进行废水的深度净化。

5.3.2 生物转盘的工艺设计

5.3.2.1 工艺设计要求

（1）生物转盘处理工艺流程宜为：初次沉淀池、生物转盘、二次沉淀池。根据污水水量、水质和处理程度等，生物转盘可采用单轴单级式、单轴多级式或多轴多级式布置形式。

（2）生物转盘的盘体材料应质量轻、高强度、耐腐蚀、抗老化、易挂膜、比表面积大以及方便安装、养护和运输。

（3）生物转盘的反应槽设计，应符合下列要求。

① 反应槽断面形状应呈半圆形。

② 盘片外缘与槽壁的净距不宜小于 150mm；盘片净距：进水端宜为 25～35mm，出水端宜为 10～20mm。

③ 盘片在槽内的浸没深度不应小于盘片直径的 35%，转轴中心高度应高出水位 150mm 以上。

(4) 生物转盘转速宜为 2.0～4.0r/min，盘体外缘线速度宜为 15～19m/min。

(5) 生物转盘的转轴强度和挠度必须满足盘体自重和运行过程中附加荷重的要求。

(6) 生物转盘的设计负荷宜根据试验资料确定，无试验资料时，五日生化需氧量表面有机负荷以盘片面积计，宜为 0.005～0.020kgBOD_5/(m^2·d)，首级转盘不宜超过 0.030～0.040kgBOD_5/(m^2·d)；表面水力负荷以盘片面积计，宜为 0.04～0.20m^3/(m^2·d)。

5.3.2.2　生物转盘的设计计算

(1) 转盘总面积（按面积负荷计算）

$$F=\frac{Q(S_0-S_e)}{N} \tag{5-21}$$

式中　F——转盘总面积，m^2；

Q——平均日污水量，m^3/d；

S_0——进水 BOD_5，mg/L；

S_e——出水 BOD_5，mg/L；

N——面积负荷，gBOD_5/(m^2·d)。

(2) 转盘总面积（按水力负荷计算）

$$F=\frac{Q}{q} \tag{5-22}$$

式中　q——水力负荷，m^3/(m^2·d)。

(3) 转盘片总数

$$m=\frac{4F}{2\pi D^2}=0.637\frac{F}{D^2} \tag{5-23}$$

式中　m——转盘盘片总数，片；

D——盘片直径，m。

(4) 每组转盘的盘片数

$$m_1=\frac{0.637F}{nD^2} \tag{5-24}$$

式中　m_1——每组转盘的盘片数，片；

n——转盘组数。

(5) 每组转盘转动轴有效长度（即氧化槽有效长度）

$$L=m_1(a+b)K \tag{5-25}$$

式中　L——每组转盘转动轴有效长度，m；

a——盘片厚度，m；

b——盘片净距，m；

K——考虑循环沟道的系数，$K=1.2$。

(6) 每个氧化槽的有效容积

$$W=0.32(D+2C)^2L \tag{5-26}$$

式中 W——每个氧化槽的有效容积，m^3；

C——转盘与氧化槽表面距离，m。

（7）每个氧化槽的净有效容积

$$W'=0.32(D+2C)^2(L-m_1a) \tag{5-27}$$

式中 W'——每个氧化槽的净有效容积，m^3。

（8）每个氧化槽的有效宽度

$$B=D+2C \tag{5-28}$$

式中 B——每个氧化槽的有效宽度，m。

（9）转盘的转速

$$n_0=\frac{6.37}{D}\left(0.9-\frac{W'}{Q'}\right) \tag{5-29}$$

式中 n_0——转盘转速，r/min；

Q'——每个氧化槽的污水量，m^3/d。

（10）电动机功率

$$N_p=\frac{3.85R^4n_0^2}{b\times10^{12}}m_1\alpha\beta \tag{5-30}$$

式中 N_p——电动机功率，kW；

R——转盘半径，cm；

α——同一电动机带动的转轴数，根；

β——生物膜厚度系数，膜厚度为 0～1mm、1～2mm 和 2～3mm 时，β 相应为 2、3、4；

b——盘片间距，cm。

（11）污水在氧化槽中的停留时间

$$t=\frac{W'}{Q_1} \tag{5-31}$$

式中 t——污水在氧化槽中的停留时间，h，一般为 0.25～2h；

Q_1——每个氧化槽污水量，m^3/h。

【例 5-5】 某住宅小区设计人口为 6000 人，排水量标准 100L/(人·d)，污水经沉淀处理后为 150mg/L，平均水温为 16℃。拟采用生物转盘处理，出水 BOD_5 要求不大于 15mg/L，试设计生物转盘。

［**解**］（1）设计流量 平均污水量：

$$Q=6000\times0.1=600\ (m^3/d)$$

（2）进水 BOD_5 浓度

$$S_0=150\ (mg/L)$$

（3）盘片总面积 按 BOD 面积负荷计算，取面积负荷 $N=11gBOD_5/(m^2\cdot d)$。

$$F=\frac{Q(La-Lt)}{N}=\frac{600\times(150-15)}{11}=7364(m^2)$$

按水力负荷率计算，取水力负荷 $q=0.08m^3/(m^2\cdot d)$。

$$F=\frac{Q}{q}=\frac{600}{0.08}=7500\ (m^2)$$

采用 7500m² 作为转盘的设计总面积，即 $F=7500$（m^2）

（4）盘片总数　取 $D=2.5m$，则：

$$m=\frac{0.637F}{D^2}=\frac{0.637\times 7500}{2.5^2}=765\ (\text{片})$$

（5）转盘总数和每级盘数　转盘分为 4 组，则每组盘片数为 192 片，即 $m_1=192$ 片，每组按 4 级设计，每级盘片数为 48 片。

（6）氧化槽有限长度　取 $a=5mm$，$b=20mm$，则

$$L=m_1(a+b)K=192\times(5+20)\times 1.2=5760(mm)=5.8(m)$$

（7）每个氧化槽的有效容积　取 $C=150mm$，则

$$W=0.32(D+2C)^2L=0.32\times(2.5+2\times 0.15)^2\times 5.8=14.55(m^3)$$

（8）每个氧化槽的净有效容积

$$W'=0.32(D+2C)^2(L-m_1a)=0.32\times(2.5+2\times 0.15)^2\times(5.8-192\times 0.005)=12.14(m^3)$$

（9）氧化槽的有效宽度

$$B=D+2C=2.5+2\times 0.15=2.8\ (m)$$

（10）转盘转速

$$n_0=\frac{6.37}{D}\left(0.9-\frac{W'}{Q_1}\right)=\frac{6.37}{2.5}\times\left(0.9-\frac{12.14}{125}\right)=2.05(r/min)$$

（11）电动机功率

每组转盘由一个电动机带动

取 $\alpha=1$，$\beta=3$，则：

$$N_p=\frac{3.85R^4n_0^2}{b\times 10^{12}}m_1\alpha\beta=\frac{3.85\times 125^4\times 2.05^2\times 192\times 1\times 3}{2\times 10^{12}}=1.13\ (kW)$$

（12）污水在氧化槽内的停留时间

$$t=\frac{W'}{Q_1}=\frac{12.14}{125}\times 24=2.3\ (h)$$

5.4　生物接触氧化法

5.4.1　生物接触氧化法的基本原理及工艺流程

生物接触氧化法处理装置的形式很多。从水流状态分为分流式（池内循环式）和直流式两种。所谓分流式即废水充氧和同生物膜接触是在不同的格内进行的，废水充氧后在池内进行单向或双向循环。直流式接触氧化池（又称全面曝气式接触氧化池）即直接在填料底部进行鼓风充氧。

从供氧方式分，接触氧化池可分为鼓风式、机械曝气式、洒水式和射流曝气式等几种。国内采用的接触氧化池多为鼓风式和射流曝气式。

5.4.2　生物接触氧化法的工艺设计

5.4.2.1　工艺设计参数

（1）生物接触氧化池一般不应少于 2 座。

（2）设计时采用的 BOD_5 负荷最好通过实验确定，也可以采用经验数据，一般处理城市污水可用 1.0～1.8kgBOD_5/(m^3・d)；处理 $BOD_5\leqslant 500mg/L$ 污水时，可用 1.0～

3.0kgBOD_5/(m^3·d)。

(3) 污水在池中的停留时间不应小于1~2h(按有效容积计)。

(4) 进水BOD_5浓度过高时，应考虑设出水回流系统。

(5) 填料层高度一般大于3.0m，当采用蜂窝填料时，应分层装填，每层高度为1m，蜂窝孔径应不小于25mm；当采用小孔径填料时，应加大曝气强度，增加生物膜脱落速度。

(6) 每单元接触氧化池面积宜大于25m^2，以保证布水、布气均匀。

(7) 气水比控制在(15~20):1。

5.4.2.2 工艺设计

(1) 滤池的有效容积(即滤料体积)

$$V=\frac{Q(S_0-S_e)}{N_V} \tag{5-32}$$

式中 V——滤池有效容积，m^3；

Q——平均日污水量，m^3/d；

S_0——进水BOD_5浓度，mg/L；

S_e——出水BOD_5浓度，mg/L；

N_V——容积负荷，gBOD_5/(m^3·d)。

(2) 滤池总面积

$$F=\frac{V}{H} \tag{5-33}$$

式中 F——滤池总面积，m^2；

H——滤料层总高度，m，一般$H=3$m。

(3) 滤池格数

$$n=\frac{F}{f} \tag{5-34}$$

式中 n——滤池格数，个($n\geqslant 2$)；

f——每个滤池面积，m^2，$f\leqslant 25$。

(4) 接触时间

$$t=\frac{nfH}{Q} \tag{5-35}$$

式中 t——滤池有效接触时间，h。

(5) 滤池总高度

$$H_0=H+h_1+h_2+(m-1)h_3+h_4 \tag{5-36}$$

式中 H_0——滤池总高度，m；

h_1——超高，m，$h_1=0.5\sim0.6$m；

h_2——填料上水深，m，$h_2=0.4\sim0.5$m；

h_3——填料层间隙高，m，$h_3=0.2\sim0.3$m；

m——填料层数，层；

h_4——配水区高度，m，当采用多孔管曝气时，不进入检修者$h_4=0.5$m，进入检修者$h_4=1.5$m。

(6) 需气量

$$D=D_0Q \tag{5-37}$$

式中　D——需气量，m^3/d；

D_0——每立方米污水需气量，m^3/m^3，$D_0=15\sim20m^3/m^3$。

【例 5-6】 已知某乡污水量 $Q=2000m^3/d$，污水 BOD_5 浓度 $S_0=150mg/L$，拟采用直流式鼓风接触氧化池，出水 BOD_5 浓度 $S_e\leqslant 20mg/L$。试设计生物接触氧化池。

［解］(1) 确定设计参数　取容积负荷 $N_V=1.5kgBOD_5/(m^3\cdot d)$；有效接触时间 $t=2h$；气水比 $D_0=15m^3/m^3$。

(2) 有效容积

$$V=\frac{Q(S_0-S_e)}{N_V}=\frac{2000\times(150-20)}{1.5\times1000}=173.3\ (m^3)$$

(3) 滤池总面积　设 $H=3m$，分 3 层，每层 1m。

$$F=\frac{V}{H}=\frac{173.3}{3}=58\ (m^2)$$

(4) 每格滤池面积　采用 2 格滤池，每格滤池尺寸为：

$$f=\frac{F}{n}=\frac{58}{2}=29\ (m^2)$$

每格尺寸为 $L\times B=5.4m\times5.4m$，每格的实际面积为 $29.16m^2$。

(5) 校核反应时间

$$t=\frac{nfH}{Q}=\frac{2\times29.16\times3}{2000}=0.08748\ (d)=2.1\ (h)\text{（满足要求）}$$

(6) 滤池总高度　取 $H=3m$，$h_1=0.6m$，$h_2=0.5m$，$m=3$，$h_3=0.3m$，$h_4=1.5m$

$$\begin{aligned}H_0&=H+h_1+h_2+(m-1)h_3+h_4\\&=3+0.6+0.5+(3-1)\times0.3+1.5\\&=6.2\ (m)\end{aligned}$$

(7) 污水在池内实际停留时间

$$t=\frac{nf(H_0-h_1)}{Q}=\frac{2\times29.16\times(6.2-0.6)}{2000}=0.1633\ (d)\ =3.92\ (h)$$

(8) 填料总体积

$$V'=nfH=2\times29.16\times3=174.96\ (m^3)$$

(9) 所需空气量

$$D=D_0Q=15\times2000=3000\ (m^3/d)$$

第 6 章 氧化塘处理技术

6.1 氧化塘的类型与结构

6.1.1 概述

氧化塘又称稳定塘或生物塘，它是天然的或人工修成的池塘，是构造简单，易于维护管理的一种废水处理设施，废水在其中的净化与水的自净过程十分相似。

多级串联塘系统不仅有很高的COD、BOD去除率和较高的氮、磷去除率，还有很高的病原菌、寄生虫卵和病毒去除率。氧化塘系统不仅在发展中国家广泛应用，而且在发达国家应用也很普遍。我国也建造了越来越多的污水处理氧化塘，如黑龙江省齐齐哈尔氧化塘系统、山东省东营氧化塘处理系统、广东省尖峰山养猪场氧化塘、内蒙古集宁区氧化塘系统等。

氧化塘处理工艺具有基建投资省、工程简单、处理能耗低、运行维护方便、成本低、污泥产量少、抗冲击负荷能力强等诸多优点，不足之处就是占地面积大。氧化塘适用于土地资源丰富，地价便宜的小城镇污水处理，尤其是有大片废弃的坑塘洼地、旧河道等可以利用的小城镇，可考虑采用该处理系统。

6.1.2 类型

根据氧化塘内溶解氧的来源和塘内有机污染物降解的形式，氧化塘有好氧塘、兼性塘、厌氧塘、曝气塘等多种形式。

(1) 好氧氧化塘　简称好氧塘，深度较浅，一般不超过0.5m，阳光能够透入塘底，主要由藻类供氧，全部塘水都呈好氧状态，由好氧微生物起有机污染物的降解与污水的净化作用。

(2) 兼性氧化塘　简称兼性塘，塘水较深，一般在1.0m以上，从塘面到一定深度(0.5m左右)，阳光能够透入，藻类光合作用旺盛，溶解氧比较充足，呈好氧状态；塘底为沉淀污泥，处于厌氧状态，进行厌氧发酵，介于好氧与厌氧之间为兼性区，存活大量的兼性微生物。兼性塘的污水净化是由好氧、兼性、厌氧微生物协同完成的。

兼性氧化塘是城市污水处理最常用的一种氧化塘。

(3) 厌氧氧化塘　简称厌氧塘。塘水深度一般在2.0m以上，有机负荷率高，整个塘水基本上都呈厌氧状态，在其中进行水解、产酸以及甲烷发酵等厌氧反应全过程。净化速率低，污水停留时间长。

厌氧氧化塘一般用作高浓度有机废水的首级处理工艺，继之还设兼性塘、好氧塘甚至深度处理塘。

(4) 曝气氧化塘　简称曝气塘，塘深在2.0m以上，由表面曝气器供氧，并对塘水进行搅动，在曝气条件下，藻类的生长与光合作用受到抑制。

曝气塘又可分为好氧曝气塘及兼性曝气塘两种。好氧曝气塘与活性污泥处理法中的延时曝气法相近。

除上述几种类型的氧化塘以外，在应用上还存在一种专门用以处理二级处理后出水的深度处理塘。这种塘的功能是进一步降低二级处理水中残余的有机污染物、悬浮物、细菌以及氮、磷等植物性营养物质。在污水处理厂和接纳水体之间起到缓冲作用。

根据处理水的出水方式，氧化塘又可分为连续出水塘、控制出水塘与贮存塘三种类型。上述的几种氧化塘，在一般情况下，都按连续出水方式运行，但也可按控制出水塘和贮存塘（包括季节性贮存塘）方式运行。

控制出水塘的主要特征是人为地控制塘的出水，在年内的某个时期内，如结冰期，塘内只有污水流入，而无处理水流出，此时塘可起蓄水作用。在某个时期内，如在灌溉季节，又将塘水大量排出，出水量远超过进水量。

贮存塘，即只有进水而无处理水排放的氧化塘，主要依靠蒸发和微量渗透来调节塘容。这种氧化塘需要的水面积很大，只适用于蒸发率高的地区。塘水中盐类物质的浓度将与日俱增，最终将抑制微生物的增殖、导致有机物降解效果降低。

6.1.3　构造

氧化塘的构造形式一般是用围墙围成的土池子，图 6-1 是一个氧化塘的示意图。建造氧化塘围墙所需要的泥土一般从池子内挖掘，使池内挖土与围墙填土保持平衡。为了更好地控制渗漏，通常采用内衬。内衬材料包括天然黏土（例如斑脱土）、沥青、合成膜和混凝土等。为了便于维护围墙内表面一般采用混凝土。围墙在水平面以上的部分通常用草皮覆盖。氧化塘还包括进水端和出水端。废水从一端进入，处理后的废水在出水端集中排出，出水端一般位于进水端相对的一侧。氧化塘内一般不采取保留生物量的措施。因此，SRT（固体停留时间）接近于 HRT（水力停留时间），HRT 一般为数天左右。

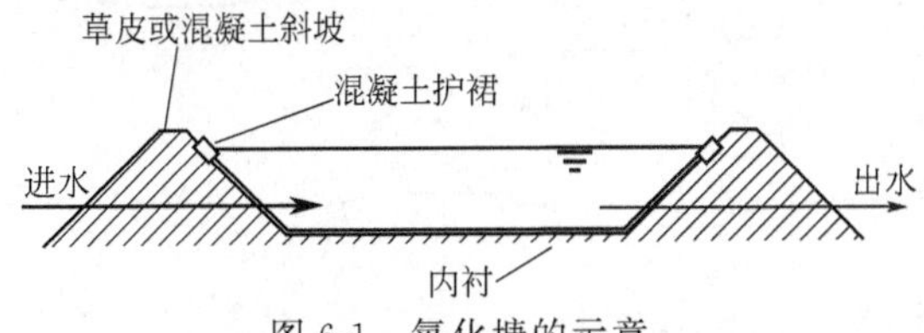

图 6-1　氧化塘的示意

6.2　氧化塘的净化原理及工艺流程

6.2.1　氧化塘的净化原理

不同类型氧化塘的生态系统是不一样的，因此，对污水的净化机理也不完全相同。图 6-2为典型的兼性氧化塘生态系统，其中包括好氧区、厌氧区及两者之间的兼性区。好氧区即为好氧塘的功能模式，厌氧区能够代表厌氧塘内的反应。总的来看，氧化塘对污水产生净化作用主要表现在以下 6 个方面。

6.2.1.1　稀释作用

污水进入氧化塘后，在风力、水流以及污染物的扩散作用下，与塘内已有塘水进行一定程度的混合，使进水得到稀释，降低了其中各项污染指标的浓度。

稀释作用是一种物理过程，稀释作用并没有改变污染物的性质，但却为进一步的净化作用创造条件，如降低有害物质的浓度，使塘水中生物净化过程能够正常进行。

6.2.1.2　沉淀和絮凝作用

污水进入氧化塘后，由于流速降低，其所挟带的悬浮物质，在重力作用下，沉于塘底。使污水的 SS、BOD_5、COD 等各项指标都得到降低。此外，在氧化塘的塘水中含有大量的

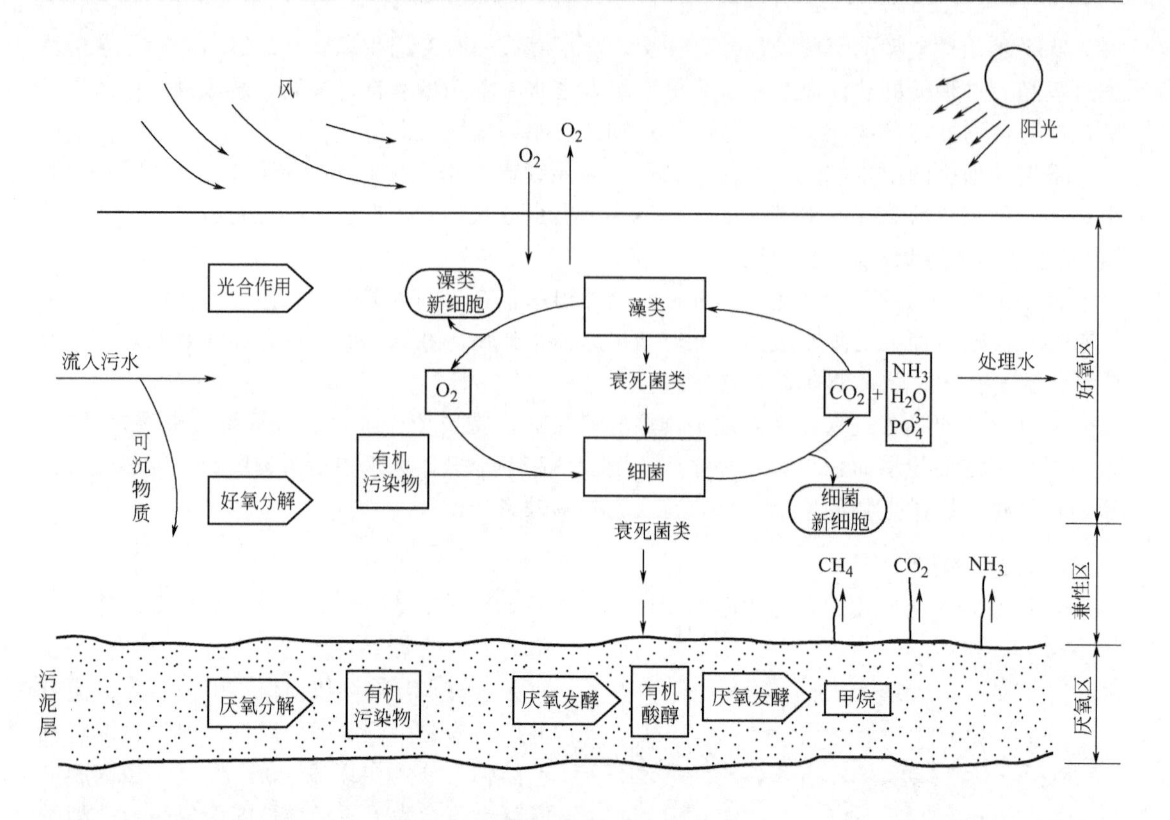

图 6-2　典型的兼性氧化塘生态系统

生物分泌物，这些物质一般都具有絮凝作用，在其作用下，污水中的细小悬浮颗粒产生了絮凝作用，小颗粒聚集成为大颗粒，沉于塘底成为沉积层。沉积层则通过厌氧分解进行稳定。

自然沉淀与絮凝沉淀对污水在氧化塘的净化过程中起到一定的作用。

6.2.1.3　好氧微生物的代谢作用

在氧化塘内，污水净化最关键的作用仍是在好氧条件下，异养型好氧菌和兼性菌对有机污染物的代谢作用，绝大部分的有机污染物都是在这种作用下而得以去除的。

当氧化塘内生态系统处于良好的平衡状态时，细菌的数目能够得到自然的控制。当采用多级氧化塘系统时，细菌数目将随着级数的增加而逐渐减少。

氧化塘由于好氧微生物的代谢作用，能够取得很高的有机物去除率，BOD_5 可去除 90％以上，COD 去除率也可达 80％。

6.2.1.4　厌氧微生物的代谢作用

在兼性塘的塘底沉积层和厌氧塘内，溶解氧全无，厌氧细菌得以存活，并对有机污染物进行厌氧发酵分解，这也是氧化塘净化作用的一部分。

在厌氧塘和兼性塘的塘底，有机污染物一般能够经历厌氧发酵三个阶段的全过程，即水解阶段、产氢产乙酸阶段和产甲烷阶段的全过程，最终产物主要是 CH_4 和 CO_2 以及硫醇等。

CH_4 的水溶性较差，要通过厌氧层、兼性层以及好氧层从水面逸走，厌氧反应生成的有机酸，有可能扩散到好氧层或兼性层，由好氧微生物或兼性微生物进一步加以分解，在好氧层或兼性层内的难降解物质，可能沉于塘底，在厌氧微生物的作用下，转化为可降解的物质而得以进一步降解。因此，可以说在稳定塘内，有机污染物是在好氧微生物、兼性微生物以及厌氧微生物协同作用下得以去除。

在厌氧微生物的分解作用下，塘底污泥沉积层在量上得以降低，这一作用应予以考虑。

6.2.1.5　浮游生物的作用

在稳定塘内存活着多种浮游生物，它们各自从不同的方面对稳定塘的净化功能发挥着作用。

（1）藻类的主要功能是供氧，形成菌藻共生系统；同时也起到从塘水中去除某些污染物，如氮、磷的作用。

（2）原生动物、后生动物及枝角类浮游动物在稳定塘内的主要功能是吞食游离细菌和细小的悬浮状污染物和污泥颗粒，可使塘水进一步澄清。此外，它们还分泌能够产生生物絮凝作用的黏液。

（3）底栖动物如摇蚊等摄取污泥层中的藻类或细菌，可使污泥层的污泥数量减少。

（4）放养的鱼类的活动也有助于水质净化，它们捕食微型水生动物和残留于水中的污物。

各种生物形成稳定塘内主要的食物链网，能够建立良好的生态平衡，使污水中有机污染物得到降解，污水得到净化，其产物得到充分利用，最后得到鱼、鸭和鹅等水禽产物。

6.2.1.6　水生维管束植物的作用

在稳定塘内，水生维管束植物主要在下面几方面对水质净化起作用。

（1）水生植物吸收氮、磷等营养，使稳定塘去除氮、磷的功能有所提高。

（2）水生植物的根部具有富集重金属的功能，可提高重金属的去除率。

（3）每一株水生植物都像一台小型的供氧机，向塘水供氧。

（4）水生植物的根和茎，为细菌和微生物提供了生长介质，去除 BOD 和 COD 的功能有所提高。

6.2.2　氧化塘处理系统工艺流程

氧化塘可以单独使用，也可以组合在一起使用，也可以与其他方法组合在一起使用。已有的研究结果表明，氧化塘的串联和并联都会改善水力特性和处理效率，串并联级数越多，效果越好，但超过 4 个塘后，处理效率提高已很有限了。表 6-1 为科技人员根据室内试验结果计算出的十几种串并联形式的处理效率，供设计人员参考。

表 6-1　氧化塘串并联与处理效率

系统名称	组合名称	组合图式	处理效率/%
单塘系统	单塘	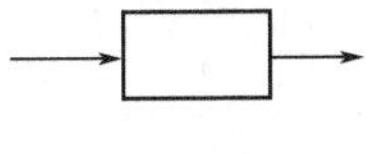 →□→	76.8
二塘系统	二塘串联	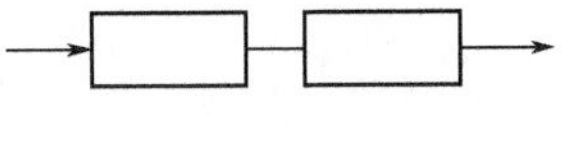 →□-□→	80.9
	二塘并联	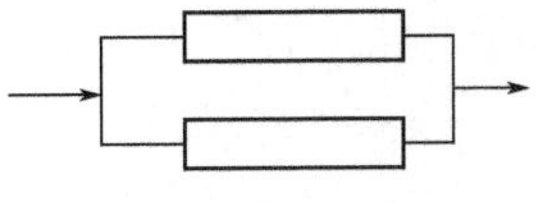 →[□ / □]→	78.8

续表

系统名称	组合名称	组合图式	处理效率/%
三塘系统	三塘串联	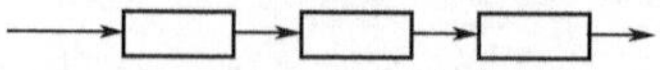	83.4
	三塘并联	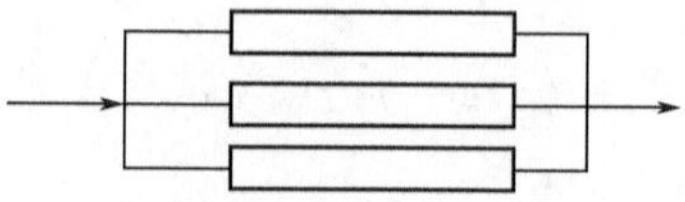	79.4
	二塘并联和单塘串联	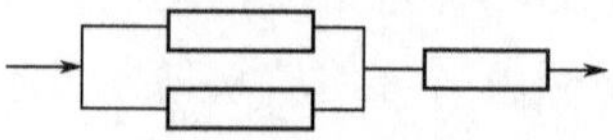	79.9
	单塘与两并联塘串联	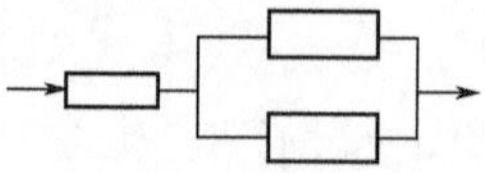	79.9
四塘系统	四塘串联	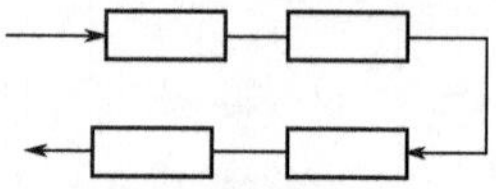	84.6
	四塘并联	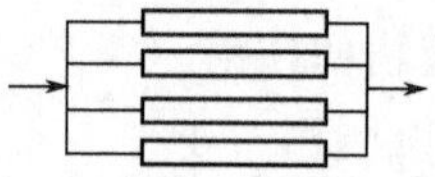	80.4
	二塘并联与第三、四塘串联	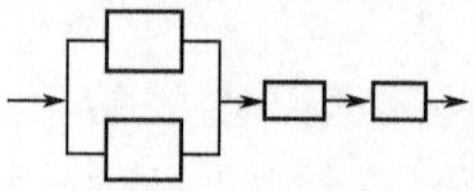	82.9
	第一、二塘串联与两并联塘串联	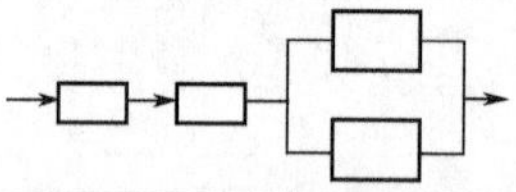	82.9
	两塘串联再并联	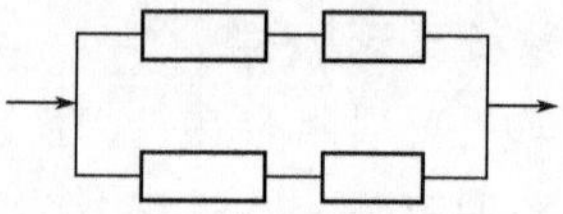	81.0

6.3 氧化塘的工艺设计

6.3.1 好氧塘的设计

好氧塘深度一般不超过0.5m，全部塘水都呈好氧状态，因此，净化效果好，有机污染物降解速率高，水力停留时间短。但占地面积大，处理水中含有大量的藻类，需进行除藻处理。

根据有机物负荷率的高低，好氧塘还可以分为高负荷好氧塘、普通好氧塘和深度处理好氧塘三种。

(1) 高负荷好氧塘　有机物负荷率高，污水停留时间短，塘水中藻类浓度很高，这种塘仅适于气候温暖、阳光充足的地区采用。

(2) 普通好氧塘　即一般所指的好氧塘，有机负荷率较前者为低，以处理污水为主要功能。

(3) 深度处理好氧塘　以处理二级处理工艺出水为目的的好氧塘，有机负荷率很低，水力停留时间也较前者为低，处理水质良好。

6.3.1.1　设计参数

好氧塘的设计参数见表 6-2。

表 6-2　典型好氧塘设计参数

项　　目	高负荷好氧塘	普通好氧塘	深度处理塘
BOD_5负荷/[kg/(10^4m^2·d)]	80～160	40～120	<5
水力停留时间/d	4～6	10～40	5～20
水深/m	0.30～0.45	约 0.5	0.5～1.0
pH	6.5～10.5	6.5～10.5	6.5～10.5
温度范围/℃	5～30	0～30	0～30
BOD_5去除率/%	80～90	80～95	60～80
藻类浓度/(mg/L)	100～260	40～100	5～10
出水悬浮固体/(mg/L)	150～300	80～140	10～30

6.3.1.2　好氧塘的设计规定

(1) 好氧塘可作为独立的污水处理技术，也可以作为深度处理技术，设置在人工生物处理系统或其他类型稳定塘（兼性塘或厌氧塘）之后。

(2) 作为独立的污水处理技术的好氧塘，污水在进塘之前必须进行旨在去除可沉悬浮物的预处理。好氧塘处理水含有藻类，必要时应进行除藻处理。

(3) 好氧塘分格，不宜少于两格，可串联或并联运行。

(4) 好氧塘的水深一般不大于 0.5m，但也不宜过浅。

(5) 为了保证塘水的混合效果，好氧塘应建于高处通风良好的地域；每座塘的面积以不超过 40000m^2为宜。

(6) 塘表面积以矩形为宜，长宽比取值 (2～3)∶1，塘堤外坡(4∶1)～(5∶1)，内坡(3∶1)～(2∶1)，堤顶宽度取 1.8～2.4m。

(7) 以塘深 1/2 处的面积作为设计计算平面，应取 0.5m 以上的超高。

(8) 将部分处理水回流，有利于提高氧化塘的净化功能。

(9) 底泥每年都要清除一次。

6.3.1.3　好氧塘的计算

好氧塘计算的主要内容是确定塘的表面面积，另外还有有效容积、停留时间等。塘的表面面积计算公式为：

$$A=\frac{QS_0}{N_A} \tag{6-1}$$

式中　A——好氧塘的有效面积，m^2；

Q——污水设计流量（最大日流量），m^3/d；

S_0——原污水 BOD_5浓度，kg/m^3；

N_A——BOD_5面积负荷率，$kg/(m^2 \cdot d)$。

BOD 面积负荷率应根据试验或相近地区污水性质相近的好氧塘的运行数据确定，也可根据表 6-2 进行选取。

6.3.1.4　计算例题

【例 6-1】 某乡所在地的污水量 $Q=4000m^3/d$，拟采用好氧塘处理，进水 BOD_5值 $S_0=100mg/L$，要求出水 BOD_5值 $S_e<20mg/L$。确定普通好氧塘的尺寸。

[解]　选用一个系统，两塘并联运行。

（1）好氧塘有效面积　根据表 6-2 选取 BOD_5 面积负荷＝50kg/($10^4 m^2 \cdot d$)。好氧塘有效面积：

$$A=\frac{QS_0}{N_A}=\frac{5000\times100\times0.001}{50}=10\times10^4\ (m^2)=10\ (hm^2)$$

单塘有效面积 $A_1=\frac{10}{2}=5\ (hm^2)$

（2）单塘水面几何尺寸　塘长宽比采用 3∶1，则塘深 1/2 处池长

$$L_1=\sqrt{5\times3\times10^4}=387.3\ (m)$$

取 L_1 为 388m，则塘深 1/2 处池宽

$$B_1=\frac{388}{3}=129.3\ (m)$$

取 B_1＝130m。

设边坡系数 S＝2，塘有效深度 h＝0.5m，则塘底池长为 388－2×2×0.25＝387（m），塘底池宽为 130－2×2×0.25＝129（m），水面处池长为 388＋2×2×0.25＝389（m），水面处池宽为 130＋2×2×0.25＝131（m）。

（3）单塘有效容积　根据台体的计算公式得单塘有效容积为：

$$V_1=[389\times131+\sqrt{(389\times131)(387\times129)}+387\times129]\times\frac{0.5}{3}=25220\ (m^3)$$

（4）水力停留时间

$$t=\frac{2\times V_1}{Q}=\frac{2\times25220}{5000}=10.09\ (d)$$

（5）单塘上口长度宽度　塘的超高采用 1m，则塘总深 H＝1.5m。单塘上口长度

$$L=387+2\times2\times1.5=393\ (m)$$

单塘上口宽度

$$B=129+2\times2\times1.5=135\ (m)$$

（6）单塘容积

$$V=[393\times135+\sqrt{(393\times135)(387\times129)}+387\times129]\times\frac{0.5}{3}=2525740.5\ (m^3)$$

6.3.2　兼性塘的设计

兼性塘的净化功能是多方面的，不仅对城市污水、生活污水有较好的效果，而且能够比较有效地去除某些较难降解的有机化合物，如木质素、合成洗剂、农药以及氮、磷等植物性营养物质。同时兼性塘对水量、水质的冲击负荷有一定的适应能力，在达到同等的处理效果条件下，其建设投资与维护管理费用低于其他生物处理工艺。

6.3.2.1　设计参数

兼性塘处理城市污水时，设计参数可参见表 6-3。

表 6-3　兼性塘面积负荷与水力停留时间

冬季最冷月年均气温/℃	BOD_5 负荷/[kg/($10^4 m^2 \cdot d$)]	停留时间/d	冬季最冷月年均气温/℃	BOD_5 负荷/[kg/($10^4 m^2 \cdot d$)]	停留时间/d
15 以上	70～100	≥7	－10～0	20～30	120～40
10～15	50～70	20～7	－10～－20	10～20	150～120
0～10	30～50	40～20	－20 以下	＜10	180～150

6.3.2.2 兼性塘的设计与计算

(1) 兼性塘可以作为独立处理技术考虑，也可以作为生物处理系统中的一个处理单元，或者作为深度处理塘的预处理工艺。

(2) 兼性塘的有效水深一般采用1.2～2.5m。塘的总深还应包括污泥层的厚度、保护高度以及冰盖的厚度。污泥层厚度取值0.3m，保护高度按0.5～1.0m考虑。冰盖厚度由地区气温而定，一般为0.2～0.6m。

(3) BOD_5表面负荷率一般在2～100kg/(10^4m^2·d)之间，北方寒冷地区用低值，南方炎热地区用高值。

(4) 停留时间与当地的气象条件、进出水水质等有关。一般规定为7～180d，幅度很大。高值用于北方，低值用于南方。

(5) 如采取处理水循环措施，循环率可在0.2%～2.0%范围内。

(6) 藻类浓度取值为10～100mg/L。

(7) 平面形状以矩形为宜，长宽比以2∶1或3∶1为宜。不宜采用不规则的塘形。

(8) 除小规模的兼性塘可以考虑采用单一的塘进行处理外，一般不宜少于2座。宜采用多级串联，第一塘面积大，约占总面积的30%～60%，采用较高的负荷率，以不使全塘都处于厌氧状态为限。串联可得优质处理水。也可以考虑并联，并联式流程可使污水中的有机污染物得到均匀分配。

(9) 矩形塘进水口应尽量使塘的横断面上配水均匀，宜采用扩散管或多点进水。

(10) 出水口与进水口之间的直线距离应尽可能大，一般在矩形塘按对角线排列设置，以减少短路。

兼性塘计算的主要内容也是确定塘的有效面积及几何尺寸，塘的表面面积计算见式(6-1)。

6.3.2.3 计算例题

【例6-2】 已知某镇的污水量$Q=7000m^3/d$，拟采用兼性氧化塘处理。进水BOD_5值$S_0=160mg/L$，要求出水BOD值$S_e<30mg/L$，冬季平均气温为−6℃。确定兼性氧化塘的几何尺寸。

[解] 选用2个相同系统，每个系统由3个塘串联。第一个塘BOD_5面积负荷N'_A选用50kg/(10^4m^2·d)，总塘负荷N_A选用30kg/(10^4m^2·d)。

(1) BOD_5总量

$$BOD_5总量=QS_0=10000\times0.16=1600\ (kg/d)$$

每个系统的BOD_5总量为800kg/d。

(2) 塘水面面积 每个系统的第一个塘塘面有效面积（塘深1/2处的面积）：

$$A''_1=\frac{每个系统的BOD_5总量}{N'_A}=\frac{800}{50}\times10^4=16\times10^4\ (m^2)$$

每个系统的总塘水面有效面积（塘深1/2处的面积）：

$$A''=\frac{每个系统的BOD_5总量}{N_A}=\frac{800}{30}\times10^4=26.7\times10^4\ (m^2)$$

每系统其他二、三塘有效面积（塘深1/2处的面积）相同，则：

$$A''_2=A''_3=\frac{A''-A''_1}{2}=\frac{(26.7-16)\times10^4}{2}=5.35\times10^4\ (m^2)$$

(3) 单塘水面几何尺寸　塘长宽比采用 3∶1，则第一个塘在塘深 1/2 处池长：

$$L_1=\sqrt{3A_1''}=\sqrt{3\times16\times10^4}=692.8\ (\text{m})$$

取 $L_1=693$m。

第一氧化塘塘深 1/2 处的池宽：

$$B_1=\frac{693}{3}=231\ (\text{m})$$

二、三塘尺寸计算如下。

塘深 1/2 处池长：

$$L_2=L_3=\sqrt{3A_2''}=\sqrt{3\times5.35\times10^4}=400\ (\text{m})$$

塘深 1/2 处池宽：

$$B_2=\frac{400}{3}=133.3\ (\text{m})$$

取

$$B_2=134\text{m}$$

设边坡系数 $S=2.5$，第一个塘有效水深 $h_1=2.0$m，超高 1m，则第一个塘的总深 $H_1=3$m，塘底池长为 693－2×2.5×1＝688 (m)，塘底池宽为 231－2×2.5×1＝229 (m)；水面处池长为 693＋2×2.5×1＝698 (m)，水面处池宽为 231＋2×2.5×1＝236 (m)；塘上口长为 693＋2×2.5×2＝703 (m)，塘底池宽为 231＋2×2.5×2＝241 (m)。

二、三塘有效水深 $h_2=2.5$m，超高 1m，则二、三塘总深 $H_2=3.5$m，塘底池长为400－2×2.5×1.25＝393.75 (m)，塘底池宽为 134－2×2.5×1.25＝127.75 (m)；水面处池长为 400＋2×2.5×1.25＝406.25 (m)，水面处池宽为 134＋2×2.5×1.25＝140.25 (m)；塘上口长为 400＋2×2.5×2.25＝411.25 (m)，塘底池宽为 134＋2×2.5×2.25＝145.25 (m)。

(4) 塘容积　根据台体的计算公式。

第一塘单塘有效容积：

$$V_1'=[698\times236+\sqrt{(698\times236)\times(688\times229)}+688\times229]\times\frac{2}{3}=322253.3\ (\text{m}^3)$$

二、三塘单塘有效容积：

$$V_2'=V_3'=[406.25\times140.25+\sqrt{(406.25\times140.25)\times(393.75\times127.75)}+393.75\times127.75]\times\frac{2.5}{3}=133929\ (\text{m}^3)$$

第一塘单塘总容积：

$$V_1=[703\times241+\sqrt{(703\times241)\times(688\times229)}+688\times229]\times\frac{2}{3}=326902.8\ (\text{m}^3)$$

二、三塘单塘总容积：

$$V_2=V_3=[411.25\times145.25+\sqrt{(411.25\times145.25)\times(393.75\times127.75)}+393.75\times127.75]\times\frac{2.5}{3}=137375.8\ (\text{m}^3)$$

(5) 水力停留时间 t　第一塘单塘停留时间：

$$t_1=\frac{V_1'}{Q}=\frac{322253.3}{7000}=46\ (\text{d})$$

二、三塘单塘停留时间：

$$t_2=t_3=\frac{V'_2}{Q}=\frac{133929}{7000}=19.1\ (\mathrm{d})$$

总停留时间：

$$t=t_1+t_2+t_3=46+2\times19.1=84.2\ (\mathrm{d})$$

6.3.3　厌氧塘的设计

厌氧塘的水深较深，一般在 3m 以上，全塘大都处于厌氧状态。由于厌氧塘出水的水质不好，因此，一般将厌氧塘作为预处理与好氧塘或兼性塘组成生物稳定塘系统，用于处理水量小，浓度高的有机废水。

6.3.3.1　设计参数

（1）有机物负荷率　有机物负荷率有 BOD 表面负荷率、BOD 容积负荷率和 VSS 容积负荷率。对厌氧塘，由于有机物厌氧降解速率是停留时间的函数，而与塘面积关系较小，因此，以采用 BOD 容积负荷率 ［$kgBOD_5/(m^3$ 塘容 · d)］ 为宜。但对城市污水厌氧塘的设计，一般还采用 BOD 表面负荷率。对 VSS 含量高的废水，还应采用 VSS 容积负荷率进行设计。

BOD_5表面负荷率与BOD_5容积负荷率、气温有关。对于厌氧塘BOD_5表面负荷率，目前还没有一个统一参数值，各国以及各地区差别都较大。我国北方可采用 $300kgBOD_5/(10^4m^2\cdot d)$，南方可采用 $800kgBOD_5/(10^4m^2\cdot d)$。《给水排水设计手册》对厌氧塘处理城市污水的建议负荷率值为 $200\sim600kgBOD_5/(10^4m^2\cdot d)$。设计时也可参见表 6-4。

表 6-4　厌氧塘设计参数

平均气温/℃	BOD_5 表面负荷 /［$kg/(10^4m^2\cdot d)$］	BOD_5容积负荷 /［$kg/(10^4m^3$塘容 · d)］	停留时间/d
<8	200	280～660	3～7
8～16	300	400～1000	2～5
>16	400	660～2000	1～3

表 6-5 为美国 7 个州处理城市污水的厌氧塘所采用的 BOD 容积负荷率和水力停留时间，塘深介于 3～4.5m。

表 6-5　美国 7 个州处理城市污水的厌氧塘的设计参数

州　　名	纬度/度	BOD 容积负荷 /［$kgBOD_5/(m^3$塘容 · d)］	水力停留时间/d	预计去除率/%
佐治亚州	30.4～35	0.048①、0.24②		60～80
伊利诺斯州	37～42.5	0.24～0.32		60
爱荷华州	40.6～43.5	0.19～0.24	5～10	60～80
蒙大拿州	45～49	0.032～0.16	10(最小)	70
内布拉斯加州	40～43	0.19～0.24	3～5	75
南达科他州	43～46	0.24		60
得克萨斯州	26～36.4	0.4～1.6	5～30	50～100

①不回流；②1∶1 回流。

（2）水力停留时间　污水在厌氧塘内的停留时间，采用的数值介于很大的幅度内，无成熟数据可以遵循，应通过试验确定。

《给水排水设计手册》的建议值，对城市污水是30～50d。国外有长达160d的设计运行数据，但也有短为几天的。设计时也可参见表6-5。

6.3.3.2　设计要求

（1）厌氧塘表面仍以矩形为宜，长宽比（2～2.5）∶1。

（2）厌氧塘的有效深度（包括污泥层深度）为3～5m，当土壤和地下水条件适宜时，可增大到6m。由于厌氧塘是通过阳光对塘水加热的，塘水温度的垂直分布梯度是－1%/0.3m，因此，深度也不宜过大。处理城市污水的厌氧塘的塘深一般为1.0～3.6m。处理城市污水的厌氧塘底部储泥深度，不应小于0.5m，污泥量按50L/(人·a）计算。污泥清除周期为5～10年。

（3）保护高度0.6～1.0m。

（4）厌氧塘的单塘面积不应大于8000m^2，塘底略具坡度。

（5）厌氧塘一般位于稳定塘系统之首，截留污泥量较大，因此，宜设并联的厌氧塘，以便轮换清除塘泥。

（6）厌氧塘进出口，厌氧塘进口一般安设在高于塘底0.6～1.0m处，使进水与塘底污泥相混合。塘底宽度小于9m时，可以只用一个进口，宽塘应采用多个进口。进水管径200～300mm。出水口为淹没式，深入水下0.6m，不得小于冰层厚度或浮渣层厚度。

（7）堤内坡度为（1∶1)～(1∶3)。

6.3.4　曝气塘的设计

曝气塘可分为好氧曝气塘与兼性曝气塘两类。当曝气装置的功率水平足以维持塘内全部固体处于悬浮状态并向废水提供足够的氧，则谓之好氧曝气塘；当动力水平仅能供应废水必需的溶解氧，并使部分固体处于悬浮状态，而另外部分固体沉积塘底并进行厌氧分解者，谓之兼性曝气塘。

曝气好氧塘一般设计时采用高F/M值或低θ_c值，此类塘对有机物的稳定（分解）充分，只是将溶解性有机物转化为细胞形式的有机物。曝气兼性塘在设计时采用较高的θ_c值，废水中有机物的稳定（分解）较充分。故曝气兼性塘能在较低动力输入条件下达到好的出水水质，但水力停留时间则较长。

曝气好氧塘（完全混合曝气塘），其出水的污泥可回流也可不回流。污泥回流的曝气好氧塘实质上是一种活性污泥法，在其出水中废水的固态BOD_5仍残留1/3～1/2，在排放前应将这些固体物去除，因此需设沉淀池，或用挡板将塘隔出一部分作为沉淀区（塘）。此外，还可在塘后设置兼性塘，用以进一步改善出水水质，又可将固体物沉淀于兼性塘的厌氧反应坑内进行厌氧消化。

6.3.4.1　设计参数

BOD_5表面负荷率，《给水排水设计手册》对城市污水处理的建议值是300～600kgBOD_5/(10^4m^2·d）。

塘深与采用的表面机械曝气器的功率有关，一般介于2.5～5.0m之间。

停留时间，好氧曝气塘为1～10d；兼性曝气塘为7～20d（冬季更长）。塘内悬浮固体（生物污泥）浓度为80～200mg/L之间。

6.3.4.2 设计计算

曝气塘在工艺和有机物降解机理等方面与活性污泥法的延时曝气法相近，因此，有关活性污泥法的计算理论，对曝气塘也适应。曝气塘中，去除率、停留时间和降解速度常数有如下关系：

$$\eta=\frac{Kt}{1+Kt}\times 100 \tag{6-2}$$

或

$$t=\frac{\eta}{K(100-\eta)} \tag{6-3}$$

式中 t——污水在曝气塘内的停留时间，h；

η——机污染物的去除率，%；

K——有机污染物的降解速度常数，d^{-1}，处理城市污水的曝气塘介于 $0.05\sim0.8d^{-1}$ 之间，如欲求得准确的数值，应通过试验确定。

出水水质与原水水质、停留时间和降解速度常数有如下关系：

$$S_e=\frac{S_0}{1+Kt} \tag{6-4}$$

式中 S_0、S_e——原污水和处理水中有机污染物浓度（以 BOD、COD 或 TOC 表示），mg/L。

对于等容积多级曝气塘，第 n 级塘出水水质为：

$$S_n=\frac{S_0}{\left(1+K\dfrac{t}{n}\right)^n}F \tag{6-5}$$

式中 S_n——第 n 级塘出水中有机污染物浓度（以 BOD、COD 或 TOC 表示），mg/L；

n——塘的串级级数。

对兼性曝气塘，由于塘底污泥产生厌氧分解，部分有机污染物还原并进入塘水中，从而使曝气塘处理水的 BOD 值有所提高，考虑这一因素，在上式中引入一个系数 F，即：

$$S_e=\frac{S_0}{1+Kt}F \tag{6-6}$$

式中 F——考虑塘底污泥产生厌氧分解，使部分有机污染物还原并进入塘水中，处理水 BOD 值增高的比值，比值受温度影响较大，夏季为 1.4，冬季取 1.0。

水温对 K 值的影响很大，一般以 20℃为准，如不是 20℃则应通过式(6-6) 加以修正。

$$K=K_{20}\times\theta^{T-20} \tag{6-7}$$

式中 K_{20}——温度为 20℃的 K 值；

T——曝气塘的设计温度，℃；

θ——温度系数，一般介于 1.065～1.09 之间。

塘内水温按 Mancini-Barnhart 公式计算：

$$t_w=\frac{AfT_a+QT_i}{Af+Q} \tag{6-8}$$

式中 t_w——塘水温度，℃；

A——塘水面积，m^2；

T_a——冬季平均气温，℃；

T_i——入流污水温度，℃；

f——热损失系数；

Q——污水流量，m^3/d。

应当说明，在曝气塘的塘水中含有浓度约为80～200mg/L的生物污泥，由于量少，而且其活性也较低，因此，在上述计算中未予考虑，以简化计算过程，对计算结果无多大影响。

曝气塘一般采用表面曝气。根据进水与出水的BOD_5值，按照与活性污泥法相同的方法计算出需氧量，并按下式计算出表面曝气机所需的功率。

$$P=\frac{\Delta O_2}{24N}\times 0.75 \tag{6-9}$$

式中 P——表面曝气机所需的功率，kW；

N——表面曝气机每千瓦时的供氧量，kg；

ΔO_2——氧化塘每日需氧量，kg。

国内设计规范规定，完全混合曝气塘的比输入功率为5～6W/m³（塘容积），部分完全混合曝气塘的比输入功率为1～2W/m³（塘容积）。

应该求出塘在冬夏时所需的不同功率数。求出表面曝气机的总功率后，需确定各塘中曝气机台数。图6-3所示为完全混合曝气塘中表面曝气机布置的示意图。其布置方式是按完全混合影响圈交搭而设置的。当塘采用低速表面曝气器进行曝气时，其技术参数如表6-6所示。从表得知，在同一能量输入的条件下，完全混合区的影响直径比氧扩散的影响直径小得多。实践证明，单位功率提升的水量随曝气器功率的增大而下降。若干较小曝气器比一个大曝气机更为经济合理。

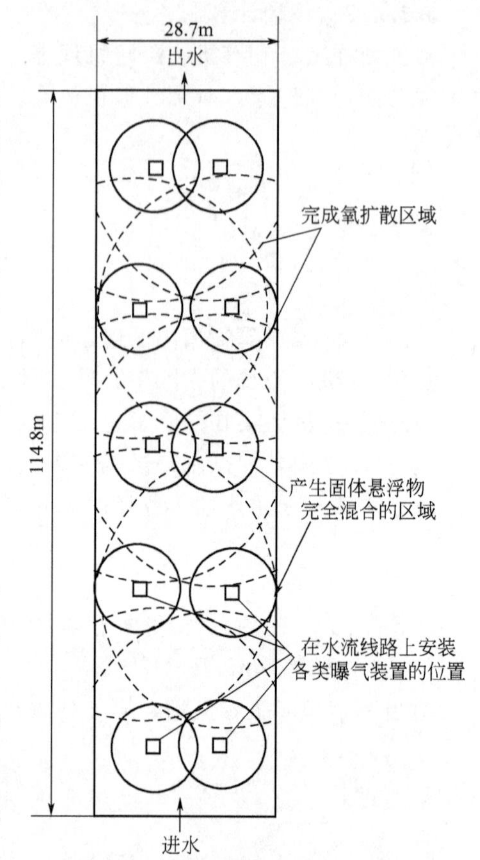

图6-3　表面曝气机在完全混合曝气塘中布置的示意

表6-6　低速表面曝气器的典型技术参数

功率/kW	深度/m	完全混合区/m	氧扩散区/m	功率/kW	深度/m	完全混合区/m	氧扩散区/m
2.2	1.80	15.0	45.0	15.7	3.00	35.0	100.0
3.7	1.80	21.0	63.0	19.4	3.00	39.0	112.5
7.4	2.40	27.0	78.0				

6.3.4.3 设计例题

【例6-3】 已知某镇的污水量$Q=8000m^3/d$，拟采用好氧曝气塘进行处理，进水BOD_5值$S_0=180mg/L$，要求出水BOD_5值$S_e\leqslant 30mg/L$。流入塘内的污水水温为13℃（假定串联各塘水温相等），冬季平均温度为−7℃。确定好氧曝气塘的几何尺寸。

［解］ 设计相同2组，每组3座等容积曝气塘串联。

（1）一次计算

① 塘内污水停留时间　设冬季塘水温度9℃，选用$K_{20}=2.0$（应根据当地的塘试验确定，没有条件可根据经验估算），$\theta=1.085$。则：

$$K=K_{20}\times\theta^{T-20}=2.0\times(1.085)^{9-20}=0.82\ (\mathrm{d}^{-1})$$

由公式(6-5）得：

$$t=\frac{n}{K}\times\left[\left(\frac{S_0}{S_n}\right)^{\frac{1}{n}}-1\right]=\frac{3}{0.82}\times\left[\left(\frac{180}{30}\right)^{\frac{1}{3}}-1\right]=2.99\ (\mathrm{d})$$

每组由 3 个塘串联，则单塘水力停留时间：

$$t'=\frac{t}{3}=\frac{2.99}{3}=1\ (\mathrm{d})$$

② 单塘有效容积

$$V_1=\frac{Q}{2}t'=\frac{8000}{2}\times1=4000\ (\mathrm{m}^3)$$

③ 验算冬季塘水温度 t_w。设塘的有效水深 $h=2\mathrm{m}$，边坡系数 $S=2$，长宽比 $R=3$。

设水面长为 L，宽为 B，则，塘底长 $L'=L-2hS=L-8$，塘底宽 $B'=B-2hS=B-8$，水深 1/2 处的池长 $L''=L-4$，水深 1/2 处的池宽 $B''=B-4$，根据台体体积的计算公式有：

$$4000=\frac{h}{6}[LB+(L-8)(B-8)+4(L-4)(B-4)]$$

$$=\frac{2}{6}[3B^2+(3B-8)(B-4)+4(3B-4)(B-4)]$$

由上式解得水面宽 $B=28.16\mathrm{m}$，水面长 $L=84.45\mathrm{m}$。

单塘水面面积 $A=LB=84.45\times28.16=2378.11\ (\mathrm{m}^2)$。

设 $f=0.5$，则塘水水温为：

$$t_w=\frac{AfT_a+QT_i}{Af+Q}=\frac{2378.11\times0.5\times(-7)+4000\times13}{2378.11\times0.5+4000}=8.42\ (℃)$$

验算结果低于设定温度，说明设计温度高于实际温度，应修正设计水温，进行二次计算。

(2）二次计算

① 塘内污水停留时间。设冬季塘水温度 8.5℃，其他参数不变，则：

$K=K_{20}\times\theta^{T-20}=2.0\times(1.085)^{8.5-20}=0.78\ (\mathrm{d}^{-1})$

由公式(4-5）得：

$$t=\frac{n}{K}\times\left[\left(\frac{S_0}{S_n}\right)^{\frac{1}{n}}-1\right]=\frac{3}{0.78}\times\left[\left(\frac{180}{30}\right)^{\frac{1}{3}}-1\right]=3.14\ (\mathrm{d})$$

每组由 3 个塘串联，则单塘水力停留时间：

$$t'=\frac{t}{3}=\frac{3.14}{3}=1.05\ (\mathrm{d})$$

② 单塘有效容积

$$V_1=\frac{Q}{2}t'=\frac{8000}{2}\times1.05=4200\ (\mathrm{m}^3)$$

③ 验算冬季塘水温度 t_w　设塘的有效水深 $h=2\mathrm{m}$，边坡系数 $S=2$，长宽比 $R=3$。

设水面长为 L，宽为 B，则，塘底长 $L'=L-2hS=L-8$，塘底宽 $B'=B-2hS=$

$B-8$，水深 1/2 处的池长 $L''=L-4$，水深 1/2 处的池宽 $B''=B-4$，根据台体体积的计算公式有：

$$4200=\frac{h}{6}[L\times B+(L-8)(B-8)+4(L-4)(B-4)]$$

$$=\frac{2}{6}[3B^2+(3B-8)(B-4)+4(3B-4)(B-4)]$$

由上式解得水面宽 $B=28.79\text{m}$，水面长 $L=86.38\text{m}$。

单塘水面面积 $A=LB=86.38\times28.79=2486.88$（$\text{m}^2$）。

设 $f=0.5$，则塘水水温为：

$$t_{\text{w}}=\frac{AfT_{\text{a}}+QT_{\text{i}}}{Af+Q}=\frac{2486.88\times0.5\times(-7)+4000\times13}{2486.88\times0.5+4000}=8.26\ (℃)$$

验算结果与假定温度 8.5℃相差 0.24℃，误差为 2.8%，小于 5%，结果可行。

（3）校核 BOD_5 表面负荷

$$N_{\text{A}}=\frac{QS_0}{2\times3A}\times10^4=\frac{8000\times0.18}{2\times3\times2486.88}\times10^4=965\ [\text{kg}/(10^4\text{m}^2\cdot\text{d})]$$

计算结果表明，水力停留时间在推荐值范围内，但 BOD_5 的面积负荷值较好，这可能是 K_{20} 的值选用的较高，因此，实际工程中应根据当地塘试验的结果确定。

第 7 章　人工湿地污水处理技术

7.1　人工湿地的类型与构造

人工湿地是人工建造的、可控制的和工程化的湿地系统，其设计和建造是通过对湿地自然生态系统中的物理、化学和生物作用的优化组合来进行废水处理的。

人工湿地污水处理技术是 20 世纪 70～80 年代发展起来的一种污水生态处理技术。由于它能有效地处理多种多样的废水，如生活污水、工业废水、垃圾渗滤液、地面径流雨水、合流制下水道暴雨溢流水等，且能高效地去除有机污染物，氮、磷等营养物，重金属，盐类和病原微生物等多种污染物。具有出水水质好，氮、磷去除处理效率高，运行维护管理方便，投资及运行费用低等特点，近年来获得迅速的发展和推广应用。

采用人工湿地处理污水，不仅能使污水得到净化，还能够改善周围的生态环境和景观效果。小城镇周围的坑塘、废弃地等较多，有利于建设人工湿地处理系统。

7.1.1　人工湿地的基本结构

人工湿地一般由以下的结构单元构成：底部的防渗层；由填料、土壤和植物根系组成的基质层；湿地植物的落叶及微生物尸体组成的腐质层；水体层和湿地植物（主要是根生挺水植物），见图 7-1。在潜流型湿地中在正常运行情况下不存在明显的水体层，但在水力坡度设计不合理或基质层发生堵塞时，潜流型湿地中也会出现自由水面型湿地的某些特征，如部分地区形成位于基质层以上的水体层。

（1）防渗层　人工湿地的防渗层主要作用是阻止污水向地下水体的渗漏，这对于某些可能造成地下水污染的工业废水来说十分重要。通常采用黏土层来防渗，国外也有采用低密度聚乙烯（LDPE）做衬里。对于处理雨水的湿地也可不采用防渗层，使经过处理的雨水直接补充地下水。

（2）基质层　基质层是人工湿地处理污水的核心部分。在自由水面型人工湿地中，一般直接采用土壤和植物根系构成基质层，在地下潜流型人工湿地中，一般采用砾石填料和土壤或砂构成基质层。

基质层的作用是提供水生植物生长所需的基质；为污水在其中的渗流提供良好的水力条件；为微生物提供良好的生长载体。

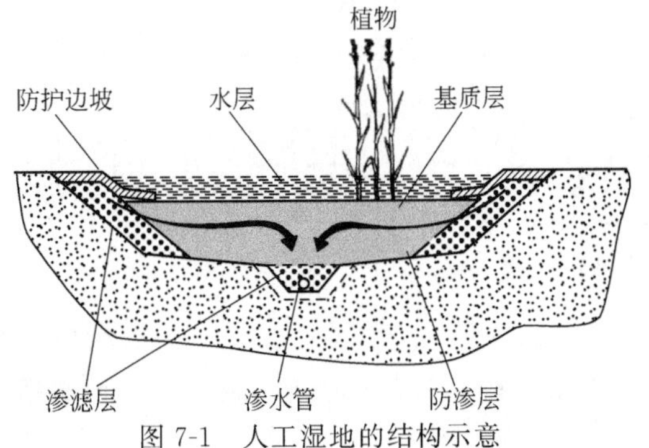

图 7-1　人工湿地的结构示意

湿地基质层中的微生物相是极其丰富的，这对于污染物，尤其对难降解有机污染物的分解是十分有利的，这也是污水生态处理的优势所在。

（3）腐殖层　腐殖层中主要物质就是湿地植物的落叶、枯枝、微生物及其他小动物的尸体。腐殖层和植物的茎形成一个过滤带，它不但提供微生物生长的载体，而且可以很好地去除进水中的悬浮物。

(4) 水生植物　水生植物的作用是多方面的。

① 水生植物的存在可以提高湿地的处理效率。首先，种植有高密度芦苇的FWS型湿地，可以有效地消除短流现象，而没有植物的湿地运行效能很差，尤其是在高负荷时；其次，植物的根系可以维持潜流型湿地中良好的水力输导性，使湿地的运行寿命延长；第三，植物的根系和被水层淹没的茎、叶起到微生物的载体作用，可以在其表面形成生物膜，通过其中微生物的分解和合成代谢作用，能有效地去除污水中有机污染物和营养物质。这是自由水面型湿地去除污染物的主要机理。

② 输送氧。水生植物与陆生植物不同之处，在于它能够将氧输送到根系，这样不仅在土壤表面有氧气，而且在芦苇床的深层土壤中，尤其是芦苇根系附近的土壤中也有氧存在，这样就在根系附近的土壤中生长着大量的好氧细菌，而离根系远的土壤中则有许多种厌氧菌和兼性菌生存。这就使芦苇床成为一个好氧/缺氧/厌氧反应器，它能够降解去除多种多样的有机污染物，实现生物脱氮。这是潜流型人工湿地去除污染物的主要机理。

③ 水生植物能够对有机污染物和氮、磷等营养化合物进行分解和合成代谢。包括对氮、磷、钾的直接摄取，还能直接摄取一些环状有机化合物并将其转化为生长植物的纤维组织。但是，这种去除只占污染物去除总量的2%～5%，而且氮、磷、钾循环随季节不同有可逆的倾向。

④ 致密的植物可以在冬季寒冷季节起到保温作用，减缓湿地处理效率的下降。

(5) 水体层　在地表径流型人工湿地中，水体在表面流动的过程也就是污染物进行生物降解的过程，同时在生态效果方面，水体层的存在提供了鱼、虾、蟹等水生动物和水禽等的栖息场所，由此构成了生机盎然的湿地生态系统。

7.1.2　人工湿地的类型

人工湿地可以分为表流人工湿地和潜流人工湿地。

7.1.2.1　表流人工湿地

表流人工湿地是用人工筑成水池或沟槽状，然后种植一些水生植物，如芦苇、香蒲等，见图7-2。在表流人工湿地系统中，污水从进口以一定深度缓慢流过湿地表面，部分污水蒸发或渗入湿地，出水经溢流堰流出，水的流动更接近于天然状态。表流人工湿地水位较浅，多在0.3～0.5m之间。

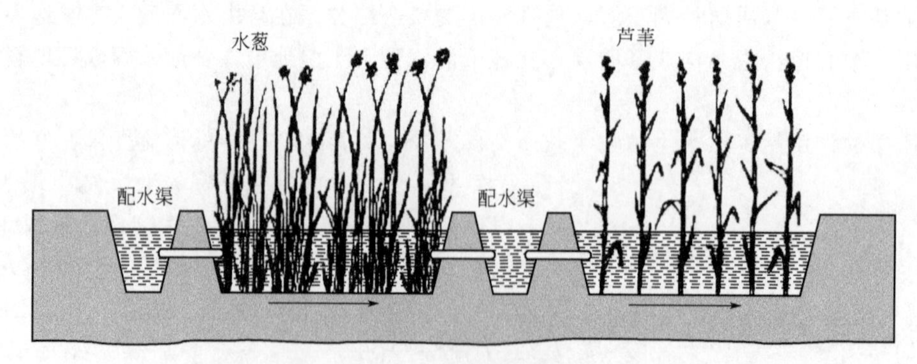

图7-2　表流人工湿地的结构示意

根据表流人工湿地中占优势的大型水生植物种类的不同，可以三种形式：挺水植物系统、浮水植物系统和沉水植物系统。对于处理污水的人工湿地系统而言，主要应用挺水植物系统，尤其是种植芦苇、水葱、蒲草、香蒲、灯心草等的湿地系统。

这种湿地系统中污染物的去除也主要是依靠生长在植物水下部分的茎、杆上的生物膜完成的，处理能力较低。同时，该系统处理效果受气候影响较大，在寒冷地区冬天还会发生表面结冰问题。因此，表流人工湿地单独使用较少，大多和潜流人工湿地或其他处理工艺组合在一起，但这种系统投资小。

7.1.2.2 潜流人工湿地

潜流人工湿地的水面位于基质层以下。基质层由上下两层组成，上层为土壤，下层是由易于使水流通的介质组成的根系层，如粒径较大的砾石、炉渣或砂层等，在上层土壤层中种植芦苇等耐水植物。床底铺设防渗层或防渗膜，以防止废水流出该处理系统，并具有一定的坡度。

潜流人工湿地的水流是在湿地床的内部流动，因而一方面可以充分利用填料表面生长的生物膜、丰富的植物根系及表层土和填料截留等的作用，以提高其处理效果和处理能力；另一方面则由于水流在地表以下流动，故具有保温性较好、处理效果受气候影响小、卫生条件较好的特点。其缺点是建造费用比表流人工湿地高。

根据湿地中水流动的状态可将其分为水平流潜流人工湿地（见图 7-3）、垂直流潜流人工湿地（见图 7-4）和复合流潜流人工湿地（见图 7-5）。

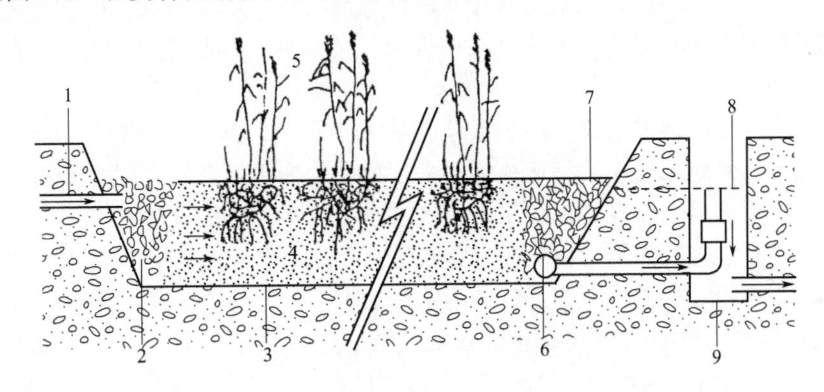

图 7-3 水平流潜流人工湿地

1—进水；2—布水区；3—防渗层；4—填料层；5—植物；6—集水管；7—集水区；8—出水溢流管；9—出水排放沟

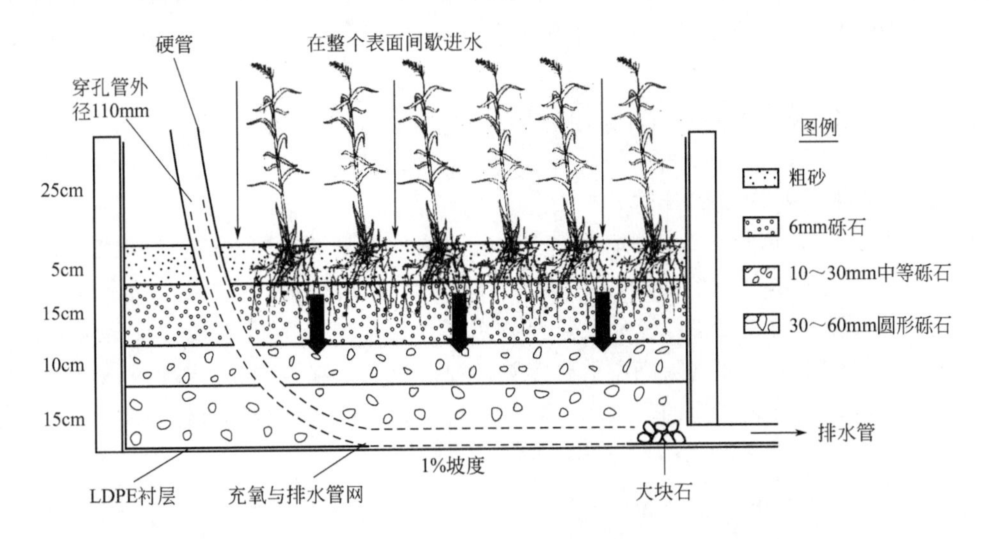

图 7-4 垂直流潜流人工湿地

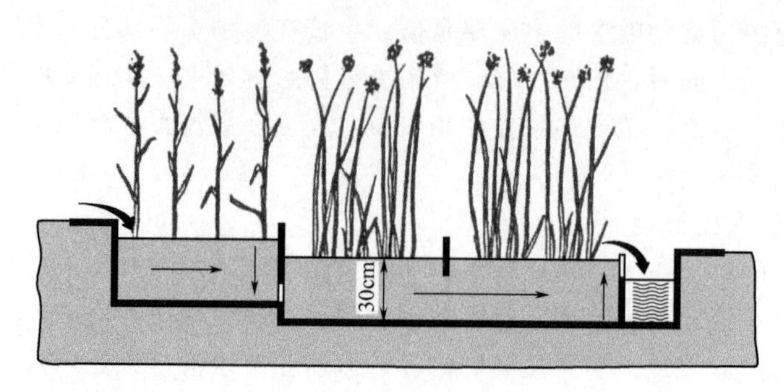

图 7-5 复合流潜流人工湿地

水平流潜流人工湿地，其水流从进口起在根系层中沿水平方向缓慢流动，出口处设水位调节装置和集水装置，以保持污水尽量和根系层接触。根系层填料由三层组成：表层土壤、中层砾石和下层小豆石。在表层土壤种植具有上述特点的耐水性植物，如芦苇、茳芏（俗称席草）、蒲草和大米草等。除了一般的湿地去除污染物机理外，1977 年德国学者 Kickuth 提出了根区理论：由植物根系对氧的传递释放，使其周围的微环境中依次呈现出好氧、缺氧及厌氧状态，这是它去除污染物尤其是除氮的重要机理之一。填料和植物根系的存在为各种微生物提供了附着的载体，形成了去除有机污染物"微环境"。同时，它们也提供了污水渗流的良好水力条件。

垂直流潜流人工湿地的水流方向和根系层呈垂直状态，其出水装置一般设在湿地底部。和水平流潜流人工湿地相比，这种床体形式的主要作用在于提高氧向污水及基质中的转移效率。其表层通常为渗透性能良好的砂层，间歇进水。污水被投配到砂石床上后，淹没整个表面，然后逐步垂直渗流到底部，由底部的排水管网予以收集。在下一次进水间隙，允许空气填充到床体的填料间，这样下一次投配的污水能够和空气有良好的接触条件，提高氧转移效率，以此来提高 BOD 去除和氨氮硝化的效果。

复合流潜流人工湿地的特点是填料层中的水流既有水平流，也有竖向流。图 7-5 所示是两级串联的复合流湿地系统。其中第一级为芦苇床湿地，以水平流和下向垂直流的组合流的流态流入第二级湿地；由于它具有很强的除污染效能，用以去除污水中大部分的污染物和污染负荷。第二级为灯心草床湿地，以水平流和上向垂直流的组合流态经溢流出水堰流入出水渠中。

7.2 人工湿地的净化机理

7.2.1 悬浮固体物质的去除

在表流人工湿地和潜流人工湿地中，进水悬浮物的去除都在湿地的进口处 5～10m 内完成，这主要是基质层填料、植物的根系和茎、腐殖层的过滤和阻截作用。在表流人工湿地中，水流沿地表面均匀和缓慢地流动使悬浮物沉降，也是其去除机理之一；湿地中的物理、化学和生物吸附作用都能够去除细小的悬浮物。在潜流人工湿地中，平整的基质层底面及其适宜的水力坡度，使进入湿地的污水不发生地表漫流，而使污水全部流经基质层，这对提高悬浮物的去除效率至关重要。

7.2.2 有机物的去除与转化

人工湿地对有机物的去除途径主要有以下几个方面：可溶性有机物可通过植物根系生物

膜的吸附、吸收及生物代谢降解过程而被分解去除。不溶性有机物通过湿地的沉淀、过滤作用，可以很快地被截留而被微生物利用。另外，植物能够吸收部分有机物，一些填料也能吸附有机物，最终可以通过对湿地床填料的定期更换及对湿地植物的收割而使有机物得到去除。

7.2.3　氮的去除与转化

人工湿地对氮的去除主要靠微生物的氨化、硝化和反硝化作用。在处于饱和状态的基质中生长的水生植物，可以增加湿地基质的透气性，同时湿地植物又能将空气传输到其根部，因此，使植物根系上附着的生物膜有着好氧、厌氧、缺氧降解区，进而发生氨化、硝化和反硝化反应。氨氮被湿地植物和微生物同化吸收，转变为有机体的一部分，通过定期收割植物去除也是人工湿地除氮一个途径，但在植物的枯萎和死亡期去除效率较低，每年湿地对氮的吸收大约在 12～120gN/(m^2·a)。另外，氨氮在较高 pH>8 下向大气中挥发，也能去除一小部分氮。

7.2.4　磷的去除与转化

湿地中磷的存在形式有三种：有机磷化合物、不溶性磷酸盐和可溶性磷酸盐。有机磷化合物主要存在于微生物和植物体内，不溶性磷酸盐是磷的主要存在形式，可溶性磷酸盐是唯一能够被微生物和植物利用的形式。

人工湿地对磷的去除是由植物吸收、微生物去除及物理化学作用而完成的。无机磷在植物吸收及同化作用下，可变成植物的有机成分，通过植物的收割而得以去除。可溶性的无机磷酸盐很容易与土壤中的 Al^{3+}、Fe^{3+}、Ca^{2+} 等发生化学沉淀反应，所以，采用含钙质的填料或膨胀黏土有助于磷的去除。磷的另一去除途径是通过微生物对磷的正常同化吸收，聚磷菌对磷的过量积累，通过对湿地床的定期更换而将其去除。

7.2.5　难降解有机化合物的去除

与传统的污水处理工艺相比，湿地处理系统能更有效地去除难降解有机化合物如苯、酚、萘酸、杀虫剂、除草剂、氯化物和芳香族的烃类化合物。土壤是一个巨大的微生物资源库，它所能分解的有机化合物的数量远远大于单一的污水处理构筑物；湿地中也存在种类繁多、数量巨大的微生物群落和多种沼生植物群落，通过它们的共同作用，能够降解复杂有机化合物。有的研究甚至发现湿地植物如芦苇能直接吸收一些难降解的有机化合物。

7.2.6　病原菌的去除与转化

病原菌是由水中的悬浮物带入湿地中的，因此，是通过沉淀、拦截等去除的。病原菌的去除与 TSS 的去除和水力停留时间有关。

7.2.7　金属的去除与转化

湿地中金属去除的机理主要有：植物的吸收和生物富集作用，土壤胶体颗粒的吸附（离子交换），成为不可溶的沉淀物，如硫酸盐、碳酸盐、氢氧化物等。金属被吸收的程度要视金属类型和湿地植物类型而定。

7.2.8　其他有机化合物的去除与转化

这些有机物包括农药、肥料、化学药剂等。它们的去除是由化合物特性、湿地类型、植物种类和它们的环境因素决定的。去除机理主要包括挥发、沉淀、拦截、生物降解、吸附等。另外，还有一些有机化合物是通过植物吸收后，随植物降解又回到其他水体中，从而得以去除。

7.3 人工湿地的工艺设计

7.3.1 工艺设计参数

7.3.1.1 表流人工湿地设计参数

(1) 有机负荷　表流人工湿地的有机负荷范围较宽，当有机负荷为18～116kgBOD_5/(10^4m^2·d)时，BOD_5的去除率可达93%，因此，一般建议采用110kgBOD_5/(10^4m^2·d)。

(2) 水力停留时间　一般以7～14d为宜。

(3) 湿地的长宽比和水深　长宽比宜大于10：1；夏季水深宜小于10cm，冬季宜大于45cm。

(4) 介质的孔隙度　一般采用0.75。

(5) 供微生物栖息活动的比表面积　一般采用15.7m^2/m^3。

7.3.1.2 潜流人工湿地设计参数

(1) 有机负荷　潜流人工湿地的有机负荷取决于水生植物的输供氧的值。一般建议采用166～200kgBOD_5/(10^4m^2·d)。

(2) 水力负荷　一般在20～280m^3/(m^2·d)之间。

(3) 湿地床深度　处理城市污水或生活污水时，湿地床深度一般为0.6～0.7m。

(4) 湿地的长宽比　长宽比不宜小于3：1，池长不应小于20m。

7.3.2 工艺设计

7.3.2.1 表流人工湿地工艺设计

(1) 有机污染物出水浓度　在地表流人工湿地处理系统中，有机污染物在系统中的反应可按一级动力学方程来表达。在稳态条件下，有机污染物出水浓度为：

$$S_e=0.52S_0\exp\left[-\frac{0.7K_T(A_V)^{1.75}LWdn}{Q}\right] \tag{7-1}$$

式中　S_e——出水BOD_5浓度，mg/L；

S_0——进水BOD_5浓度，mg/L；

A_V——微生物活动的比表面积，m^2/m^3，一般为15.7m^2/m^3；

L——湿地床的长度，m；

W——湿地床的宽度，m；

d——湿地床的设计水深，m；

n——湿地床的空隙率，与所用的填料粒径大小有关；

Q——湿地系统设计处理流量，m^3/d；

K_T——反应动力学常数，d^{-1}。

当湿地底部坡度或水力梯度≥1%时，应对上式进行适当调整，具体如下：

$$S_e=0.52S_0\exp\left[-\frac{0.7K_T(A_V)^{1.75}LWdn}{4.63S^{1/3}Q}\right] \tag{7-2}$$

式中　S——湿地底部坡度。

(2) 水力停留时间　式(7-1)和式(7-2)中的$LWdn/Q$可由水力停留时间t来代替，因此，通过式(7-1)或式(7-2)可以确定水力停留时间，具体如下。

$$t=\frac{(\ln S_0-\ln S_e)-0.6539}{65K_T} \tag{7-3}$$

式中　t——水力停留时间，h。

当湿地底部坡度或水力梯度≥1%时，水力停留时间为：

$$t=\frac{(\ln S_0-\ln S_e)-0.6539}{301K_TS^{1/3}} \tag{7-4}$$

（3）湿地的表面积　湿地的表面积为：

$$A=Q\frac{(\ln S_0-\ln S_e)-0.6539}{65K_Td} \tag{7-5}$$

式中　A——湿地的表面积，m^2。

当湿地底部坡度或水力梯度≥1%时，湿地的表面积为：

$$A=Q\frac{(\ln S_0-\ln S_e)-0.6539}{301S^{1/3}K_Td} \tag{7-6}$$

7.3.2.2　潜流人工湿地工艺设计

（1）水力停留时间　潜流人工湿地的水力停留时间 t 按式(7-7) 计算：

$$t=\frac{V_V}{Q} \tag{7-7}$$

$$V_V=LWdn \tag{7-8}$$

式中　V_V——湿地床内有效空间容积，m^3；

d——浸没深度，m；不同水生植物，d 值不同，灯芯草为 0.76m，芦苇为 0.6m，香蒲 0.3m。

其他符号意义同前。

（2）湿地的表面积　潜流湿地的表面积为：

$$A=\frac{Q(\ln S_0-\ln S_e)}{K_Tdn} \tag{7-9}$$

7.3.2.3　人工湿地工艺系统组合

在实际应用中，人工湿地处理工艺系统有多种组合形式，具体见图 7-6。①单池系统，见图 7-6(a)。②串联系统，见图 7-6(b) 和图 7-6(d)。③并联系统，见图 7-6(c)，并联系统中单元数越多，运行管理越灵活，清理和维护管理越方便。④串联-并联系统，见图 7-6(g)。⑤湿地与稳定塘的组合系统，见图 7-6(e) 和图 7-6(f)。另外，还有湿地与地表漫流或农田(稻田) 的组合系统。

7.3.2.4　人工湿地的布水形式

湿地的布水形式，决定湿地的水流形式。湿地的布水形式主要有：推流式、分级进水式、回流式及“雪糕”式分组进水一回流型布水 4 种类型，具体见图 7-7。推流式布水最为简单，动力省，输水管渠少，便于进行操作和管理。分级进水式有利于均匀分布有机负荷，提高 SS 和 BOD 的去除率，也可为后续的脱氮过程提供更多的碳源。回流式可以稀释透水浓度，减少臭气产生，增加溶解氧和延长水力停留时间，有助硝化过程的进行。这种形式增加基建和运行费用。“雪糕”式分级进水和回流型布水形式，将进水与出水并排布置，减少回流管长度，节能。进水管若采用可调节的穿孔管，有助于布水均匀。

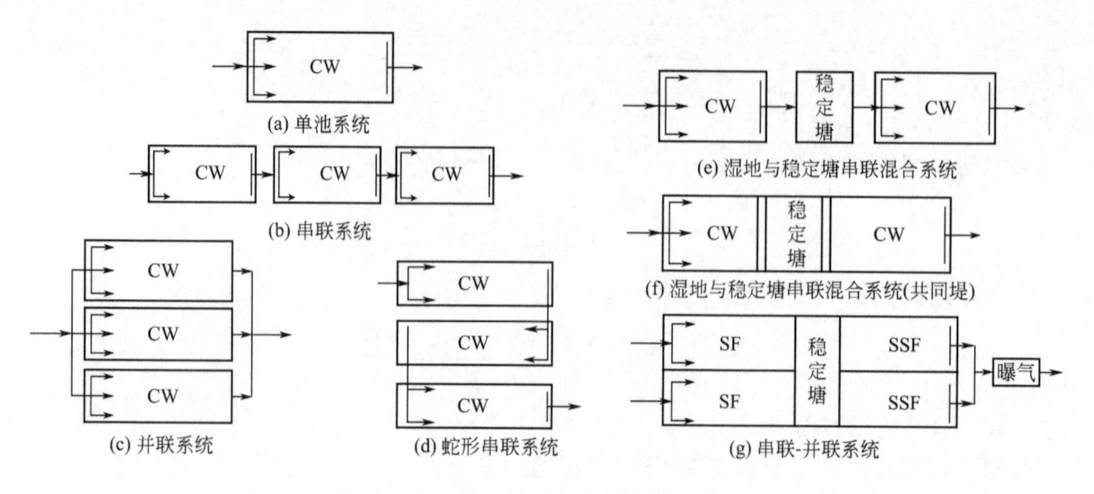

图 7-6　人工湿地处理工艺系统的组合形式

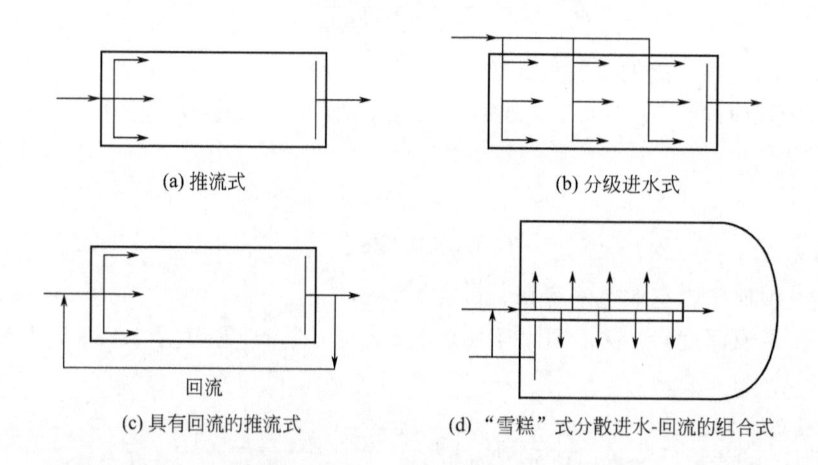

图 7-7　人工湿地的布水形式

7.3.3　人工湿地设计的其他问题

7.3.3.1　场地选择及土地面积估算

人工湿地处理工艺所需的占地面积与传统的二级生物处理法相比要大些。因此，采用人工湿地工艺处理污水时，应因地制宜确定场地，尽量选择有一定自然坡度的洼地或经济价值不高的荒地，减少土方工程量、利于排水、降低投资。

土地面积可以按式(7-10) 估算：

$$F=0.0365\frac{Q}{LP} \tag{7-10}$$

式中　F——湿地所占的土地面积，$10^4 m^2$；

Q——废水流量，m^3/d；

L——水力负荷，m/周；

P——运行时间，周/a。

也可按式(7-11) 估算：

$$F=KQ \tag{7-11}$$

式中　K——系数，一般取 6.57×10^{-3}。

7.3.3.2 栽种植物的类型

湿地中栽种的水生植物，应考虑尽可能地增加湿地系统的生物多样性。选择时可根据耐污性、生长能力、根系的发达程度以及经济价值和美观要求等因素来确定，同时也要考虑当地的气候、水文、土壤及污水性质等条件。一般选用水生维管束植物中的挺水植物，如芦苇、灯芯草、水葱、宽叶香蒲等。目前最常用的是芦苇。芦苇的根系较为发达，是具有巨大比表面积的活性物质，其生长可深入到地下0.6～0.7m，且具有良好的输氧能力。采用芦苇作为湿地植物时，应注意取当地的芦苇种，以保证其对当地气候环境的适应性。

7.3.3.3 填料的使用

湿地床由三层组成，表层土层、中层砾石层和下层小豆石层。湿地床表层土壤可就近采用当地的表层土，如能利用钙含量在2～2.5kg/100kg的土壤则更好。在铺设表层土时，要将地表土壤与粒径为5～10mm的石灰石掺和，厚度为0.15～0.25m。表层以下采用粒径在0.5～5cm的砾石（或花岗岩碎石）铺设，其铺设厚度一般为0.4～0.7m，有时也采用粒径为5～10mm（或12～25mm）的石灰石填料。由于表层土壤在浸水后会产生一定的沉降作用，因而设计时填料上层的高度宜高于设计值的10%～15%。填料本身对生物处理效果的影响不大，但采用含钙、铁成分的填料，能够通过化学反应和离子交换作用，提高废水磷和重金属离子的去除效果。

7.3.3.4 湿地床防渗

人工湿地需要考虑防渗，以防止地下水受到污染或防止地下水渗透进入湿地。提供污水深度处理的表流湿地处理系统，一般不会对地下水构成威胁，也不必进行衬里。提供二级处理的潜流湿地一般需要衬里，以防止污水和地下水直接接触。

如果现场的土壤和黏土能够提供充足的防渗能力，那么压实这些土壤做湿地的衬里已经足够。含有石灰石、断裂的基岩、碎石或砂质土壤的场地，必须用其他方法进行防渗处理。在选择防渗方法前，需要对建筑材料进行实验分析。含有15%以上黏土的土壤一般比较合适，膨润土和其他黏土提供了吸附/反应的场所，并能够产生碱度。

人工衬里包括沥青、合成丁基橡胶和塑料膜（如0.5～10.0mm厚的高密度聚乙烯）。衬里必须坚固、密实和光滑以防止植物根部的附着和穿透；如果现场的土壤中含有棱角的石块，那么在衬里下面需铺一层沙或土工布，以防止衬里被刺穿；在潜流湿地系统中，合成衬里的下面一般也要铺上土工布以防止刺穿。

如果有必要，在表流湿地中的衬里上面应覆盖15～30cm厚的土壤，以防止植被的根系刺穿衬里。

7.3.3.5 进水系统

表流湿地的进水通常很简单，一般采用末端开口的管道、渠道或带有闸门的管道，将水直接排入湿地中。潜流湿地的进水结构包括铺设在地面和地下的多头导管（如管径为150mm的穿孔管）、与水流方向垂直的敞开沟渠以及简单的单点溢流装置。地下的多头导管可避免藻类的黏附生长及可能发生的堵塞，但调整和维护比较困难。设置在地表面、可调节出口的多头导管，能够为调整和维护带来方便。在寒冷地区必须采用地下进、配水装置，并应在冰冻线一下，防止被冻。地表面多头导管要高出湿地水面12～24cm。

7.3.3.6 出水系统和水位控制

在表流型湿地中，水位由出口结构如溢流装置、溢水口或可调管道控制。一个高度可变的堰，如一个带有可移动叠梁闸门的箱，能简单地调整水位。在较大系统中可能需要更复杂的结构，需要设置隔浮渣板/除浮渣器和截留/清除漂浮碎叶的格栅，以避免悬浮物堵塞出口。考虑到在出现较大降雨时，在湿地处理系统中可能出现较短时间的大的排水流量，因此，溢流装置和溢洪道必须设计成能够通过最大可能的水流量。

在潜流湿地中，出水包括多种地下的多头导管、溢流堰箱或类似的带有闸门的结构。多头导管应放置在刚刚高出湿地床底面的位置以便能完全控制水位，包括排水。建议使用可调节水位的出水口以便在湿地床中维持一个足够的水力坡度，同时对湿地的运行和维护都有很大的好处。

第 8 章 污泥处理与处置系统的设计计算

8.1 污泥浓缩

污泥浓缩的主要目的就是去除污泥颗粒的空隙水（约占总水分的 70%），减少污泥体积，从而降低后续处理构筑物和设备的负荷，减少处理费用。污泥浓缩常用的方法有，重力浓缩法、气浮浓缩法和离心浓缩法。

8.1.1 重力浓缩池的设计与计算

8.1.1.1 重力浓缩池的构造

重力浓缩池按其运转方式可以分为连续式和间歇式两种。连续式主要用于大、中型污水处理厂，间歇式主要用于小型污水处理厂或工业企业的污水处理厂。重力浓缩池一般采用水密性钢筋混凝土建造，设有进泥管、排泥管和排上清液管，平面形式有圆形和矩形两种，一般多采用圆形。

间歇式重力浓缩池的进泥与出水都是间歇的，因此，在浓缩池不同高度上应设多个上清液排出管。间歇式操作管理麻烦，且单位处理污泥所需的池容积比连续式的大。图 6-1 为间歇式重力浓缩池示意。

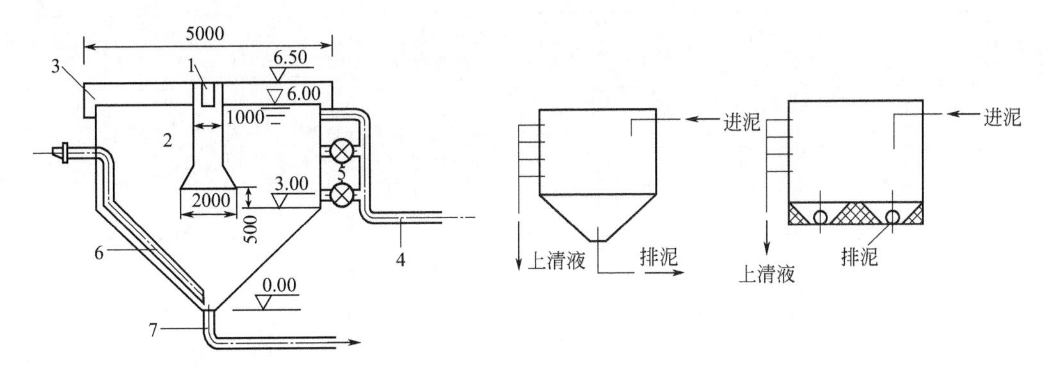

图 8-1 间歇式重力浓缩池示意

1—污泥入流槽；2—中心管；3—出水堰；4—上清液排出管；

5—闸门；6—吸泥管；7—排泥管

连续式重力浓缩池的进泥与出水都是连续的，排泥可以是连续的，也可以是间歇的。当池子较大时采用辐流式浓缩池；当池子较小时采用竖流式浓缩池。竖流式浓缩池采用重力排泥，辐流式浓缩池多采用刮泥机机械排泥，有时也可以采用重力排泥，但池底应做成多斗。图 8-2 为有刮泥机与搅拌装置的连续式重力浓缩池。

8.1.1.2 重力浓缩池的设计与计算

重力浓缩池设计计算公式及要求见表 8-1。

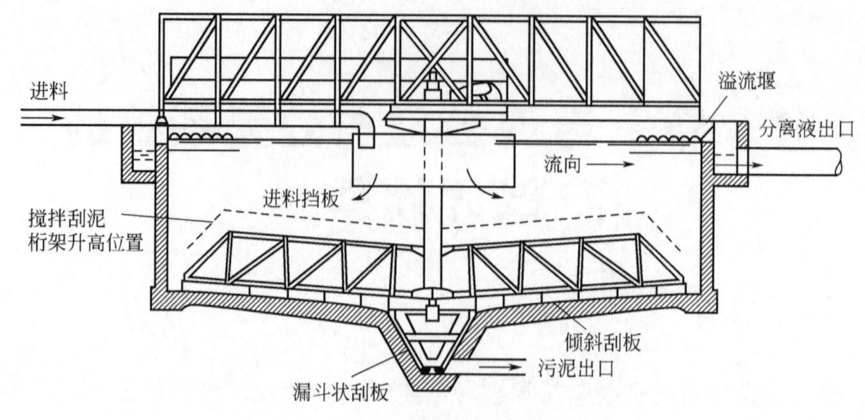

图 8-2　连续式重力浓缩池

表 8-1　重力浓缩池设计计算公式

名　称	公　式	符号说明
浓缩池总面积	$A=\frac{QC}{G}$	A——浓缩池总面积，m^2； Q——污泥量，m^3/d； C——污泥固体浓度，kg/L； G——浓缩池污泥固体通量，$kg/(m^2 \cdot d)$，当为初次沉淀池污泥时，污泥固体通量宜采用 80～120$kg/(m^2 \cdot d)$，当为剩余活性污泥时，污泥固体通量宜采用 30～60$kg/(m^2 \cdot d)$，当为初次沉淀池污泥和剩余活性污泥的混合污泥时，污泥固体通量应按两种污泥的比例效益计算
单池面积	$A_1=\frac{A}{n}$	A_1——单池面积，m^2； A——浓缩池总面积，m^2； n——浓缩池数量，个
浓缩池直径	$D=\left(\frac{4A_1}{\pi}\right)^{0.5}$	D——浓缩池直径，m； A_1——单池面积，m^2
浓缩池工作部分高度	$h_1=\frac{TQ}{24A}$	h_1——浓缩池工作部分高度，m，一般宜为 4m，最低不小于 3m； T——设计浓缩时间，h，不宜小于 12h，但也不要超过 24h； A、Q——符号意义同上
浓缩池总高度	$H=h_1+h_2+h_3$	H——浓缩池总高度，m； h_1——浓缩池工作部分高度，m； h_2——超高，m； h_3——缓冲层高度，m，一般为 0.3～0.5m
浓缩后污泥体积	$V_2=\frac{Q(1-p_1)}{1-p_2}$	V_2——浓缩池后污泥体积，m^3； p_1——进泥含水率，%，当为初次沉淀池污泥时，其含水率一般为 95%～97%，当为剩余活性污泥时，其含水率一般为 99.2%～99.6%，当为初次沉淀池污泥和剩余活性污泥的混合污泥时，污泥含水率应按两种污泥的比例效益计算； p_2——浓缩后污泥含水率，当剩余污泥进泥含水率为99.2%～99.6%时，浓缩后污泥含水率为 97%～98%，浓缩初次沉淀池污泥和剩余活性污泥的混合污泥时，浓缩后污泥含水率为 95%～97%； Q——污泥量，m^3/d

设计时还应注意以下几项规定。

(1) 辐流式浓缩池可以采用刮泥机和吸泥机集泥，当采用刮泥机时，池底坡度不宜小于0.01；当采用吸泥机时，池底坡度可以采用0.003。刮泥机的回转速度为0.75～4r/h，吸泥机的回转速度为1r/h，其外缘线速度一般宜为1～2m/min。为了提高浓缩效果，可在刮泥机上安设栅条。当不设刮泥设备时，池底一般设有泥斗。

(2) 浓缩池可以连续排泥，也可以定期排泥。采用定期排泥时，污泥室的容积按8h贮泥量计算。

(3) 浓缩池的上清液应重新回流到初次沉淀池前进行处理，其数量和有机物含量应参与全厂的物料平衡计算。

(4) 当浓缩池较小时，可以采用竖流式浓缩池。竖流式浓缩池中心管按污泥流量计算，管中的流速不大于30mm/s；沉淀区按浓缩分离出来的污水量进行设计计算，其上升流速不大于0.1mm/s。其余部分按竖流式沉淀池设计。竖流式浓缩池不设刮泥机，采用重力排泥，污泥室的截锥体斜壁与水平面所形成的角度应不小于50°。

【例 8-1】 已知某城市污水处理厂由二沉池排放的剩余污泥量$Q_1=1400m^3/d$，含水率为99.4%，污泥浓度为6g/L，由初沉池排放的污泥量$Q_2=350m^3/d$，含水率为96%，污泥浓度为40g/L，浓缩后污泥浓度为40g/L，含水率为96%。求重力浓缩池各部分尺寸。

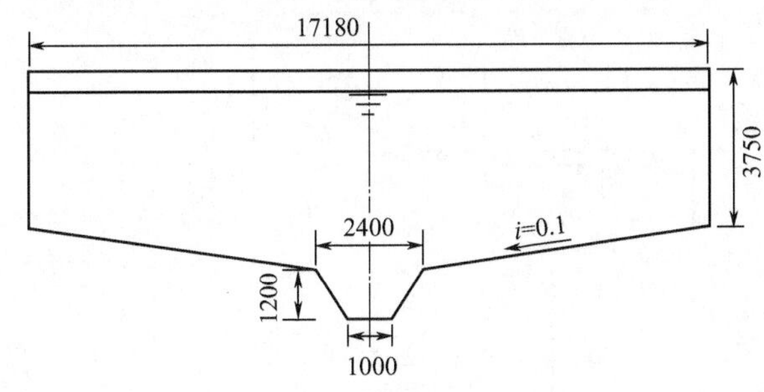

图 8-3　辐流式浓缩池计算草图

［解］ 采用带有竖向栅条污泥浓缩机的辐流式重力沉淀池，浓缩池计算草图见图8-3。

(1) 污泥总量及污泥浓度计算　污泥总量

$$Q=Q_1+Q_2=1400+350=1750\ (m^3/d)$$

污泥混合后的浓度

$$C=\frac{Q_1C_1+Q_2C_2}{Q}=\frac{1400\times6+350\times40}{1750}=11.66\ (g/L)$$

(2) 浓缩污泥固体通量　设初次沉淀池污泥的固体通量为100kg/(m²·d)，剩余活性污泥的污泥固体通量宜采用30kg/(m²·d)，则初次沉淀池污泥和剩余活性污泥混合后的污泥固体通量

$$M=\frac{1400\times30+350\times100}{1750}=44\ [kg/(m^2\cdot d)]$$

(3) 浓缩池面积

$$A=\frac{QC}{M}=\frac{1750\times11.66}{44}=463.75\ (m^2)$$

采用两个污泥浓缩池，每个池面积

$$A_1=\frac{463.75}{2}=231.88\ (m^2)$$

(4) 浓缩池直径

$$D=\sqrt{\frac{4\times A_1}{\pi}}=\sqrt{\frac{4\times231.88}{\pi}}=17.18\ (m)$$

取 $D=17.8\text{m}$。

(5) 浓缩池工作部分的高度　取污泥浓缩时间 $T=20\text{h}$，则浓缩池工作部分的高度

$$h_1=\frac{TQ}{24A}=\frac{20\times1750}{24\times463.75}=3.15\ (\text{m})$$

(6) 浓缩池总高度　设浓缩池超高 $h_2=0.3\text{m}$，缓冲层高度 $h_3=0.3\text{m}$，浓缩池总高度

$$\begin{aligned}H&=h_1+h_2+h_3\\&=3.15+0.3+0.3=3.75\ (\text{m})\end{aligned}$$

(7) 浓缩后污泥体积　由于污泥混合后的浓度为 11.66g/L，因此可以近似地认为浓缩池进泥的含水率 $p_1=98.34\%$。浓缩污泥的含水率 $p_2=96\%$，浓缩后污泥体积

$$V_2=\frac{Q(1-p_1)}{1-p_2}=\frac{1750\times(1-0.9834)}{1-0.96}=415\ (\text{m}^3/\text{d})$$

8.1.2 气浮浓缩池的设计与计算

气浮浓缩池多用于浓缩污泥颗粒较轻（密度接近于 1）的污泥，如活性污泥、生物滤池污泥等，近几年在混合污泥（初沉污泥＋剩余污泥）浓缩方面也得到了推广应用。

气浮浓缩有部分回流气浮浓缩系统和无回流气浮浓缩系统两种，其中部分回流气浮浓缩系统应用较多。图 8-4 为部分回流气浮浓缩系统。

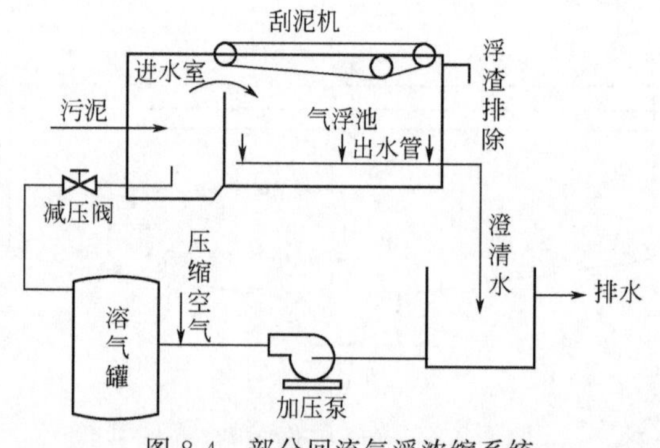

图 8-4　部分回流气浮浓缩系统

8.1.2.1 气浮浓缩池的构造

气浮浓缩池有圆形和矩形两种，小型气浮装置（处理能力小于 $100\text{m}^3/\text{h}$）多采用矩形气浮浓缩池，大中型气浮装置（处理能力大于 $100\text{m}^3/\text{h}$）多采用辐流式气浮浓缩池。气浮浓缩池一般采用水密性钢筋混凝土建造，小水量也有的采用钢板焊制或者其他非金属材料制作。图 8-5 为气浮浓缩池的两种形式。

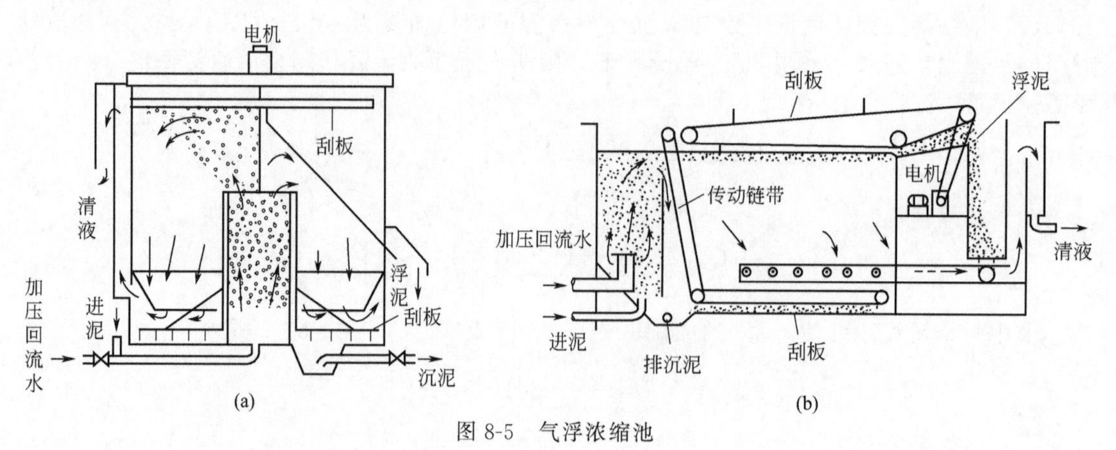

图 8-5　气浮浓缩池

8.1.2.2 气浮浓缩池的设计与计算

气浮浓缩池设计计算公式及要求见表 8-2。

表 8-2　气浮浓缩池设计计算公式

名　称	公　式	符号说明
加压水回流量	$Q_r=\dfrac{QC_0\left(\dfrac{A}{S}\right)1000}{\gamma C_S\left(\eta\dfrac{P}{9.81\times10^4}-1\right)}$	Q_r——回流流量，m^3/h； Q——气浮处理污泥量，m^3/h； C_0——气浮污泥原始浓度，kg/m^3，参见表 8-3； P——溶气罐中绝对压力，Pa，一般采用 2.94×10^5～4.90×10^5Pa； η——溶气效率，%，一般采用 50%； C_S——在一定温度、一个大气压下的空气溶解度，mL/L； A——大气压时释放的空气量，kg/h； S——污泥干重，kg/h； $\dfrac{A}{S}$——气固比，一般采用 0.02～0.04(质量比)，或根据试验确定； γ——空气容重，g/L
回流比	$R=\dfrac{Q_r}{Q}$	R——回流比； Q_r——回流流量，m^3/h； Q——气浮处理污泥量，m^3/h
总流量	$Q_T=Q(1+R)$	Q_T——总流量，m^3/h； Q、R——符号意义同上
气浮池表面积	$A=\dfrac{QC_0}{M}$	A——气浮池表面积，m^2，长宽比一般为(3∶1)～(4∶1)； M——固体负荷，$kg/(m^2\cdot h)$，参见表 8-3
过水断面面积	$\omega=\dfrac{Q_T}{v}$	ω——过水断面面积，m^2； v——水平流速，m/h，一般为 4～10mm/s
气浮池有效水深	$H'=h_1+h_2+h_3$	H'——气浮池有效水深，m，矩形气浮池的有效水深一般为 3～4m，深宽比不小于 0.3；辐流式气浮池的有效水深一般不小于 3m； h_1——分离区高度，m，由过水断面面积 ω 计算； h_2——浓缩区高度，m，一般最小值采用 1.2m 或池宽的 3/10； h_3——死水区高度，m，一般采用 0.1m
气浮池总高度	$H=H'+h_4+h_5$	H——气浮池总高度，m； H'——气浮池有效水深，m； h_4——气浮池超高，m，一般取 0.3m； h_5——刮泥板高度，m，一般取 0.3m
表面水力负荷(校核)	$q=\dfrac{Q_T}{A}$	q——表面水力负荷，$m^3/(m^2\cdot h)$，参见表 8-3
停留时间(校核)	$T=\dfrac{AH'}{Q_T}$	T——停留时间，h，一般不小于 1.5h
溶气罐容积	$V=\dfrac{tQ_r}{60}$	V——溶气罐容积，m^3； t——加压水在溶气罐中的停留时间，min，一般取 1～3min； Q_r——回流流量，m^3/h
溶气罐高度	$H'=\dfrac{4V}{\pi D^2}$	H'——溶气罐高度，m； D——溶气罐直径，m，溶气罐高度与直径之比常采用 2～4； V——溶气罐容积，m^3

设计时还应注意以下几项规定。

（1）气浮浓缩池的表面水力负荷和固体负荷的取值参见表8-3。

表8-3 气浮浓缩池的表面水力负荷和固体负荷

污泥种类	气浮污泥原始浓度/%	表面水力负荷/[m³/(m²·h)]		固体通量/[kg/(m²·h)]	气浮后污泥始浓度/%
		有回流	无回流		
活性污泥混合液	<0.5	1.0～3.6	0.5～1.8	1.04～3.12	3～6
剩余活性污泥	<0.5			2.08～4.17	
纯氧曝气剩余活性污泥	<0.5			2.50～6.25	
初沉污泥与剩余污泥的混合体	1～3			4.17～8.34	
初沉污泥	2～4			<10.8	

（2）污泥颗粒上浮形成的水面以上的浮渣层厚度，一般控制为0.15～0.3m，利用出水堰板进行调节。

（3）溶气罐加压泵的出水管压力，不应低于溶气罐的压力，一般采用2.94×10^5～4.90×10^5Pa。

【例8-2】 已知某城市污水处理厂的剩余污泥量为1500m³/d，含水率为99.5%，污泥浓度为5g/L，污泥温度为20℃。浓缩后污泥浓度为3g/L，含水率为97%。求气浮浓缩池各部分尺寸。

［**解**］ 采用出水部分回流加压气浮浓缩工艺

（1）加压水回流量 采用两个气浮池，则每个气浮池的流量

$$Q=\frac{1500}{2}=750(\text{m}^3/\text{d})=31.25(\text{m}^3/\text{h})<100(\text{m}^3/\text{h})$$

所以，采用矩形气浮池。

由于污泥浓度较低，所以取气固比$\frac{S}{A}=0.02$。当污泥温度为20℃，空气溶解度$C_S=18.7$mL/L，空气容重$\gamma=1.164$g/L，溶气效率η采用50%，则加压水回流量

$$Q_r=\frac{QC_0\left(\frac{A}{S}\right)\times1000}{\gamma C_S\left(\eta\frac{P}{9.81\times10^4}-1\right)}$$

$$=\frac{31.25\times5\times0.02\times1000}{1.164\times18.7\times\left(0.5\times\frac{49.0\times10^4}{9.81\times10^4}-1\right)}$$

$$=95.86\ (\text{m}^3/\text{h})$$

（2）回流比

$$R=\frac{Q_r}{Q}=\frac{95.86}{31.25}=3.07$$

（3）总流量

$$Q_T=Q(1+R)=31.25\times(1+3.07)=127.19\ (\text{m}^3/\text{h})$$

（4）气浮池表面积 取固体负荷$M=2.2$kg/(m²·h)（按不投混凝剂考虑），则气浮池表面积

$$A=\frac{QC_0}{M}=\frac{31.25\times 5}{2.2}$$
$$=71.02\ (\mathrm{m}^2)$$

设气浮池长宽 $L/B=3.4$，则气浮池宽

$$B=\sqrt{\frac{A}{3.4}}=\sqrt{\frac{71.02}{3.4}}=4.57\ (\mathrm{m})$$

气浮池长

$$L=4\times B=3.4\times 4.57$$
$$=15.54\ (\mathrm{m})$$

(5) 过水断面面积　设水平流速 $v=4\mathrm{mm/s}=14.4\mathrm{m/h}$，则过水断面面积

$$\omega=\frac{Q_\mathrm{T}}{v}=\frac{127.19}{14.4}=8.83\ (\mathrm{m}^2)$$

(6) 气浮池有效水深　分离区高度

$$h_1=\frac{\omega}{B}=\frac{8.83}{4.57}=1.93\ (\mathrm{m})$$

取浓缩区高度 $h_2=1.5\mathrm{m}$，死水区高度 $h_3=0.1\mathrm{m}$，则气浮池的有效水深

$$H'=h_1+h_2+h_3$$
$$=1.93+1.5+0.1$$
$$=3.53\ (\mathrm{m})$$

(7) 气浮池总高度　设气浮池超高 $h_4=0.3\mathrm{m}$，刮泥板高度 $h_5=0.3\mathrm{m}$，则气浮池总高度

$$H=H'+h_4+h_5=3.53+0.3+0.3$$
$$=4.13\ (\mathrm{m})$$

(8) 表面水力负荷（校核）

$$q=\frac{Q_\mathrm{T}}{A}=\frac{127.19}{71.02}=1.79\ [\mathrm{m}^3/(\mathrm{m}^2\cdot\mathrm{h})]\text{(符合要求)}$$

(9) 停留时间（校核）

$$T=\frac{AH'}{Q_\mathrm{T}}=\frac{71.02\times 3.53}{127.19}=1.971\ (\mathrm{h})\text{(符合要求)}$$

(10) 溶气罐容积　取加压水在溶气罐中的停留时间 $t=2\mathrm{min}$，则溶气罐容积

$$V=\frac{tQ_\mathrm{r}}{60}=\frac{2\times 95.86}{60}=3.20\ (\mathrm{m}^3)$$

(11) 溶气罐高度　取溶气罐直径 $D=1.2\mathrm{m}$，则溶气罐高度

$$H'=\frac{4V}{\pi D^2}=\frac{4\times 3.2}{\pi\times 1.2^2}=2.83\ (\mathrm{m})$$

溶气罐高度与直径之比

$$\frac{H}{D}=\frac{2.83}{1.2}=2.36\text{(符合要求)}$$

8.2 污泥厌氧消化

厌氧消化是利用兼性菌和厌氧菌进行厌氧生化反应，分解污泥中有机物质的一种污泥处

理工艺。厌氧消化是使污泥实现“四化”（减量化、稳定化、无害化、资源化）的主要环节。首先，有机物被厌氧消化分解，可使污泥稳定化，使之不易腐败。其次，通过厌氧消化，大部分病原菌或蛔虫卵被杀灭或作为有机物被分解，使污泥无害化。第三，随着污泥被稳定化，将产生大量高热值的甲烷（沼气），作为能源利用，使污泥资源化。另外，污泥经消化以后，其中的部分有机氮转化成了氨氮，提高了污泥的肥效。污泥的减量化虽然主要借浓缩脱水，但有机物被厌氧分解，转化成沼气，这本身也是一种减量过程。

厌氧消化分为中温消化（30～36℃）和高温消化（50～53℃）；又可分为一级厌氧消化和两级厌氧消化。

污泥厌氧消化的主要处理构筑物就是消化池。利用消化池处理污泥的处理过程中需要加热搅拌，保持泥温，这样才能达到使污泥加速消化分解的目的。

8.2.1 消化池的结构形式与配套设备

8.2.1.1 结构形式

消化池按其容积是否可变，分为定容式和动容式两类。小型污水处理厂多采用动容式消化池。按照池体形状，又可分为圆柱形和卵形两种。圆柱形消化池，如图 8-6(a) 所示，直径一般为 6～35m，池高与池径之比为 0.8～1.0，池盖、池底倾角一般取 15°～20°，池顶集气罩直径取 2～5m，高取 1～3m；大型消化池可采用卵形，如图 8-6(b) 所示。卵形消化池有很多优点，容积可做到 10000m^3 以上，但国内用得较多的还是圆柱形的。

8.2.1.2 投配、排泥和溢流系统

（1）污泥投配　生污泥（初沉污泥、腐殖污泥或浓缩后的活性污泥），均先排入贮泥池，用泵加压后送入消化池。污泥贮存池一般为矩形，至少设两座，池容根据生污泥量和投配方式确定，通常按 12h 的贮泥量设计。

（2）排泥　消化池的排泥管设在池底，依靠静水压力将熟污泥排出，送至后续处理构筑物。

（3）溢流装置　消化池因污泥投配过量、排泥不及时或沼气产量与用气量不平衡时，沼气室内的沼气被压缩，气压增加甚至可能压破池顶盖。为此，必须设置消化池溢流装置（见图 8-7），及时溢流，以确保沼气室内压力恒定。溢流装置还必须绝对避免集气罩与大气相通。通常采用的溢流装置有倒虹管式、大气压式和水封式。

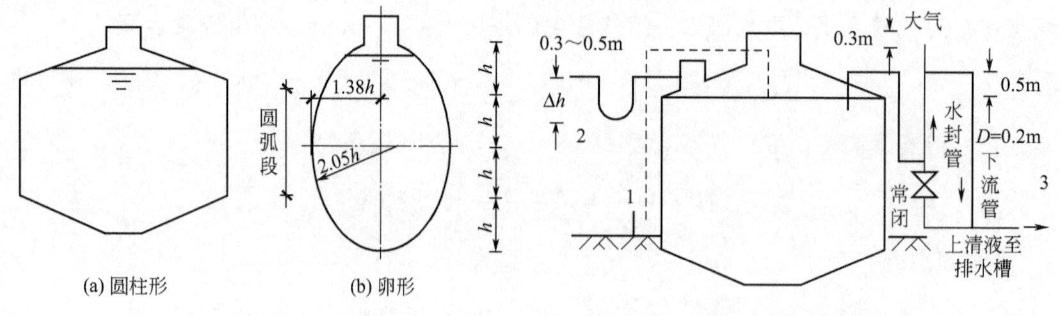

图 8-6　消化池基本池型

图 8-7　消化池溢流装置

1—倒虹管式；2—大气压式；3—水封式

8.2.1.3 沼气的收集及贮存

沼气的产量与用气量通常不会平衡，必须设置贮气柜进行贮存调节。沼气从消化池的集气罩通过沼气管道输送至贮气柜，沼气管的管径按日平均产气量计算，管内流速按7～

15m/s计；当消化池采用沼气搅拌时，计算沼气管管径时，应加入搅拌循环所需沼气量。贮气柜的容积按日平均产气量的25%～40%计算。

贮气柜有低压浮动盖式和高压球形罐式两种，一般采用低压浮动盖式；当需要长距离输送时，可考虑采用高压球形罐。低压浮动盖式的浮动盖重量决定柜内气压，柜内气压一般为1177～1961Pa（120～200mmH_2O），最高可达3432～4909Pa（350～500mmH_2O）。气压的大小可用增减盖顶铸铁块的数量进行调节。浮盖的直径与高度比为1.5～1。

8.2.1.4　消化池搅拌设备

消化池的搅拌一般有4种方式。

（1）水射器搅拌　由水泵对新投料液或消化液进行加压后射入水射器，在喉管处造成真空，吸入一部分池内消化液，使新料液与消化液在水射器内充分混合，并产生强烈射流，对池内消化液进行搅拌。水射器顶端浸没在消化液面以下0.2～0.3m，水泵扬程应大于0.2MPa，喉管长度采用300mm，扩散圆锥角采用8°～15°，喷口倾角采用20°，水泵加压料液与水射器吸入料液之比为(1∶3)～(1∶5)。水射器工作半径约为5m，当消化池直径大于10m时，可考虑设多个水射器。这种方法的优点是设备简单，维修方便，缺点是电耗较大，一般为1.0～1.5kW·h/(m^3·d)，污泥不利于脱水，适用于小型消化池。

（2）螺旋桨搅拌　在消化池内安装中心管，在管内装有由池顶电机带动的螺旋桨，将消化液由下至上提升达到搅拌的目的。消化池直径较大时，可采用多个螺旋桨搅拌器。穿越池盖的轴应有密封装置，不能使空气透入。这种方法对消化污泥的浓缩脱水影响不大，适用于大型消化池，其主要优点是电耗少，0.1～0.2kW·h/(m^3·d)，所需功率为0.005～0.008kW/m^3。缺点是螺旋桨轴穿越池盖处，必须严格密封，装置较复杂，现已不常用。

（3）沼气搅拌　用压缩机加压后的沼气通过消化池盖上的配气环管送入每根立管，从立管底端的喷嘴喷出对消化液进行搅拌。立管的根数根据搅拌气量和立管内的气体流速决定。搅拌气量按每1000m^3池容5～7m^3/min计，气流速度按5～15m/s计，所需功率为0.005～0.008kW/m^3。这种方法的优点是搅拌比较充分，可促进厌氧分解和沼气释放，缩短消化时间。

（4）联合搅拌　联合搅拌的特点是把新料液加温和沼气搅拌在一个装置内完成。经压缩机加压后的沼气与经水泵加压后的新料液分别从热交换器的底部射入，将消化池内的一部分消化液吸出，共同在加热器中加热混合，然后从消化池的上部消化液面下喷入，完成加温搅拌过程。当消化池直径大于10m时，可采用多个热交换器和搅拌装置。

8.2.2　消化池的容积计算

8.2.2.1　按消化时间或污泥投配率计算

消化池容积为：

$$V=Qt \tag{8-1}$$

式中　V——消化池容积，m^3；

Q——污泥流量，m^3/d；

t——污泥的消化时间，d，一般为20～30d。

消化时间是污泥投配率的倒数，因此，消化池容积为：

$$V=\frac{Q}{P} \tag{8-2}$$

式中　P——污泥投配率，%。

8.2.2.2 按挥发性有机物负荷计算

$$V=\frac{S_V}{S} \tag{8-3}$$

式中 S_V——新鲜污泥中挥发有机物的重量，kg/d；

S——挥发性有机物负荷，kg/(m³·d)，中温取0.6～1.5kg/(m³·d)，高温取2.0～2.8kg/(m³·d)。

8.2.3 加热设备及计算

消化池一般采用池外套管式热交换器间接加热的方式，把生污泥加热到消化温度，补偿消化池壳体及管道的热损失。这种方式的优点是，可有效地杀灭寄生虫卵。

8.2.3.1 总耗热量计算

生污泥采取全日连续加热的方式，加热生污泥每小时耗热量为：

$$Q_1=\frac{V'}{24}(T_D-T_S)\times 4186.8 \tag{8-4}$$

式中 Q_1——生污泥的温度升高到消化温度的耗热量，kJ/h；

V'——每日投入消化池的生污泥量，m³/d；

T_D——消化温度，℃；

T_S——生污泥原温度,℃。

池体耗热量：

$$Q_2=\sum FK(T_D-T_A)\times 4186.8 \tag{8-5}$$

式中 Q_2——消化池体耗热量，kJ/h；

F——池盖、池壁、池底散热面积，m³/d；

T_A——池外介质温度（空气或土壤），当池外介质为空气时，计算全年耗热量必须按全年平均气温，℃；

K——池盖、池壁、池底传热系数，kJ/(m²·h·℃)。

$$K=\frac{1}{\frac{1}{\alpha_1}+\sum\frac{\delta}{\lambda}+\frac{1}{\alpha_2}} \tag{8-6}$$

式中 α_1——消化池内壁传热系数，kJ/(m²·h·℃)，污泥传到钢筋混凝土池壁为1256kJ/(m²·h·℃)，沼气传到钢筋混凝土池壁为31.4kJ/(m²·h·℃)；

α_2——消化池外壁至介质传热系数，kJ/(m²·h·℃)，介质为大气则为12.6～33.5kJ/(m²·h·℃)，介质为土壤则为2.1～6.3kJ/(m²·h·℃)；

δ——池体各部结构层、保温层厚度，m；

λ——池体各部结构层、保温层传热系数，kJ/(m²·h·℃)，混凝土或钢筋混凝土池壁为5.6kJ/(m²·h·℃)；其他保温层查相关设计手册。

管道、热交换器耗热量：

$$Q_3=\sum FK(T_m-T_A)\times 1.2 \tag{8-7}$$

式中 Q_3——管道、热交换器耗热量，kJ/h；

K——管道、热交换器传热系数，kJ/(m²·h·℃)；

T_m——锅炉出口和入口温度平均值，或锅炉出口和池子入口蒸汽温度平均值，℃。

总耗热量：

$$Q_{max}=Q_{1max}+Q_{2max}+Q_{3max} \tag{8-8}$$

8.2.3.2　热交换器设计

热交换管总长度：

$$L=\frac{Q_{max}}{\pi DK\Delta T_{m}}\times 1.2 \tag{8-9}$$

式中　L——套管总长度，m；

D——外管管径，m；

K——传热系数，kJ/(m^2·h·℃)，约2512.1kJ/(m^2·h·℃)；

ΔT_m——平均温差的系数，℃；

Q_{max}——消化池最大耗热量，kJ/h。

$$K=\frac{1}{\frac{1}{\alpha_1}+\frac{1}{\alpha_2}+\frac{\delta_1}{\lambda_1}+\frac{\delta_2}{\lambda_2}} \tag{8-10}$$

式中　α_1——加热体至管壁的传热系数，kJ/(m^2·h·℃)，可选用12141.7kJ/(m^2·h·℃)；

α_2——管壁至加热体的传热系数，kJ/(m^2·h·℃)，可选用19678kJ/(m^2·h·℃)；

δ_1——管壁厚度，m；

δ_2——水垢厚度，m；

λ_1——管子的导热系数，kJ/(m^2·h·℃)，钢管为163～209kJ/(m^2·h·℃)；

λ_2——水垢的导热系数，kJ/(m^2·h·℃)，一般选8.4～12.6kJ/(m^2·h·℃)，新交换器可不计，而采用计算结果乘0.6。

$$\Delta T_m=\frac{\Delta T_1-\Delta T_2}{\ln\frac{\Delta T_1}{\Delta T_2}} \tag{8-11}$$

$$\Delta T_1=T_s-T'_w \tag{8-12}$$

$$\Delta T_2=T'_s-T_w \tag{8-13}$$

式中　T_s——热交换器入口处的污泥温度，℃；

T'_w——热交换器出口的热水温度，℃；

T'_s——热交换器出口的污泥温度，℃；

T_w——热交换器入口的热水温度，℃，一般采用60～90℃。

$$T'_s=T_s+\frac{Q_{max}}{Q_s\times 4186.8} \tag{8-14}$$

$$T'_w=T_w-\frac{Q_{max}}{Q_s\times 4186.8} \tag{8-15}$$

$$Q_w=\frac{Q_{max}}{(T_w-T'_w)\times 4186.8} \tag{8-16}$$

式中　Q_s——污泥循环流量，m^3/h；

Q_w——热水循环流量，m^3/h。

8.2.3.3　热水锅炉选择

锅炉的加热面积为

$$F=(1.1\sim1.2)\frac{Q_{max}}{E} \tag{8-17}$$

式中　F——锅炉的加热面积，m^3/h；

E——锅炉加热面的发热强度，$kJ/(m^2 \cdot h)$，根据锅炉样本选用；

1.1～1.2——热水供应系统的热损失系数。

根据 F 值选择锅炉。

【例 8-3】 已知某污水处理厂初沉污泥量为 $400m^3/d$，浓缩后的剩余污泥量为 $210m^3/d$，含水率均为 96%，干污泥相对密度为 1.01，挥发性有机物占 67%。生污泥年平均温度为 17.3℃，日平均最低温度为 12℃。池外介质为大气时，全年平均温度为 11.6℃，冬季室外计算气温采用历年不保证 5d 的日平均温度为－9℃；池外介质为土壤时，全年平均温度为 12.6℃，冬季计算温度为 4.2℃。拟采用中温二级消化，一级消化池加温和搅拌，二级消化池不加温、不搅拌，均采用圆柱形固定盖式消化池。

［解］（1）消化池容积计算

① 根据剩余活性污泥量较多，采用有机负荷法进行设计，挥发性有机负荷选用 $1.3kg/(m^3 \cdot d)$，消化池总容积

$$V=\frac{S_v}{S}=\frac{(400+210)\times 0.04\times 1.01\times 1000\times 0.67}{1.3}=12700\ (m^3)$$

② 容积比。一级∶二级＝3∶1，一级消化池为 3 座。二级消化池为 1 座，单池容积为 $3175m^3$。

③ 一级消化池结构尺寸。消化池直径 $D=19m$，集气罩直径 $d_1=2m$，高 $h_1=2m$，池底锥体圆台直径 $d_2=2m$，锥体倾角为 15°，$h_2=h_4=2.4m$，$h_3=\frac{D}{2}=\frac{19}{2}=19.5m$，采用 10m。

消化池总高度 $H=h_1+h_2+h_3+h_4=2+2.3+10+2.3=16.8\ (m)$

④ 消化池各部分容积

集气罩容积：　$V_1=\frac{\pi d_1^2}{4}h_1=\frac{3.14\times 2^2}{4}\times 2=6.28\ (m^3)$

上锥体容积：　$V_2=\frac{1}{3}\times\frac{\pi D^2}{4}h_2=\frac{3.14\times 19^2}{3\times 4}\times 2.4=226.7\ (m^3)$

圆柱体体积：　$V_3=\frac{\pi D^2}{4}h_3=\frac{3.14\times 19^2}{4}\times 10=2833.8\ (m^3)$（符合要求）

下锥体容积等于上椎体容积：$V_4=V_2=226.7m^3$

消化池有效容积 $V_0=V_2+V_3+V_4=226.7+22833.8+226.7=3287.2\ (m^3)>3175\ (m^3)$，符合要求。

二级消化池结构尺寸与一级消化池相同。

（2）消化池各部分表面积计算

集气罩表面积　$F_1=\frac{\pi d_1^2}{4}+\pi d_1 h_1=\frac{3.14\times 2^2}{4}+3.14\times 2\times 2=15.7\ (m^2)$

上锥体表面积　$F_2=\pi l\left(\frac{D}{2}+\frac{d_1}{2}\right)=3.14\times 9.3\times(9.5+1)=294.9\ (m^2)$

圆柱体表面积：

地上部分地区　$F_3=\pi Dh_5=3.14\times 19\times 6=358\ (m^2)$

地下部分地区　$F_4=\pi Dh_6=3.14\times 19\times 4=238.6\ (m^2)$

下锥体表面积与上锥体表面积相等。

（3）热工计算

① 加热生污泥耗热量。消化温度 $T_D=35℃$，生污泥温度 $T_S=17.3℃$，日平均最低气温 $T'=12℃$。

每座一级消化池最大生污泥投配量，投配率采用 5%。

$$V''=3175\times5\%=158.75\ (m^2)$$

全年平均耗热量为 $Q_1=\frac{V''}{24}(T_D-T_S)\times4186.8=490183\ (kJ/h)$

最大耗热量为 $Q_{max}=\frac{V''}{24}(35-12)\times4186.8=636960\ (kJ/h)$

② 消化池耗热量。消化池各部分传热系数：池盖 $K=2.93kJ/(m^2\cdot h\cdot ℃)$，池壁：地面以上 $K=2.5kJ/(m^2\cdot h\cdot ℃)$，地面以下 $K=1.9kJ/(m^2\cdot h\cdot ℃)$。

池外介质为大气时，全年平均气温 $T_A=11.6℃$，冬季室外计算温度 $T_A=-9℃$。

池外介质为土壤时，全年平均气温 $T_B=12.6℃$，冬季室外计算温度 $T_A=4.2℃$。

池上盖部分全年平均耗热量

$$Q_2=FK(T_D-T_A)\times1.2=(15.7+294.9)\times2.93\times(35-11.6)\times1.2=25554\ (kJ/h)$$

最大耗热量

$$Q_{2max}=(15.7+294.9)\times2.93\times[35-(-9)]\times1.2=48051\ (kJ/h)$$

池壁地面上部分全年平均耗热量

$$Q_3=FK(T_D-T_A)\times1.2=358\times2.5\times(35-11.6)\times1.2=25132\ (J/h)$$

最大耗热量

$$Q_{3max}=358\times2.5\times[35-(-9)]\times1.2=47256\ (kJ/h)$$

池壁地面下部分全年平均耗热量

$$Q_4=FK(T_D-T_B)\times1.2=238.6\times1.9\times(35-12.6)\times1.2-12186\ (kJ/h)$$

最大耗热量

$$Q_{4max}=238.6\times1.9\times(35-12.6)\times1.2=16756\ (kJ/h)$$

池底部分全年平均耗热量

$$Q_4=FK(T_D-T_B)\times1.2=294.9\times1.9\times(35-12.6)\times1.2=15061\ (kJ/h)$$

最大耗热量

$$Q_{5max}=294.9\times1.9\times(35-4.2)\times1.2=20709\ (kJ/h)$$

每座消化池全年平均耗热量及最大耗热量

$$Q_0=25554+25132+12186+15061=77933\ (kJ/h)$$

$$Q_{max}=48051+47256+16756+220709=132772\ (kJ/h)$$

每座消化池全年平均耗热量

$$\sum Q=490138+77933=568071\ (kJ/h)$$

最大耗热量

$$\sum Q_{max}=636960+132772=769032\ (kJ/h)$$

③ 热交换器计算。采用池外套管式热交换器，全天均匀投配。生污泥进入一沉池前与循环的一级消化池污泥先混合再进入热交换器，生污泥与循环污泥之比为 1∶2。

生污泥量　$Q_{s1}=\frac{158.75}{24}=6.6\ (m^3/h)$

循环消化污泥量 $Q_{s2}=6.6\times2=13.2\ (m^3/h)$

生污泥与消化污泥混合后的温度为：

$$T_S=\frac{1\times12+2\times35}{3}=27.33\ (℃)$$

热交换器外管管径选用 $DN100mm$，内管管径选用 $DN60mm$ 时，污泥在内管的流速为

$$v=\frac{19.82\times4}{\pi\times0.06^2\times3600}=1.95\ (m/h)(符合要求)$$

$$T_S'=T_S+\frac{Q_{max}}{Q_S\times4186.8}=27.33+\frac{709632}{19.82\times4186.8}=35.88\ (℃)$$

热交换器入口热水温度采用 $T_w=85℃$，$T_w-T_w'=10℃$，则热水循环量为：

$$Q_w=\frac{Q_{max}}{(T_w-T_w')\times4186.8}=\frac{709632}{(85-75)\times4186.8}=16.95\ (m^3/h)$$

外管内热水流速为：$v=\dfrac{16.95\times4}{\pi\times(0.1^2-0.06^2)\times3600}=0.94\ (m/h)(符合要求)$

$$\Delta T_1=T_s-T_w'=27.33-75=-47.67\ (℃),\ \Delta T_2=T_s'-T_s=35.88-85=-49.12\ (℃)$$

$$\Delta T_m=\frac{\Delta T_1-\Delta T_2}{\ln\dfrac{\Delta T_1}{\Delta T_2}}=\frac{-47.67-(-49.12)}{\ln\dfrac{-47.67}{-49.12}}=47.60\ (℃)$$

换热器总长度：

$$L=\frac{Q_{max}}{\pi DK\Delta T_m}\times1.2=\frac{709632}{3.14\times0.06\times2512.1\times47.6}\times1.2=37.8\ (m)$$

设每根长 4cm，共有根数 $N=37.8/4=9.45$ 根。取 10 根。

(4) 沼气混合搅拌计算　一级消化池采用多路沼气扩散搅拌，单位用气量取 $6m^3/(min\cdot1000m^3)$，搅拌用气量为：

$$q=6\times\frac{3175}{1000}=19.05\ (m^3/min)=0.32\ (m^2/s)$$

曝气立管内沼气流速为 12m/s，需立管总面积为 $0.32/12=0.027\ (m^2)$，选用立管直径 $DN40mm$，所需立管根数为 $0.027\times\dfrac{4}{3.14\times0.04\times0.04}=21.5$（根），取 22 根。

8.3 污泥脱水

8.3.1 机械脱水

8.3.1.1 真空过滤脱水机脱水

真空过滤目前常用折带式真空过滤脱水机及盘式真空过滤脱水机等。采用真空过滤脱水机脱水时应遵循以下规定。

(1) 进入真空过滤脱水机的污泥，其含水率宜小于 95%，最大不应大于 98%。脱水后泥饼的含水率一般应在 80%左右，以便于运输为限。

(2) 城市污水厂的污泥，当采用真空过滤机时，其过滤能力参见表 8-4 的数据。

(3) 提高转速可以提高污泥脱水的过滤能力，但泥饼厚度将变薄，不利于卸料和保持一

定的真空度。最好通过试验，确定最适宜的转速。当真空过滤机为单室型时，其转速范围一般在 2r/min 左右。脱水后的滤饼含水率可保持在 80%以下。

表 8-4　真空过滤机的过滤能力

污泥种类		过滤能力/[kg 干污泥/(m^2·h)]
生污泥	初沉污泥	30～50
	初沉污泥+生物滤池污泥	30～40
	初沉污泥+活性污泥	15～25
	活性污泥	10～15
消化污泥	初沉污泥	25～40
	初沉污泥+生物滤池污泥	20～35
	初沉污泥+活性污泥	15～25

(4) 滤布对污泥脱水效果有很大影响，应选用不易堵塞而又耐久的材料。目前多用合成纤维，如锦纶、涤纶、尼龙等。当混凝剂为三氯化铁（$FeCl_3$）或碱式氯化铝时，锦纶、涤纶、尼龙等滤布都可满足要求，维纶则较差。

(5) 脱水机房设计应考虑滤布的冲洗，冲洗水量按每平方米真空过滤机工作面积为 0.8～1.3L/(m^2·s) 计算，水压为 3～3.5kg/cm^2。

(6) 真空过滤机的真空度宜保持在 27～67kPa（200～500mmHg）范围内。

(7) 过滤机的台数，包括备用在内，至少要 2 台。当工作台数<4 台时，一般备用 1 台；当工作台数≥4 台时，一般备用 2 台。

(8) 真空过滤机配用的真空泵，其抽气量可按每平方米真空过滤机工作面积为 0.5～1.0m^3/min 计算。最大真空度为 80kPa（600mmHg）。电动机的功率可按每 1m^3/min 抽气量为 1.2kW 估算。选用的台数包括备用在内，不应少于 2 台。

(9) 当选用的真空过滤机需要压缩空气吹脱泥饼时，有时需设置专用的空气压缩机，其所需的压缩空气量，可按每平方米真空过滤机工作面积为 0.1m^3/min 计算，出口压力（绝对压力）为 2～3kg/cm^2。电动机的功率可按每 1m^3/min 压缩空气量为 4kW 估算。选用的台数包括备用在内，不应少于 2 台。

(10) 进泥泵或其他进泥装置应能变化流量。用来分离滤液中空气的滤液罐按空气停留 3min 左右设计。当同时作为滤液泵的储罐时，应使液体有一定停留时间。当滤液不能自流排入下水道时，则需另设滤液泵。滤液必须重新进行处理。脱水后的滤饼数量较大时，则应设置皮带运转机，直接将泥饼连续运出脱水机房。滤液的排出可采用自动排液器。

(11) 真空过滤机机房得换气次数按 5～7 次/h 计算。由于真空泵、空气压缩机及通风机噪声很大，最好能单独布置在隔音房间内，并采取消音措施。机房必须与污泥消化池、污泥淘洗池、混凝剂投加装置、污泥装运设施等统筹安排布置。

(12) 污泥堆放场面积可按 4～5 个月的存放量，堆高 1.5m。

8.3.1.2　加压过滤脱水机脱水

目前常用的加压过滤设备有两种型式，即板框压滤机和箱式压滤机。采用加压过滤脱水机脱水时应遵循以下规定。

(1) 加压过滤的整个压滤机是密封的，压滤机设置台数应不少于 2 台，过滤压力一般为 4～5kg/cm^2，当过滤压力更高时，则应考虑基底给泥系统，防止滤布被堵塞。

(2) 滤布一般选用合成长纤维，必须设置用水或药品清洗滤布的装置。

(3) 城市消化污泥在加压过滤脱水前一般应进行淘洗，并投加混凝剂。

（4）过滤能力随污泥性质、滤饼厚度、过滤压力、过滤时间、滤布种类等因素而不同。一般应取拟过滤的污泥通过试验确定，或按其他类似的经验来选用。

用压滤机为城市污水处理的污泥脱水时，过滤能力一般为2～10kg干污泥/(m^2·h)；当为城市污水处理的消化污泥时，投加三氯化铁的量为4%～7%，氧化钙为11%～22.5%，过滤能力一般为2～4kg干污泥/(m^2·h)，过滤周期一般为1.5～4h。

（5）污泥压入过滤机一般有两种方式，一种是用高压污泥泵直接压入；另一种是用压缩空气，通过污泥罐将污泥压入过滤机，常用的高压污泥泵有离心式污泥泵或柱塞式污泥泵。当采用柱塞式污泥泵时，应设减压阀及旁通回流管。每台过滤机应单独配备1台污泥泵。

（6）污泥压滤后需用压缩空气来剥离泥饼，所需的空气量按每立方米滤室容积需气$2m^3/min$计算，压力为0.1～0.3MPa。

（7）当用传送带运送污泥时，应考虑卸落时的冲力，并应附有破碎泥饼的钢丝格栅以防泥饼塑化。

（8）过滤能力按式(8-18)计算：

$$L=\frac{S}{(1+n)At} \tag{8-18}$$

式中 L——对污泥的过滤能力（不计调理剂带来的效果），kg干污泥/(m^2·h)；

S——泥饼干重，kg；

n——絮凝剂对干污泥的质量比；

A——有效过滤面积，m^2；

t——总过滤时间，h；t=进泥时间+压滤时间+出泥时间。

（9）过滤面积按式(8-19)计算：

$$A=1000(1-P)\frac{Q}{L} \tag{8-19}$$

式中 A——压滤机的过滤面积，m^2；

P——污泥含水率，%；

Q——污泥量，m^3/d。

8.3.1.3 带式过滤脱水机脱水

带式过滤机是目前应用较广的一种污泥脱水设备，包括辊压型和挤压型等。其工作原理是把压力施加在滤布上，用滤布的压力和张力使污泥脱水，而不需要真空或加压设备。采用带式过滤脱水机脱水时应遵循以下规定。

（1）带式过滤机由滚压轴及滤布带组成。污泥先经过浓缩段（主要依靠重力过滤），使污泥失去流动性，以免在压榨段被挤出滤布，浓缩段的停留时间为10～20s；然后进入压榨段，压榨时间1～5min。

（2）滚压的方式有两种，其中有一种是滚压轴上下错开，依靠滚压轴施于滤布的张力压榨污泥，压榨的压力受张力限制，压力较小，压榨时间较长，但在滚压的过程中对污泥有一种剪切力的作用，可促进泥饼的脱水。

（3）带式过滤的生产能力，以每米带宽每小时分离出的干物质的公斤数计，目前最大的带宽是3m。应根据不同的污泥进行实验，以确定生产能力及其他运转参数。

① 对于城市污水的初沉生污泥，当进泥含水率为90%～95%，投加的有机高分子混凝剂为污泥干重的0.09%～0.2%时，则其生产能力一般为250～400kg干污泥/(m^2·h)，脱

水后泥饼含水率为 65%～75%。

② 对于初沉的消化污泥，当进泥含水率为 91%～96%，投加的有机高分子混凝剂为污泥干重的 0.1%～0.3%时，则其生产能力一般为 250～500kg 干污泥/(m^2・h)，脱水后泥饼含水率为 65%～75%。

③ 对于初沉污泥与二沉活性污泥的混合生污泥，当挥发性固体小于 75%，进泥含水率为 92%～96.5%，投加的有机高分子混凝剂为污泥干重的 0.15%～0.5%时，则其生产能力一般为 130～300kg 干污泥/(m^2・h)，脱水后泥饼含水率为 70%～80%。

④ 对于初沉污泥与二沉活性污泥的混合消化污泥，当进泥含水率为 93%～97%，投加的有机高分子混凝剂为污泥干重的 0.2%～0.5%时，则其生产能力一般为 120～350kg 干污泥/(m^2・h)，脱水后泥饼含水率为 70%～80%。

8.3.1.4　离心脱水机脱水

离心脱水机的优点是结构紧凑，附属设备少，基建投资少，占地少；能长期自动连续运转，操作简便、卫生；在密闭状况下运行，臭味小，不需要过滤介质，维护较为方便；不投加或少加化学药剂，处理能力大且效果好，总处理费用较低。缺点是设备价格昂贵；噪声一般都较大；脱水后污泥含水率较高，当固液相对密度相差很小时不易分离；电力消耗大，污泥中若含有砂砾，则易磨损设备。它不适用于密度差很小或液相密度大于固相的污泥脱水。采用离心脱水机脱水时应遵循以下规定。

(1) 污泥由空心转轴送入转筒后，先在螺旋输送器内预加速，然后经螺旋筒体上的进料孔进入分离区，在离心加速作用下，污泥颗粒被甩贴在转鼓内壁上，形成环状固体层，并被螺旋输送器推向转鼓锥端，由出渣排出；水则在泥层内侧，由转鼓大端端盖的溢流孔排出。按进泥方向分为顺流式和逆流式两种机型。顺流式卧螺离心机进泥方向与固体输送方向一致，即进泥口和排泥口分别在转筒两端。逆流式卧螺离心机进泥方向与固体输送方向一致，即进泥口和排泥口同在转筒一端。逆流式由于污泥在中途转向，对转筒内产生水力搅动，因而泥饼含固量稍低于顺流式。顺流式离心机转筒和螺旋通过介质全程存在磨损，而逆流式只在部分长度上存在磨损，污泥脱水多采用顺流式离心机。

(2) 按离心机的分离因素 α（离心加速度与重力加速度）可将离心机分为两类：$\alpha<1500$的称为低速或低重力离心机；$\alpha>1500$ 的称为高速或高重力离心机。前者的固体回收率达 90%以上，能耗低，操作管理简便；后者固体回收率达 98%以上，但能耗高、维护管理要求高，一般污泥脱水大都选用低速离心机。同一台离心机即可用于污泥浓缩，也可用于污泥脱水。处于浓缩工作状况的离心机，只需增加聚合物的用量并降低转速，即可进入脱水工作状况，反之亦然。

(3) 离心脱水机当采用无机低分子混凝剂时，分离效果很差，故一般均采用有机高分子混凝剂。当污泥有机物含量高时，一般选用离子度低的阳离子有机高分子混凝剂；当污泥中主要含无机物时，一般选用离子度高的阴离子有机高分子混凝剂。

(4) 混凝剂的投加量与污泥性质有关，应根据实验选定。当为初沉污泥与二沉活性污泥的混合生污泥，挥发性固体≤75%时，其有机高分子混凝剂的投加量一般为污泥干重的 0.1%～0.5%，脱水后泥饼含水率为 75%～80%。

当为初沉污泥与二沉活性污泥的混合消化污泥，挥发性固体≤60%时，其有机高分子混凝剂的投加量一般为污泥干重的 0.25%～0.55%，脱水后泥饼含水率为 75%～85%。

(5) 投加的有机高分子混凝剂应事先配制成一定浓度的水溶液。当采用阴离子、非离子型的有机高分子混凝剂时，其调配的浓度一般为0.05%～0.1%；当采用阳离子型的有机高分子混凝剂时，其调配的浓度一般为0.2%～0.4%。可根据相对分子质量的高低、离子度的大小酌情在上述范围内配制。

(6) 有机高分子混凝剂的投药点应特别注意。当为阳离子型时，可直接加入转鼓的液槽中；当为阴离子型时，可加在进料管中或提升的泥浆泵前。设计时可多设几处投药点，以利运转时选用。

(7) 污泥进入离心机前，应通过粉碎机或缝隙为8mm的细格栅，格栅室放在污泥浓缩池前。当原污水已通过很细的格栅时，则可免除污泥格栅。

(8) 进入离心机污泥的浓度高时有利于脱水，但太高则污泥黏度过大，混凝剂不易扩散。一般进泥的最佳含水率是90%～92%。

离心机的生产率、最佳工艺参数和操作参数，应根据进泥量及污泥性质，按设备说明书的资料采用。

(9) 离心脱水机的污泥回收率，一般可达95%以上。若欲降低污泥脱水后的含水率，则污泥回收率也要下降，并且还要增加分离液的固体含量。

(10) 污泥脱水后的分离液中悬浮物浓度一般为500～1000mg/L，分离液的含固量不宜大于1%。当分离液的含固量小于1%时，可回流到污水处理构筑物前进行处理，不应直接排放；活性污泥的分离液可直接回流到曝气池进行处理。

8.3.1.5　浓缩、脱水一体机脱水

不经重力浓缩（或气浮浓缩），污泥经化学调节以后直接进入浓缩、脱水一体机，达到浓缩、脱水的目的。在我国多家城市污水厂应用，已取得了良好的效果。对于小城镇污水处理厂污泥产量较低，厌氧消化不经济，因此，更适宜采用浓缩、脱水一体机。

(1) 浓缩、脱水一体机的基本原理与特点　将污泥的浓缩与脱水两个功能组合成一个设备，根据需要可以分为3种工艺运行：单独完成浓缩、作为浓缩设备；单独完成脱水，作为脱水设备；同时完成浓缩与脱水。

浓缩、脱水一体机的主要特点是：所需停留时间很短，不必使用重力浓缩池，占地面积小；避免了剩余活性污泥在重力浓缩池中厌氧放磷的现象，因此特别适用于脱氮除磷工艺的剩余活性污泥的浓缩与脱水；浓缩与脱水的效果好，可将剩余活性污泥的含水率从99.4%～99.6%，降低到75%～80%；能耗、水耗（用浓缩上清液回用冲洗滤布）、化学调节剂耗、造价与处理成本都较低。

(2) 浓缩、脱水一体机类型　浓缩、脱水一体机基本有两种类型：转筒浓缩机与滚压带式压滤机的结合；离心浓缩脱水一体机。

转筒浓缩-滚压带式压滤一体机构造及工艺流程见图8-8。

实际运行时可以实现3种运行方式。

① 浓缩运行。污泥经化学调节后，在转筒浓缩装置“1”浓缩，用浓缩污泥泵“4”抽出。

② 脱水运行。经化学调节后的污泥直接进入滚压带式压滤机“2”，进行压滤脱水。

③ 浓缩、脱水运行。

表8-5、表8-6为德国洛蒂格（ROEDIGER）公司制造的DUODRAIN型浓缩、脱水一体机性能与技术数据表，供参考。

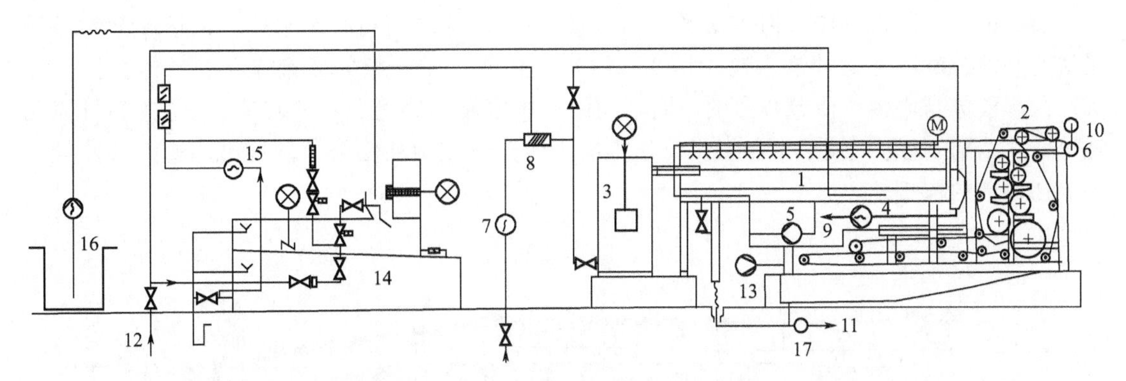

图 8-8　转筒浓缩-滚压带式压滤一体机

1—转筒浓缩装置；2—滚压带式压滤装置；3—絮凝反应罐；4—浓缩污泥泵；5—浓缩上清液回用清洗泵；6—滤饼输送皮带；7—原污泥泵；8—污泥与混凝剂混合管；9—浓缩污泥管；10—脱水滤饼；11—脱水液管；12—自来水或处理水供给管；13—气动滤布拉紧装置；14—混凝剂制配与投加系统；15—混凝剂泵；16—混凝剂储槽；17—滤液再循环泵

表 8-5　DUODRAIN 型浓缩、脱水一体机性能

污泥种类	原污泥		转筒浓缩投配率		经转筒浓缩后		滚压带式压滤装置投配率/[kg(干)/h]	脱水滤饼	
	固体浓度/%	含水率/%	m³/h	kg(干)/h	固体浓度/%	含水率/%		固体浓度/%	滤饼含水率/%
剩余活性污泥	0.5～1.5	99.5～98.5	45～120	350～1000	5～8	95～92	165～420	16～20	84～80
好氧消化系统	0.8～2.0	99.2～98	45～120	370～1200	6～9	93～91	180～520	20～25	80～75
初沉污泥	1.5～3.0	97～98.5	25～60	600～1500	8～12	92～88	270～650	24～30	76～70
厌氧稳定腐蚀污泥	0.5～2.0	99.5～98	40～100	400～1200	7～9	93～91	220～630	22～25	78～75
厌氧消化污泥	1.5～3.0	97～98.5	20～50	500～1200	8～12	92～88	330～840	25～32	68～75
造纸生物污泥	0.5～2.5	99.5～97.5	35～90	350～1000	5～7	95～93	225～480	20～25	80～75
纸与纸浆污泥	1.0～2.0	99～98	40～100	800～2000	8～10	92～90	240～800	25～45	75～55
蔬菜加工污泥	0.5～3.0	99.5～97	13～33	260～650	10～14	90～86	300～1050	35～55	65～45
酿酒生物污泥	0.7～1.5	99.3～98.5	40～60	350～1000	4～6	96～94	160～400	17～21	83～79

表 8-6　DUODRAIN 型浓缩、脱水一体机技术参数

浓缩、脱水一体机型号	11.4	16.4	22.4
污泥处理能力/(m³/h)	8～12	14～20	25～40
机器长度/mm	4900	4900	5300
机器宽度/mm	2000	2500	3100
机器高度/mm	2700	2730	2730
滤饼卸料高度/mm	2150	2150	2150
转筒数	1	1	1
滤带宽度/mm	1100	1600	2200
转筒驱动功率/kW	0.55	0.55	0.55
滤带驱动功率/kW	1.10	1.50	2.20
喷洗水泵功率/kW	5.507	5.50	7.50
气动拉紧装置空压机功率/kW	1.50	1.50	1.50
滤液再循环泵功率/kW	1.10	1.10	1.10
自重/kg	约 3500	约 5000	约 7000
工作重量/kg	约 4000	约 5000	约 8300

离心浓缩、脱水一体机构造见图 8-9。构造与工作原理同离心脱水机。化学调节后的污泥从空心的螺旋输送器轴进入离心浓缩、脱水一体机，于转鼓的圆锥体与圆柱体交接处注入。由于液体与固体所受离心力的不同，固体泥饼依靠螺旋输送器的转速 ω_s 与离心机筒壳转速 ω_b 之间的速差，输送至泥饼出口处排出，而分离液则从圆筒端部排出。转筒端部设有可灵活调节的堰板。

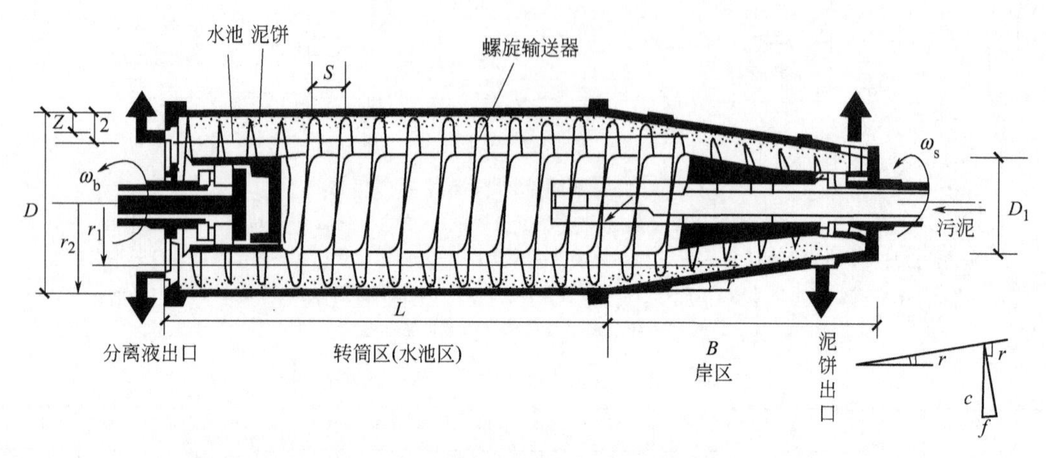

图 8-9 离心浓缩、脱水一体机构造

8.3.2 污泥干化场

利用污泥干化场使污泥自然干化，是小城镇污泥脱水中最经济的一种方法。污泥干化场的优点是基建费用低，设备投资少；操作简便，运行费用低，劳动强度大。缺点是占地面积大、卫生条件差；受污泥性质和气候影响大。它适用于渗滤性能好的污泥水，气候比较干燥，占地不紧张，以及卫生条件允许的地区。污泥干化场平面布置见图 8-10。

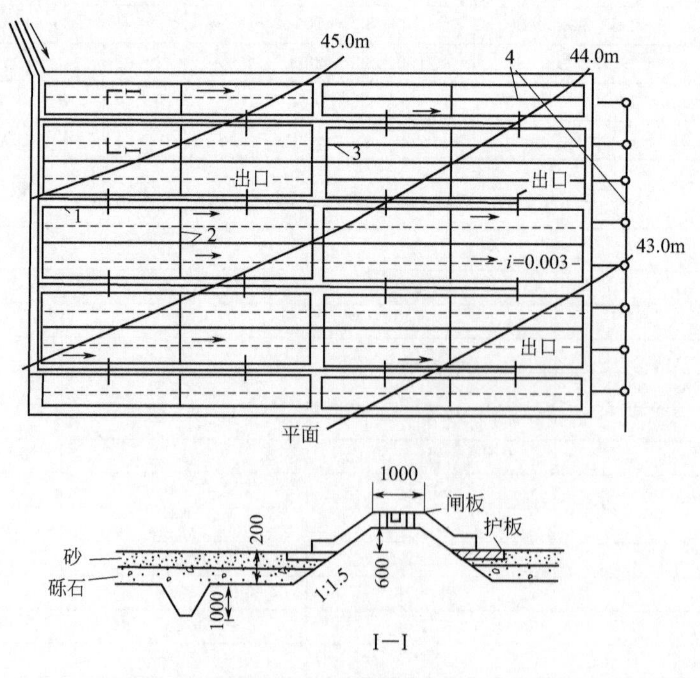

图 8-10 污泥干化场

1—配泥槽；2—隔墙；3—DN75mm 排水管；4—渗水排水管线

8.3.2.1　污泥干化场的设计要求

(1) 污泥干化场和居民点之间应按有关卫生标准设置防护地带，当无具体规定时，一般可采用不小于 300m。

(2) 干化场四周用土、砖石或混凝土筑成高为 0.5～10m，顶宽为 0.5～1.0m 的围堤。土围堤边坡取 1∶1.5。围堤上设输泥槽，槽底坡度取 0.01～0.03，中间通常用围堤或木板隔成若干块，每块宽度不大于 10m。每块干化床的输泥槽上隔一定距离设放泥口，均匀放入原污泥。为排出围堤间的浓缩上清液，可在堤上设多层排水（管）阀。干化场进泥管采用铸铁管，坡向干化场，管内污泥流速大于 0.75m/s。

(3) 为防止土壤渗透而污染地下水，污泥干化场底应设人工不透水防渗层，防渗层可用厚 0.2～0.4m 的黏土，或厚 0.15～0.3m 的三合土，或厚 0.1～0.15m 的混凝土，或其他防渗材料做成，坡度取 0.01～0.03。

(4) 防渗层上设集排水管，管材可采用无釉陶土管或穿孔塑料管，直径为 100～150mm。采用无釉陶土管时，各节管子管端均为敞口，管与管接头处留出 10～20mm 间隙，以接纳下渗的污水。集排水管埋深1～2m，排水坡度取0.002～0.003。排水总管直径为 125～150mm，坡度不小于 0.08。

(5) 防渗层和集排水管上设滤水层，一般分两层，上层用粒径为 0.5～1.5mm 的砂或矿渣，下层用粒径为 15～25mm 的碎石或矿渣，各层厚 0.1～0.3m，做成的坡度 0.005～0.010，以利于污泥流动。

(6) 进入干化场的污泥含水率，一般按下列数据采用：①来自初次沉淀池的污泥为 95%～97%；②来自生物滤池后二次沉淀池的污泥为 97%；③来自消化池的污泥为 97%；④来自曝气池后二次沉淀池的活性污泥为 99.2%～99.6%。

(7) 每次放污泥厚度为 0.1～0.3m，污泥含水率由 98%逐渐降至 65%～75%。

(8) 干化周期大致是春季 15d，夏季 10d，秋季 15d，冬季 20d 左右。

8.3.2.2　设计计算

污泥干化场的计算公式见表 8-7。

表 8-7　污泥干化场的计算公式

名　称	公　式	符号说明
全年污泥总量 (1)从消化池排出的年污泥总量 (2)从初次沉淀池排出的年污泥总量	$V=\frac{SN\times 365}{1000\alpha}$ $V=\frac{SN\times 365}{1000}$	V——全年污泥总量，m^3； S——每人每日排出的污泥量，L/(人·d)； N——设计人口数，人； α——污泥由于分解而使污泥缩减的系数，有排出污泥上清液设施时，$\alpha=1.6$
干化场的有效面积	$F=\frac{V}{h}$	F——干化场的有效面积，m^2； h——年污泥层高度，m
干化场总面积	$F'=(1.2\sim1.4)F$	1.2～1.4——考虑增加干化场围堤等所占面积的系数
每次排出的污泥量 (1)初次沉淀池 (2)消化池	$V'=\frac{SNT}{1000\alpha}$ $V'=\frac{SNT}{1000}$	V'——每次排出的污泥量，m^3； T——相邻两次排泥的间隔天数，d，消化池一般为 1d
排放一次污泥所需干化场面积	$F_1=\frac{V'}{h_1}$	F_1——排放一次污泥所需干化场的面积，m^2； h_1——一次放入的污泥层高度，m，一般为 0.3～0.5m

续表

名　称	公 式	符号说明
每块区格的面积(最好等于 F_1 或 F_1 的倍数)	$F_0=bL$	F_0——分块区格的面积,m^2； b——区格的宽度,m,通常 b 采用不小于 10m； L——区格的宽度,m,一般不超过 100m
污泥干化场的块数	$n=\dfrac{F}{F_0}$	n——污泥干化场的块数,块
冬季冻结期堆泥高度	$h'=\dfrac{V_1T'K_2}{FK_1}$	h'——冻结期堆泥高度,m； V_1——每日排入干化场的污泥量,m^3/d； T'——年中日平均温度低于－10℃冻结天数； K_1——冬季冻结期使用于化场面积系数,$K_1=0.8$； K_2——污泥体积缩减系数,$K_2=0.75$
围堤高度	$H=h+0.1$	H——围堤高度,m

第9章　工程实例

9.1　宜兴市徐舍污水处理厂（“改良型C-AAO+D型滤池”工艺）

9.1.1　工程概况

宜兴市徐舍污水处理厂位于宜兴市徐舍镇工业集中区，芜申运河北侧，徐丰路与长福路交叉口东南角。收水范围包括徐舍镇区及周边农村，以及新建镇的归泾地区，总服务面积180平方公里，服务人口10.03万人。污水厂总规模为$3.0\times10^4m^3/d$，其中一期工程规模$1.0\times10^4m^3/d$，主体工艺采用改良型C-AAO工艺。处理后尾水排入芜申运河。

9.1.2　设计进出水水质

综合分析污水处理厂污水来源及水质的变化趋势，结合《宜兴市污水处理工程规划》对水质水量的预测，同时考虑无锡市“6699行动”以来，周边工业企业污水全面治理的实施工程，确定宜兴市徐舍污水处理厂一期工程的设计进水水质。污水处理厂处理后出水水质应达到《城镇污水处理厂污染物排放标准》（GB 18918—2002）一级A水质标准。宜兴市徐舍污水处理厂设计进、出水水质见表9-1。

表9-1　设计进、出水水质　　单位：mg/L

项目	BOD_5	COD_{Cr}	SS	NH_4^+-N	TP	TN
进水	200	600	350	40	8.0	55
出水	10	50	10	5(8)	0.5	15

9.1.3　工艺流程

宜兴市徐舍污水处理厂一期工程占地$23400m^2$，主体工艺采用“改良型C-AAO+D型滤池”工艺，出水可以实现中水回用。处理工艺流程见图9-1。

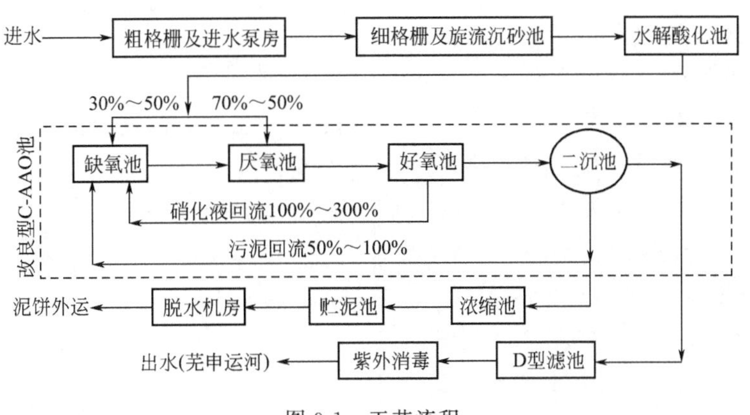

图9-1　工艺流程

污水先经过粗格栅去除悬浮物质后，由水泵提升至细格栅及旋流沉砂池，进一步去除

SS，并除砂，然后进入水解酸化池，进行水解酸化处理，以提高污水的可生化性，然后进入改良型C-AAO生化沉淀池，完成有机物、N、P以及SS等污染物的去除，深度处理系统采用D型滤池，消毒工艺采用紫外消毒，尾水一部分直流排入芜申运河，另一部分根据中水回用的要求，进入厂区中水管网系统回用。

9.1.4 主要构筑物及设计参数

9.1.4.1 粗格栅及进水泵房

粗格栅及进水泵房土建按 $3.0\times10^4m^3/d$ 设计，设备按 $1.5\times10^4m^3/d$ 安装，两条格栅渠道，回转式粗格栅，栅缝 20mm；进水泵房内设 4 台水泵位置，近期安装 3 台，1 台 250W Q660-15-45 型潜水排污泵，2 台 200W Q330-15-22 型潜水排污泵，互为备用，灵活调节水量，同时满足污水处理厂建成初期小水量提升的实际情况。远期更换 2 台小流量水泵，同时在预留位置上新增 1 台水泵，3 用 1 备，满足系统的提升要求。

9.1.4.2 细格栅及旋流沉砂池

细格栅及旋流沉砂池土建按 $3.0\times10^4m^3/d$ 设计，设备按 $1.5\times10^4m^3/d$ 安装，两条格栅渠道，每条渠道设两级细格栅，以有效去除悬浮物质，降低后续水解酸化池的负荷；第一级格栅采用回转式细格栅，栅缝 5mm，第二级格栅采用转鼓式细格栅，栅缝 3mm。旋流沉砂池分两格，直径 3050mm，配套旋流沉砂装置、提砂泵、砂水分离器等设备。

9.1.4.3 水解酸化池

本设计采用泥法水解酸化工艺，这种工艺由升流式厌氧污泥床反应器（UASB）演变而来，它集生物降解、物理沉降和吸附于一体，污水缓慢穿过水解酸化池底部的泥层，合理的设计将反应控制在水解、酸化阶段，污水中的颗粒和胶体污染物得到有效截留和吸附，并在产酸菌等微生物作用下得到分解和降解，同时对大肠杆菌和蛔虫卵也有显著的去除作用。主要设计参数：设计规模 $1.0\times10^4m^3/d$，平面尺寸 $36.0m\times14.0m$，有效水深 5.0m，平均流量时停留时间 5.0h，最大流量时停留时间 3.16h，平均流量时上升流速 1.04m/h，最大流量时上升流速 1.65m/h。

9.1.4.4 改良型C-AAO池

改良型C-AAO池以改良型AAO工艺和辐流式二沉池为基础，将缺氧池、厌氧池、好氧池、二沉池、硝化液回流、污泥回流系统组合为一体，具有占地面积小、投资省、能耗低、原水适应能力强、运行管理方便的突出优点。生化区曝气方式采用盘式微孔曝气器，二沉池采用中心进水周边出水的辐流式二沉池。详见图 9-2。

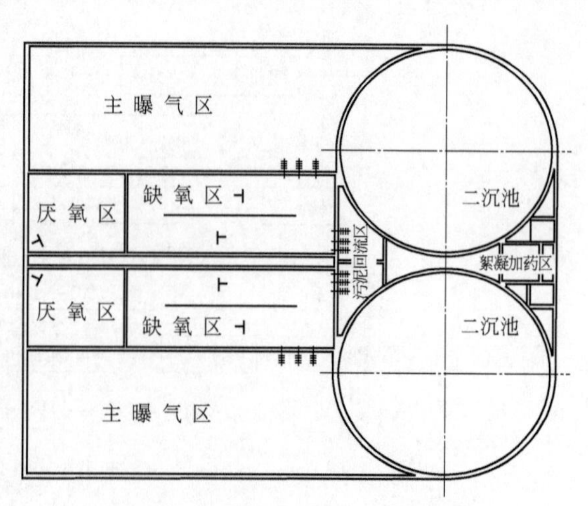

图 9-2 改良型C-AAO生化沉淀池

主要设计参数如下。处理规模 $1.0\times10^4m^3/d$，其中生物池分两组，每组规模 $5000m^3/d$。设计参数：设计最低水温 10℃，泥龄 20.16d，混合液污泥浓度 3800g/L，污泥总产率系数 1.30kgSS/$kgBOD_5$，污泥负荷 0.125$kgBOD_5$/(kgMLSS·d)，好氧池容 $4320m^3$，缺氧池容 $1530m^3$，厌氧池容 $750m^3$，总池容

6600m³。水力停留时间15.84h，需氧量3437.99kgO₂/d，标准状态下最大需氧量143.25kgO₂/h。设300RCP-2.2型硝化液回流泵6台，4用2备。污泥回流泵6台，4用2备，单泵$Q=100m^3/h$，$H=3.50m$，$N=3.0kW$。剩余污泥泵2台，单泵$Q=50m^3/h$，$H=15m$，$N=3.0kW$。

二沉池采用中进周出辐流式沉淀池，共设2座，每座规模5000m³/d，内径22.0m。最大时流量表面负荷$q_{max}=0.92m^3/(m^2 \cdot h)$，平均时流量表面负荷为$0.58m^3/(m^2 \cdot h)$，固体负荷为105.36kgMLSS/($m^2 \cdot d$)，沉淀时间为3.59h，池边水深4.68m，其中有效水深3.30m，缓冲层高0.5m，另加超高1.22m，总高度为5.90m。

9.1.4.5 D型滤池

D型滤池设计规模$1.0 \times 10^4 m^3/d$，它是在V型滤池基础上改造而来的，由滤池本体、配水布气系统、滤料、管路及管配件、阀门、反冲洗风机、反冲洗水泵和电控系统组成。可实现高滤速、高精度的过滤，对水中悬浮物的去除率可达95%以上，对大分子有机物、病毒、细菌、胶体、铁等杂质有一定的去除作用。主要设计参数：设计过滤滤速=15～20m/h，过滤周期=12～18h，水头损失0.6～1.6m，滤床厚度650～800mm，承托层厚度150mm，反冲洗水洗强度=5～6L/($m^2 \cdot s$)，反冲洗气洗强度：28～32L/($m^2 \cdot s$)，表面扫洗强度：1.4～2.8L/($m^2 \cdot s$)。反冲洗水排入厂区污水管。

9.1.4.6 紫外消毒池

本项目采用紫外消毒工艺对尾水进行消毒处理，设计规模$1.0 \times 10^4 m^3/d$，平面尺寸9.40m×2.85m，紫外灯管功率$N=13.0kW$。

9.1.4.7 鼓风机房

鼓风机房土建按远期设计规模$3.0 \times 10^4 m^3/d$，平面尺寸24.20m×21.20m。鼓风机房内设备根据一期工程的需要，设置罗茨鼓风机3台，2用1备，风压58.8kPa，单台风量30m³/min，功率45kW，同时预留2台鼓风机位置，供远期工程使用。

9.1.4.8 污泥浓缩池

进浓缩池剩余污泥干重3189.11kg/d，含水率99.1%，体积353.86m³/d，浓缩时间21.3h。固体通量43kg/($m^2 \cdot d$)，浓缩后出泥浓度25kg/m³，含水率97.5%，污泥体积106m³/d，上清液247.86m³/d。采用连续式重力浓缩池1座，内径10m，有效水深4.0m，总高度4.5m。内设1台中心传动浓缩机。

9.1.4.9 贮泥池

贮泥池按总规模$3.0 \times 10^4 m^3/d$设计，预留远期工程污泥管接口，近期法兰封堵；工艺尺寸$\phi \times H=5.00m \times 4.50m$。

9.1.4.10 污泥脱水机房

污泥脱水机房按总规模$3.0 \times 10^4 m^3/d$设计，平面尺寸24.00m×19.20m，内设1台带式脱水机，满足近期工程污泥脱水的要求；同时预留2台脱水机的位置，供远期工程使用。污泥脱水前投加絮凝剂，以形成絮体，提高脱水效率，絮凝剂选用高分子聚丙烯酰胺(PAM)，加药量按干泥量的4‰考虑。设计脱水前污泥含水率99%，脱水后污泥含水率80%；脱水机运行时间为每天8～12h。

污泥脱水机房旁设污泥斗，平面尺寸12.00m×10.00m，污泥脱水后由倾斜螺旋输送机提升进入污泥斗，再由污泥斗底部的电动刀闸阀控制，重力落入运泥卡车中，送至专门的污泥处置厂进行无害化处置。

9.1.5 运行效果及讨论

9.1.5.1 运行效果

宜兴市徐舍污水处理厂工程总投资3776.66万元，其中固定资产投资为2824.32万元。单位水经营成本0.84元/m^3，单位水处理总成本1.35元/m^3，处理水水质稳定，达到一级A标准，具有较好的回用价值。

9.1.5.2 设计特点及讨论

(1) 水解酸化池采用泥法工艺运行，可形成类似UASB反应系统中的颗粒污泥状态，污泥浓度能达到20g/L，集生物降解、物理沉降和吸附于一体，合理的设计将反应控制在水解、酸化阶段，污水中的颗粒和胶体污染物得到有效截留和吸附，并在产酸菌等微生物作用下得到分解和降解，同时对大肠杆菌和蛔虫卵也有显著的去除作用。

(2) 改良型C-AAO工艺将倒置AAO工艺与二沉池有机结合，内设缺氧区、厌氧区、曝气区、污泥回流区、硝化液回流区及二沉池；该组合池体具有占地面积小、投资省、能耗低、原水适应能力强、运行管理方便的突出优点。深度处理系统采用D型滤池，比传统的V型滤池更具先进性和科学性，彗星式纤维滤料取代了传统的石英砂，确保滤料达到高效、广域、变速、自适应，具有领先创新水平。

9.2 宜兴市丁蜀镇尹家村生活污水处理工程（膜生物反应器-生态处理工艺）

9.2.1 工程概况

宜兴市丁蜀镇尹家村位于太湖周边，村内主干河道与太湖连通。尹家村内大部分居民从事家庭式紫砂壶制作，有东方紫砂街的盛誉。目前村内未建设污水处理设施，村内污水通过路边沟排入附近河流或废弃坑塘，对河道产生一定的污染，同时污染物质顺着河道进入太湖，对湖水水质构成了严重威胁。根据“6699”行动和保护太湖水源水的需要，必须对该村的生活污水进行治理。

该村污水主要为该村农户的生活污水及某小学排放的大量生活污水，村内居民约400户，考虑到常住人口较少，根据国家相关规范确定设计规模为60m^3/d。

经综合技术经济比选，考虑到尹家村位于太湖流域，同时也考虑到用地条件、运行管理、污泥产量和实际工程案例等因素，采用膜生物反应器（MBR）/人工湿地工艺对污水进行处理。该项目已于2009年4月建成并投入运行，目前运行情况良好，出水各项指标均达到设计要求。

9.2.2 设计水质

根据调查，宜兴市农村排放的污水基本为洗浴水、冲厕水、厨房水等生活污水，无有毒有害性工业废水。出水执行《城镇污水处理厂污染物排放标准》(GB 18918—2002)中的一级A排放标准，据此确定具体设计水质见表9-2。

表9-2 设计进、出水水质 单位：mg/L

项目	BOD_5	COD_{Cr}	SS	NH_4^+-N	TP	TN
进水	150	300	150	30	3.0	40
出水	10	50	10	5(8)	0.5	15

9.2.3　工艺流程

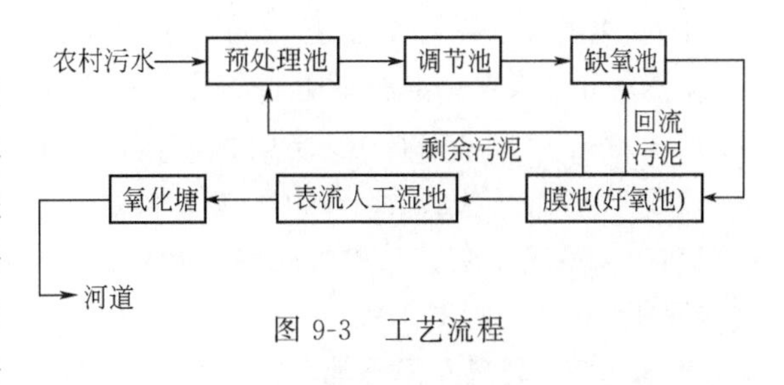

图 9-3　工艺流程

工艺流程包括预处理单元、膜生物反应器处理单元、表流湿地单元、氧化塘单元。污水经外部污水管网送至处理站，先进入预处理池进行预沉降，出水经过格栅截留污水中的悬浮污染物后进入调节池以保护后续处理系统正常运行，再由泵提升到缺氧池和膜池进行生化处理。膜池的回流污泥通过污泥泵回流到缺氧池，剩余污泥由潜污泵提升返回预处理池，预处理池沉淀污泥通过定期清掏运送至有关部门指定地点进行处理。膜池出水引入人工湿地进行生态处理，进一步去除污染物并稳定水质，用于回用或排放。污水处理工艺流程见图 9-3。

9.2.4　主要构筑物及设计参数

9.2.4.1　预处理池

污水经收集管网收集后首先进入预处理池，预处理池可以截留、沉淀污水中的大颗粒杂质，防止后续提升泵堵塞，为全地下式钢混结构，设计平面尺寸 3.75m×1.55m，池深 4.5m，有效水深 2.2m，HRT=5.1h。

9.2.4.2　格栅

在调节池进水处设置格栅，主要用来拦截污水中的漂浮物，设计采用不锈钢提篮格栅，规格 300m×300m×300mm，栅条间隙 1.2mm，栅渣与污泥一起外运处理。

9.2.4.3　调节池

采用全地下式钢筋混凝土结构，设计平面尺寸 3.85m×3.75m，池深 4.5m，有效调节水深 1.5m，HRT=8.5h。内设提升泵 1 台，$Q=3.0m^3/h$，$H=4.0m$，$N=0.25kW$，采用浮球式液位计控制水泵开启。

9.2.4.4　缺氧池

缺氧池为系统的主体部分之一，主要作用为脱氮。反硝化菌利用污水中的有机物作碳源，将膜池回流污泥中带入的大量 NO^{3-} 和 NO^{2-} 还原为 N_2 从而达到污水脱氮的效果。采用全地下式钢筋混凝土结构，设计平面尺寸 2.15m×1.7m，有效水深 2.1m，HRT=3.1h。内设潜水搅拌器 1 台，$N=0.37kW$，设置 2 处出水口分别至 2 组膜池，出水口尺寸为 0.3m×0.2m。

9.2.4.5　膜池（好氧池）

膜池为污水处理系统的核心部分，利用膜对混合液进行过滤，实现泥水分离。一方面，膜的截留作用可大幅增加活性污泥浓度使生化反应进行得更迅速更彻底，另一方面，膜的高过滤精度可保证出水的高品质。

膜池共设计 2 格，并列运行，单格平面尺寸 2.15m×1.75m，有效水深 2.0m，HRT=6.02h，设计 MLSS=9.6g/L，设计 $N_s=0.038kgBOD_5/(kgMLSS \cdot d)$。每格膜池安装 1 套膜组件。膜组件采用 PVDF 平板膜，平均孔径 0.1～0.3μm，设计通量 15～20L/($m^2 \cdot h$)，总供气量 1.7m^3(标)/min。膜池设置放空管，用于调试及检修，放空排至调节池。

9.2.4.6　设备间

设备间与控制室合建，建筑面积为 45m^2，内设抽吸泵、污泥泵、鼓风机、PAC 投加系统、次氯酸钠投加系统等配套设备。抽吸泵设 2 台，单台 $Q=1.56m^3/h$，$H_s=8m$，$H=15m$，$N=0.55kW$；污泥泵 1 台，$Q=5m^3/h$，$H=15m$，$N=0.55kW$；鼓风机 2 台，单台 $Q=0.85m^3/min$，$H=29.8kPa$，$N=1.5kW$；PAC 投加系统 1 套，其中加药泵 1 台，$Q=0.5L/h$，$H=7m$，$N=0.04kW$，储罐 1 只，有效容积 $V=50L$，工作压力 1.0MPa；次氯酸钠投加系统 1 套，其中加药泵 1 台，$Q=0.16L/h$，$H=7m$，$N=0.04kW$，储罐 1 只，有效容积 $V=30L$，工作压力 1.0MPa。

9.2.4.7 表流人工湿地

表流人工湿地通过植物的合理配置，形成较大的水中表面积和泌氧功能，对悬浮的活性污泥形成吸附和分解净化机制，并保持水体复氧状态，进一步强化污染净化效果并使出水更接近于自然生态。表流湿地总面积为 $670m^2$，沿水流方向两级串联，采用土埂结构，由进水渠、种植区和出水渠组成，横截面为梯形，边坡系数为 1∶2，竖向设计由下到上依次为夯实素土、300mm 厚压实黏土、400mm 厚种植土。

表流湿地单元平均水深 0.4m，设计停留时间 4.47d，水力负荷 $0.089m^3/(m^2 \cdot d)$。在土壤层上起垄，垄上种植水芹和芭蕉芋，芭蕉芋主要起景观作用，每十垄种一垄芭蕉芋，其余种水芹等挺水植物。

9.2.4.8 氧化塘

氧化塘不但可以存储回用水，同时可体现生物多样性，检验出水效果。氧化塘池体为自然边坡，塘中种植睡莲、浮萍等浮叶植物，水面覆盖率约 40%，保持一定的开敞水面以利于自然复氧、水体流动和阳光入射。池底种植黑藻、枯草等沉水植物。池中可放养金鱼进行观赏。氧化塘水域面积为 $243m^2$，平均有效水深 0.70m，容积为 $170m^3$。理论停留时间 2.83d，水力负荷为 $0.247m^3/(m^2 \cdot d)$，溶解氧控制浓度为 0.5～2mg/L。

9.2.5 运行效果及讨论

9.2.5.1 运行效果

本工程于 2009 年 4 月建成并投入使用。运行初期由于负荷不稳定出水水质波动较大，通过检查管网系统后目前已进入稳定运行阶段。连续监测结果显示，出水水质各项指标均达到了 GB 18918—2002 的一级 A 标准，氧化塘内水体清澈透明，感官效果较好。监测结果如表 9-3 所示。

表 9-3 2009 年 6～8 月系统运行结果

项目	进水/(mg/L)	出水/(mg/L)	去除率/%
COD	117.5～516.3	14.3～43.7	75.6～91.9
BOD_5	69.9～239.5	1.9～8.4	82.1～96.5
SS	176～438	1～8	96.2～99.4
TN	10.6～44.2	2.5～15.6	58.6～73.1
NH_4^+-N	5.5～32.9	0.15～1.32	83.6～96.7
TP	0.6～4.4	0.1～0.47	61.2～90.8

9.2.5.2 技术经济指标

工程占地面积为 $2100m^2$，总造价为 74.75 万元（不包含管网及化粪池造价）。运行费用主要包括动力费、药剂费及污泥处置费用等。动力设备主要为提升泵、搅拌器、抽吸泵、鼓风机等，实际用电负荷为 3.51kW，年运行耗电量为 30748kW·h，折合吨水动力费用为 0.82 元/m^3；除磷药剂为 PAC，投加药剂量为 50g/m^3，消毒药剂为 10%的次氯酸钠，消毒剂投加量为 20g/m^3，折合吨水药剂费用为 0.04 元/m^3；污泥量较小无须压滤脱水，直接由城市环卫车抽吸外运即可，污泥处理费用约 0.003 元/m^3；湿地植物清理更换费用按 1000 元/a 计算，费用约 0.046 元/m^3；工程建成后，由村所属主管水务站管理，由于本工程处理场站的规模较小，无须专人看管，配置 1 人定期现场巡视即可。故该工程吨水运行成本为 0.91 元/m^3。

9.2.5.3　设计特点及讨论

(1) 采用 MBR/人工湿地组合的方式处理农村生活污水，通过 MBR 的高效生物降解作用可有效地去除有机污染、NH_4^+-N 和 P，再通过人工湿地中的植物吸附作用，确保出水达标排放。经监测，出水水质达到《城镇污水处理厂污染物排放标准》(GB 18918—2002) 的一级 A 标准。

(2) 本系统对进水水质水量变动有较强的适应性，且出水水质好，占地面积小，系统产泥量少，维护方便，但是运行费用较高，适宜用于出水水质要求高的处理工程。

(3) MBR 工艺用于小型农村生活污水处理时多利用膜池作为好氧池。主要因为为控制膜表面污堵需用空气进行吹扫擦洗，而该部分空气又可以提供生物降解所需的氧气，同时膜池内的 MLSS 可以维持得较高，也有利于生物降解。这对同类型 MBR 用于小型农村生活污水处理具有一定的借鉴作用。

9.3　内蒙古阿荣旗那吉镇污水处理厂（Orbel 氧化沟工艺）

9.3.1　工程概况

内蒙古阿荣旗那吉镇污水处理厂建设总规模 $2\times10^4 m^3/d$ ($730\times10^4 m^3/a$)，其中包括：居民生活污水 13500m^3/d、工业污水 2600m^3/d 及其他污水 3900m^3/d。水厂建设地点在城镇东南郊外的规划荒地处，规划用地面积 6hm^2。根据本工程污水的特点，比较各种处理工艺，确定采用以 Orbel 氧化沟为主体的生化处理工艺和絮凝澄清加活性炭过滤的三级处理工艺。经处理后，达到工业用水标准，预计有 12000m^3/d 左右，全部回用。污泥处理工艺采用生物脱氮＋混凝澄清＋生物炭过滤。

9.3.2　设计水质

内蒙古阿荣旗那吉镇污水处理厂设计进、出水水质见表 9-4。

表 9-4　设计进、出水水质

项目	BOD_5/(mg/L)	COD/(mg/L)	SS/(mg/L)	NH_4^+-N/(mg/L)	石油类/(mg/L)	色度/倍
进水	300	500	400	35	20	80
出水	≤20	≤100	≤70	≤15	≤5	≤50

9.3.3　工艺流程

Orbel 氧化沟为主体的生化处理工艺和絮凝澄清加活性炭过滤的三级处理工艺流程分别见图 9-4 和图 9-5。

污水从厂区北部引入厂内，经进水闸井、格栅、沉砂池至调节池，然后由泵提升后依次

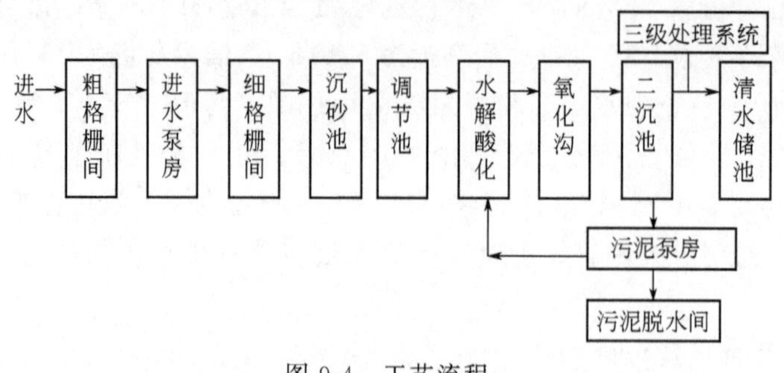

图 9-4 工艺流程

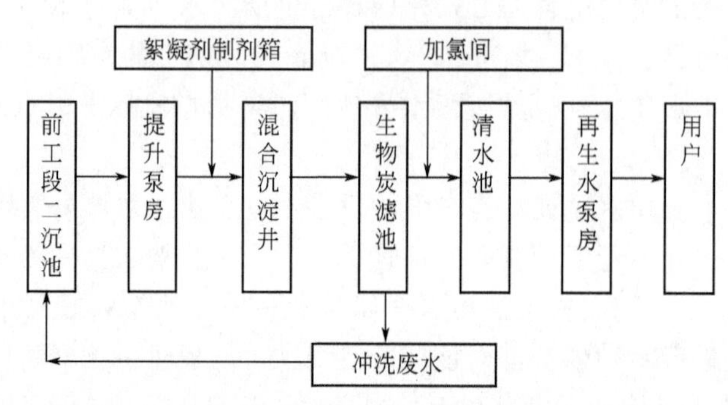

图 9-5 备选三级处理工艺流程

进入水解酸化池、Orbel 氧化沟、二沉池、澄清池进行生化和物理处理，出水进行二次提升至生物炭滤池，最终出水经管道进入工业区回用管道。

为适应工业对再生水的特殊需要，实现减排目的，本工程预留增加备选的三级处理工艺用地。备选方案按二级处理净化后的排水从二沉池进入絮凝沉淀池，再经生物炭滤池过滤，最终出水经管道进入工业区回用管道。

生化系统的剩余活性污泥和澄清池的化学污泥泵送至贮泥池中初步浓缩后，经投泥泵送入带式污泥浓缩机进一步浓缩后，再经带式脱水机将污泥脱水后，装车运至厂外。

9.3.4 主要构筑物及设计参数

9.3.4.1 进水闸门井

进水闸门井内设置 2 套手动、电动两用 HZF 铸铁闸门和 LQ 启闭机，一旦发生事故时，可关闭调节池进水闸门，开启溢流闸门将污水超越排至厂外排洪渠。

9.3.4.2 粗格栅

进水粗格栅是污水处理厂第一道预处理设施，粗格栅可去除大尺寸的漂浮物和悬浮物以保护污水处理设施的正常运转，并尽量去掉那些不利于后续处理过程的杂物。

在调节池设置粗格栅，设置一台 XGS-1000 型回转式固液分离机，全套不锈钢材质，配套电控箱。

回转式固液分离机近年在国内使用很多，运转效果很好，该设备由动力装置、机架、清洗机构及电控箱组成，国内产品质量及性能与进口设备几乎没有差距，特别适用于市政污水处理厂污水预处理工艺，最大的优点是价格便宜。主要技术参数如下：栅槽宽度 1m，室内地坪下深度 3.4m，倾角 70°，格栅间隙 20mm，排渣高度 8m，单台功率 0.75kW。

9.3.4.3 细格栅

污水流经粗格栅后进入细格栅，以进一步去除污水中较小颗粒的悬浮、漂浮物质。经多种型式细格栅比选后，选用回转式固液分离机。

回转式固液分离机近年在国内使用较多，运转效果很好。该设备由动力装置、机架、清洗机构及电控箱组成，动力装置采用悬挂式蜗轮减速机，结构紧凑，调整维修方便。国内产品质量及性能与进口设备几乎没有差距，特别适用于市政污水处理厂污水预处理工艺，最大的优点是价格便宜。

选用XGS-1000型回转式固液分离机1台，全套不锈钢材质，配套电控箱。

主要技术参数：栅槽宽度1m，栅前水深4m，栅槽深3.4m，栅条净距5mm，倾角70°，排渣高度8m，单台功率0.75kW。

9.3.4.4 沉砂池

平流式沉砂池采用重力原理，水流经进水渠进入沉砂池，砂料以重力沉降到斜底上，并顺斜坡滑入集砂区。沉砂池采用吸砂机排砂的方式除砂。

主要技术参数：池宽2m，池长10m，池深3.4m。

9.3.4.5 调节池

由于工业区内企业的生产性质，造成污水排放的间断性和多变性，使排出污水的水质和水量在每班内各个时段都有很大的变化。而污水处理设备都是按一定的水质和水量标准设计的，要求均匀进水，为了保证处理设备正常运行，在污水进入处理设备之前，必须先进行调节，将不同时间排出的污水，贮存在同一水池内，对污水的水质和水量进行调节。另外，为防止调节池内沉积固体沉降物，需要对调节池进行充分的搅拌混合，在调节池内设潜水搅拌器。

主要技术参数：水力停留时间7～8h，取7.5h；池宽40m，池长66mm，池深5.1m。

池内设3台国内品牌潜水排污提升泵，2用1备。型号WQ600-9-30，单泵流量600m^3/h。扬程9m，电机功率30kW。

9.3.4.6 水解酸化池

采用上流式复合床工艺水解酸化，水解酸化处理效果好，工况运行的稳定性高，便于难降解工业废水的有效处理。

上流式水解酸化复合床工艺是流化床和固定床的组合工艺，污水由反应器底部布水系统均匀分布到反应器底部后，向上流过由絮状污泥颗粒组成的流化污泥床，污水与污泥床接触而发生水解酸化反应。另外复合床上部的水解菌、酸化菌附着生长在滤料层上，形成固定床。当污水流经固定床时，滤料截留污水中的悬浮物，并把污水中的胶体和溶解性污染物质吸附在滤料表面，使微生物得以繁殖。整个固定床内的微生物能够大量吸收、分解污水中的胶体和溶解性有机物作为自身生长的营养物质，因而污水得到进一步净化。该工艺控制在水解、酸化阶段。因大量固体有机物水解成可溶性物质，大分子降解为小分子，出水的可生化性大大提高；悬浮性污染物去除率较高可达到70%，平均COD去除率可达到15%～25%，大幅度降低了后续好氧处理部分的负荷；因采用上流式水解酸化复合床工艺，易挂膜，以保持较高生物量，使处理效果更加可靠，运行更加稳定。

本工艺池体不需要封闭，不需设置潜水搅拌器和三相分离器，降低了设备投资；由于水解阶段对固体有机污染物的降解作用，工艺仅产生少量的剩余污泥，降低了污泥处理费用；因反应控制在水解、酸化阶段，池中无厌氧阶段产生的不良气体，改善了站区环境。

水解酸化池设置1座，分为2格。主要技术参数：水力停留时间12h，池宽20m，池长75m，池深8.2m，有效水深6.2m，内设弹性填料1800m^3。

9.3.4.7 Orbal氧化沟

设2座Orbal氧化沟，每座有效容积10000m^3，内沟宽6.4m，中沟宽6.8m，外沟宽8.4m，有效水深4.2m，总高6.1m。采用半地下钢筋混凝土结构。

主要设计参数：污泥负荷0.075$kgBOD_5/(kgMLSS \cdot d)$，混合液浓度3500mg/L，污泥龄（SRT）32.2d，回流比100%，水力停留时间13h。

Orbal氧化沟内设曝气转盘32个，其中16个用于内沟与中沟曝气，另外16个用于外沟曝气。电机总功率225.6kW。

9.3.4.8 二沉池

设辐流式沉淀池2座，直径为30m，池深4.45m，有效水深2.55m。表面负荷（q）为0.5$m^3/(m^2 \cdot h)$，水力停留时间（HRT）4.0h。每池采用ZXX型中心传动单（双）管式吸泥机1台。中心传动吸泥机主要由传动机构、中心竖架、吸泥架、刮泥架、刮泥板及撇渣机构等组成。污水从周边进入配水槽，经槽底配水孔均匀地流入沉淀池，在周边进水挡板的作用下，水流从池底部流向中心，并从上部返回四周的出水槽内。周边配水槽采用变断面配水孔不均匀分布设计，以保证周边配水的均匀性。驱动装置带动固定在桁吸泥管沿池底缓慢旋转，由吸泥管上特殊设计的系列孔口以静水压力为动力将沉积在池底的污泥吸至吸泥管中，从排泥筒排出，浮渣刮板将沉淀池表面的浮渣刮至集渣斗，排出池外。配套浮渣刮除装置，浮渣漏斗，出水堰板，稳流筒。二沉池及设备见图9-6。

图9-6 二沉池及设备

9.3.4.9 澄清池

设置机械加速澄清池2座，直径17.0m，池深6.0m，有效水深5.5m。表面负荷（q）为0.65$m^3/(m^2 \cdot h)$，水力停留时间（HRT）为4.0h。内各设CJG-IO型机械加速澄清池搅拌机和刮泥机1台。

为保证澄清池处理效果，使之起到去除COD_{Cr}和SS的显著作用，在附近的加药间内设置混凝剂溶解投加装置和助凝剂溶解投加装置各2套。混凝剂投加量按400mg/L，助凝剂投加量按100mg/L。加药间混凝剂溶解投加装置和助凝剂溶解投加装置，采用现场控制，同时设PLC自动控制。在控制中心可以对运行状态显示以及对各设备启停。

9.3.4.10 过滤车间

由于本套污水处理设备计划生产再生水回用于工业园区，所以增加一套备用的三级处理设备与过滤车间机构。本过滤车间内设生物炭滤池1座，分为4格。

主要设计参数：总水力停留时间40min，通过炭层水力停留时间30min，池宽6m，池长24m，池深5.4m，内装煤质颗粒活性炭2m高，总装炭量为440m^3，下设卵石承托层220m^3。

运行形式：在1座反冲洗时其余3座正常运行。

9.3.4.11 清水池

清水池用于贮存过滤后的清水，以及贮存反冲洗水量。反冲洗强度采用15$L/(s \cdot m^2)$，反冲洗时间 15min。清水池设置 1 座。

主要设计参数：反冲洗贮水量 $640m^3$，池宽 9m，池长 20m，池有效深度 4.3m，设置 IS200-150-315A 型反冲洗水泵 3 台，2 开 1 备。单台电机功率 3kW，正常生产过程中，反冲洗水泵启动由时间控制。同时也应做到依据清水池液位进行安全控制。低液位停泵，超高液位报警，超低液位报警。

9.3.4.12 污泥浓缩

由生化系统和混凝澄清池排出的污泥含水率均较高，经浓缩后污泥含水率可降为 97%，体积大为减少，从而大大减少后序污泥脱水设备的容积或容量，提高处理效率。浓缩的主要方法有间歇式与连续式重力浓缩、浮选浓缩和机械浓缩。重力污泥浓缩方法的优点是能耗低，设备简单易与管理维修；不足是占地较大，停留时间长。

污泥浓缩池浓缩后的上清液排入调节池，重新进入系统进行处理。浓缩后污泥含水率在 97%左右。浓缩后污泥经污泥井短暂贮存，由污泥螺杆泵提升至脱水机处理。本工艺设圆形污泥浓缩池 1 座，钢筋混凝土结构。

主要设计参数：处理污泥量（干）$Q=14640kg/d$，固体负荷 $40kg/(m^3 \cdot d)$，水力停留时间 14h，有效池容 $V=1080m^3$，规格 $\phi 21.8m \times 7.2m$（含超高 1.0m）。

浓缩池内采用 JG-9 型中心传动浓缩池刮泥机 1 台，浮渣刮除装置，浮渣漏斗，出水堰板，稳流筒等。配套电机功率 1.5kW。

9.3.4.13 脱水及脱水机房

污泥浓缩和压滤采用一体化设备，共设 2 套。脱水机房设有 2 台进泥浆螺杆泵、2 套絮凝搅拌罐、2 台带式污泥浓缩压滤一体机、相应的电动阀及全套附属装置。整套脱水系统可根据情况人工启动，也可定时自动启动。当人工启动时，操作人员通过控制柜上的一步化启停按键向 PLC 发出控制命令，由 PLC 按顺序启停系统。系统启动过程中，要求皮带输送机、带式污泥脱水机、带式污泥浓缩机、絮凝搅拌罐、进泥螺杆泵、加药泵及相应的电动阀门均联动。每台设备每天连续工作 4.8h。经浓缩压滤脱水后污泥含水率为 75%左右，泥饼量为 87t/d。

污泥脱水过程中的加药量为干泥量的 0.2%～0.5%左右，每天需消耗聚丙烯酰胺约为 30kg；滤带冲洗用水，在生产初期采用厂外自来水，在正常生产中采用污水处理厂处理后出水。滤带冲洗水用水量为 $1000m^3/h$，与脱水机工作周期相同。

脱水机房脱水设备，共设 2 套，单套主要技术参数如下。

浓缩压滤一体机选用 PD2000＋BSD2000S7 型 2 套，单台技术参数为：有效带宽 2000mm，耗水量 $20m^3/h$。配套的其他设备为：G50-1 型单螺杆泵 2 台，Dal-80×5 型冲洗水泵 2 台，2V-0.3/10-B 型空压机 2 台，自动加药系统 2 套，静态混合器 2 台，药液流量计 2 台，皮带输送机 1 台，集中电控箱。

单套系统总功率为 33kW。为防止污泥存放污染环境，污泥饼应及时装车外运处置。

9.3.4.14 脱水污泥最终处置

污水处理厂建成投入正常运行后，虽然每天产生的剩余污泥数量有限，但如无妥善的最终处置方法，日积月累污泥堆场不断增大，也是污水处理厂所面临的难题，处置不当还会造成二次污染，影响环境。近年来欧美等发达国家的污水处理厂已经或正在把垃圾填埋场作为接纳污泥的最佳处置地。

污水处理厂的剩余污泥脱水后直接送垃圾填埋场填埋处置，这也是安全接纳污泥的最佳途径，从根本上解决了污水处理厂的剩余污泥污染的问题。

9.4 本溪市南芬区污水处理厂（折流淹没式生物膜法）

9.4.1 工程概况

本溪市南芬区污水处理厂建设总规模 $2.0\times10^4 m^3/d$，厂址位于南芬市区北侧，距市区约3km，紧邻细河西岸，金坑村以北，规划用地面积 $2.08hm^2$。为了满足进、出水水质的要求，经分析比较，污水处理推荐采用折流淹没式生物膜法工艺，污泥处理采用剩余污泥直接至污泥储池，然后由泵排至浓缩脱水一体机，经浓缩、脱水后运往垃圾场卫生填埋。

9.4.2 设计水质

参考国内相似城市的水质指标，同时考虑到随着城市建设的发展，排水系统将逐步完善，污水水质浓度将会因为更多地区采用雨、污分流制的排水系统而提高。综合确定南芬区城市污水处理厂进水水质（见表9-1）。辽宁省环保局《污水综合排放标准》中规定：省辖市郊区、县级（含县级市）城镇污水处理厂及其所属的各类工业园区（开发区）污水处理厂的出水执行《城镇污水处理厂污染物排放标准》（GB 18918—2002）中一级标准的B标准。南芬区为本溪市郊区，所以，本溪市南芬区污水处理厂设计进、出水水质见表9-5。

表9-5 设计进、出水水质 单位：mg/L

项目	BOD_5	COD	SS	NH_4^+-N	TN	TP
进水	170	340	160	25	35	3
出水	≤20	≤60	≤20	≤8(15)	≤20	≤0.5

9.4.3 工艺流程

折流淹没式生物膜法（DEST）工艺流程见图9-7。

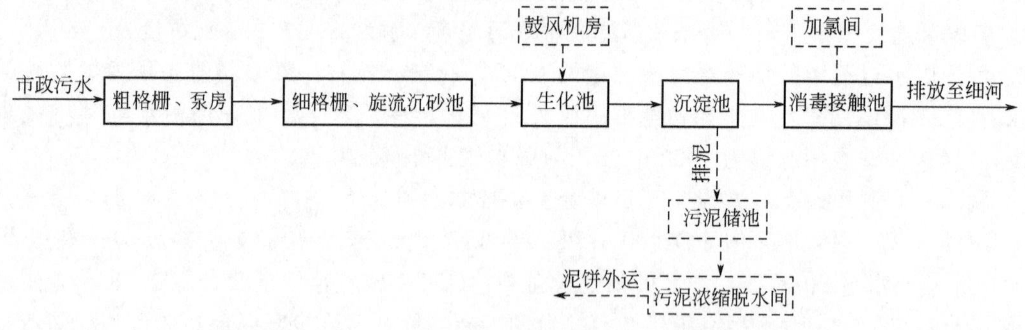

图9-7 工艺流程

污水通过管道输送到污水处理厂，进入污水提升泵房。泵房内设粗格栅，先将污水中大的垃圾清除，然后用泵将污水提升，提升后污水进入细格栅，将污水中的细小垃圾，如塑料薄膜之类清除，清除垃圾后进入除砂的旋流沉砂池，去除大于0.2mm的砂粒。这一阶段的处理属于物理处理阶段。然后，污水进入折流淹没式生物膜法（DEST）生物反应池中。出水经二沉池沉淀后在消毒接触池中加氯消毒后排放至细河。

9.4.4 主要构筑物及设计参数

9.4.4.1 粗格栅

设机械格栅2台，1用1备。每台格栅除污机性能参数如下。

流量 $Q=1250m^3/h$；格栅宽度 $B=1200mm$；栅条间距 $b=20mm$；过栅流速 $v=0.8m/s$；栅前水深 $h=0.6m$；安装角度 $\alpha=75°$；电机功率 $N=1.5kW$。

格栅间内设带式输送机、栅渣压榨机各1台。格栅栏截的栅渣打包外运进行卫生填埋处理。

9.4.4.2　污水提升泵房

污水经过粗格栅进入污水提升泵房集水池，污水提升泵房设计流量 $1250m^3/h$，设计选用潜污泵5台，4台工作，1台备用，其中1台采用变频调速控制。

单台水泵流量 $Q=312.5m^3/h$，扬程 $H=10m$，电机功率 $N=15kW$，转速 $v=1470r/min$，效率 $\eta=75.5\%$，排出口径 $D=150mm$。

泵房为半地下式，地上高6m，地下深12.0m。

9.4.4.3　细格栅间及旋流沉砂池

(1) 细格栅间　共设置格栅除污机2台，1用1备，过栅流速0.8m/s，栅条间隙2mm，格栅宽度1.40m，格栅安装角度75°，每个格栅渠宽1.2m。

采用机械除渣，设1台栅渣螺旋输送机，每台功率 $N=2.2kW$。

格栅除污装置和皮带运输机的开停按格栅前后的液位差自动控制运行，也可手动运行。

(2) 旋流沉砂池　设置旋流沉砂池2座，直径 $D=2.8m$，有效水深 $H=3.18m$。

单池设计流量 $1250m^3/h$，停留时间40s，表面负荷 $203m^3/(m^2 \cdot h)$。

水平旋流器2套，转速 $n=14r/min$，功率 $N=1.5kW$。

风机2台，流量 $Q=3.2m^3/min$，扬程 $H=7mH_2O$，功率 $N=7.5kW$。

控制方式为与砂水分离器连锁或人工控制。

设不锈钢螺旋式砂水分离器1套，处理量 $Q=12L/s$，分离率 $P=98\%$，转速 $n=6.9r/min$，功率 $N=0.55kW$。

由可编程控制或人工控制。

9.4.4.4　生化池（折流淹没式生物反应池）

污水经细格栅及旋流沉砂池处理后通过重力流进入生化处理区。

生化池共2座，单座平面尺寸74.5m×25.8m，整个池体为钢筋混凝土结构，池顶覆土0.5m，可种植草皮覆盖。生化池的处理过程分为厌氧池、好氧池。

(1) 厌氧池　经细格栅后的污水与从好氧区内回流的污泥一起进入厌氧池。厌氧池内设置填料，相当于多段相对独立的污泥床系统组成，厌氧池的相关数据见表9-6。

表9-6　厌氧池的相关数据

单池尺寸(厌氧部分)	长×宽×深=50.25m×25.8m×6.1m	容积	$4688m^3$
单格尺寸	长×宽×深=7.0m×6.0m×6.1m	材质	聚乙烯
格数	28格	比表面积	$300m^2/m^3$
平均有效水深	5.60m	吸水率	0.1%
有效总容积	$6797m^3$	填料支架	$2304m^2$
水力停留时间	16.3h	布水系统	28套
填料型号	YDT-150	水封罐	1套
规格	ϕ150mm		

(2) 好氧池　污水在好氧区进行曝气充氧，曝气装置采用穿孔管，主要设计参数见表9-7。

表 9-7 好氧池的相关数据

单池尺寸(好氧部分)	长×宽×深=24.25m×25.8m×6.1m	回流泵	
单格尺寸	长×宽×深=11m×6.0m×6.1m	回流比	200%
格数	8格	形式	潜水污水泵
平均有效水深	5.60m	型号	150WQ150-10-7.5
有效容积	$2852m^3$	数量	5台(1台仓库备用)
水力停留时间	6.84h	单台流量	$156m^3/h$
填料型号	YDT-150	扬程	7.0m
规格	$\phi150$	电机功率	7.5kW
容积	$2007m^3$	配套自耦装置	4套
材质	聚乙烯		
比表面积	$300m^2/m^3$		
吸水率	0.1%		
填料支架	$1056m^2$		

9.4.4.5 二沉池

设置周边进水周边出水辐流式二沉池2座，直径$\phi25m$，池深4.7m，池边水深4.2m。表面水力负荷为$1.0m^3/(m^2 \cdot h)$。池内安装刮泥机，$\phi25m$，功率0.55kW，周边线速度2m/min。

9.4.4.6 消毒接触池

设消毒接触池1座，结构尺寸22m×8.8m×4m，容积为$650m^3$，接触时间30min。

9.4.4.7 鼓风机房（含变配电间）

鼓风机房是污水处理厂耗电量最大的工作单元，设计将鼓风机房与变配电间建在一起，最大限度地缩短配电距离，节省能耗，同时最大限度地减少空气管道的铺设长度。集中体现了布局紧凑、经济合理、节省占地、降低投资的设计思想。

鼓风机房与变配电间合建为一体构筑物，平面尺寸15m×8.1m+14.1m×11.7m。鼓风机房内设3台型号为BR150的罗兹鼓风机，2用1备。单台风量为$26.88m^3/min$，出口风压为$0.6kgf/cm^2$，电机功率为37.5kW。另外配套消声器3套，水封罐1套。

9.4.4.8 污泥脱水间

采用机械浓缩脱水工艺，脱水机房的平面尺寸27m×13.5m。每天产生的剩余污泥产量为$84.5m^3$（为含水率99.2%的湿污泥），安装带式浓缩脱水一体机2台，1台工作，1台备用。浓缩脱水能力$8.5\sim12.5m^3/h$，单机每天工作10h。

污泥浓缩脱水过程中需投加高分子絮凝剂（聚丙烯酰胺），投加量为污泥干重的0.3%，即每天投加量为2.03kg，选用絮凝液制备装置2套，投药泵2台。污泥脱水间内设药剂贮存库。高分子絮凝剂贮存时间不宜大于6个月，同时要防止高温和曝晒，本设计药剂储量按15d计。

脱水后污泥含水率80%，污泥体积$3.4m^3/d$。脱水后的污泥通过螺旋输送机送至泥饼车间，脱水污泥可运送至垃圾填埋厂处理。

9.4.4.9 加氯间

采用ClO_2消毒，加氯间平面尺寸为16.5m×12.6m。设置2台柜式二氧化氯发生器，1用1备。直径为1500mm的盐酸原料罐1个，直径为1500mm的次氯酸钠原料罐1个。

ClO_2 投加量为 4.0mg/L，发生器利用恒压动力水通过水射器使反应系统产生真空，同时通过计量泵将反应物精确的送入反应柱，在真空条件下将反应物充分混合并瞬间反应产生二氧化氯，用于产生真空的水射器水同时用来稀释反应柱中所产生的二氧化氯，并将最终的二氧化氯溶液送至投加点。发生器采用一体化 PLC 模块，保证设备长期运行的可靠性。单台 ClO_2 产量 5kg/h。按流量配比控制加氯量。

9.5　盘锦市石庙子村生活污水处理工程（A^2/O+MBR 工艺）

9.5.1　工程概况

盘锦市石庙子村位于大洼县，是一个三面环水，一面临向海大道的一个村庄。石庙子村因地制宜发展了“庭院经济、休闲旅游、生态农业认养、田园生态休闲享老、劳务输出”五大富民产业。目前村里除了认养农业外，还建有 2 个农家乐和 1 个民宿。根据美丽乡村建设方针，对该村环境进行治理，本工程是该村环境治理的一个主要内容。

生活污水主要为 142 户农户、农家乐及民宿排放的生活污水，根据国家相关规范确定设计规模为 $50m^3/d$。

该工程考虑东北地区的气候条件、地区经济现状和产业发展需求，采用 A^2/O+MBR 工艺，以一体化地埋式设备（HFMSC 膜生物处理装置）对污水进行处理，并结合氧化塘进一步处理，同时融入景观设计，即提高水质，达到治理环境的目的，又增加了旅游景点，实现美丽乡村的愿望。于 2016 年 6 月建成并投入运行，目前运行情况良好，出水各项指标均达到设计要求。

9.5.2　设计水质

根据前期实地走访调查，盘锦市农村排放的污水基本为洗浴水、冲厕水、厨房水等生活污水，无有毒有害性工业废水。盘锦市政府充分考虑出水进入灌溉水系的实际情况，确定出水执行《城镇污水处理厂污染物排放标准》（GB 18918—2002）中的一级 B 排放标准，据此确定的具体设计水质见表 9-8。

表 9-8　设计进、出水水质　　单位：mg/L

项目	BOD_5	COD_{Cr}	SS	NH_3-N	TP	TN
进水	150	300	150	30	3.0	40
出水	20	60	20	8(15)	1	20

9.5.3　工艺流程

生活污水经管网收集排入至调节池，在调节池内不同位置安装粗、细格栅，除去大颗粒的杂物、毛发等。调节池为地埋式钢混凝土结构，顶部开设人孔便于检修和清池，顶部还开有排气孔，排出池体内厌氧发酵产生的气体。污水在调节池内进行水量调节、水质均匀后；调节池提升泵将污水提升至 HFMSC 膜生物处理装置内的厌氧区，实现水解酸化，同时缺氧区的污泥回流至厌氧区，实现厌氧释磷；经过厌氧处理的生活污水溢流进入缺氧区，同时 HFMSC 膜池泥水混合物回流至缺氧区，实现反硝化。缺氧区内混合液自流至膜区，在好氧微生物作用下，污水中的污染物分解成二氧化碳和水，氨氮转化为硝态氮，磷也从污水中分离出来，以剩余污泥形式排出，从而达到去除有机物、实现脱氮除磷的目的。膜区混合液在抽吸泵作用下，经超滤膜过滤，实现固液分离并经过消毒后排放。

污泥定期通过污泥泵外排至污泥池，经重力浓缩后的污泥定期外运处理或者进行堆肥处理达到资源化利用，上清液溢流进入调节池。污水处理工艺流程见图 9-8。

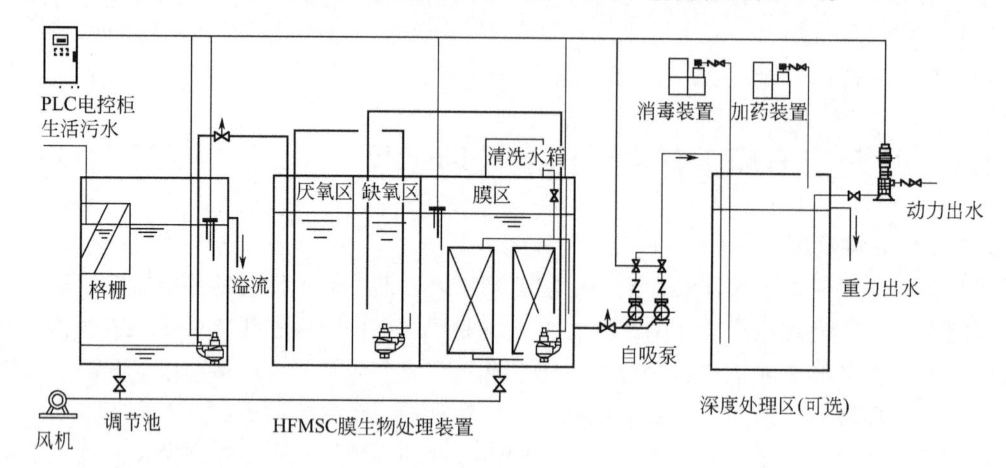

图 9-8 工艺流程

9.5.4 主要构筑物及设计参数

9.5.4.1 调节池

用来收集生活污水，同时兼提升泵集水池。该调节池具有污水缓冲、调节水量、均化水质，提高整个处理系统抗冲击性能的功能。调节池为全地下式钢混结构，设计平面尺寸 5.0m×2.0m，池深 3.5m，有效水深 2.0m，HRT=10h。

在调节池进水处设置两处格栅，主要用来拦截污水中的漂浮物，前端为粗格栅，宽度 1000mm，栅格 5×5mm，数量 1 个；其后为细格栅，宽度 1000mm，栅格 2×2mm，数量 1 个。格栅截留的浮渣定时清除外运处理。

调节池内设提升泵 1 台，$Q=2.5\text{m}^3/\text{h}$，$H=4.0\text{m}$，$N=0.25\text{kW}$，采用浮球式液位计控制水泵开启。

9.5.4.2 HFMSC 膜生物处理装置

HFMSC 膜生物处理设备为 1 座整体的钢结构设备，尺寸为 6.2m×2.5m×2.7m，设置功能区明确的厌氧区、缺氧区、膜区、深度处理区（微絮凝过滤区）、消毒出水区、设备间。配套有曝气系统、污泥、消化液回流系统、污泥液回流系统、出水消毒系统和控制系统等。为了适应北方寒冷的冬天，HFMSC 膜生物处理装置箱体采用保温结构并埋置于地下。各功能区简介如下。

(1) 厌氧区　厌氧池的主要功能是与好氧池配合除磷。生物除磷是污水中的聚磷菌在厌氧条件下，受到压抑而释放出体内的磷酸盐，产生能量用以吸收快速降解有机物，并转化为聚 β 羟丁酸（PHB）储存起来。当这些聚磷菌进入好氧池时就降解体内储存的 PHB，产生能量，用于细胞的合成和吸磷，吸收污水中的磷形成高浓度的含磷污泥，随剩余污泥一起排出系统，从而达到除磷的目的。采用机械搅拌的方式搅拌，溶解氧浓度≤0.2mg/L。

(2) 缺氧区　缺氧池的主要功能是反硝化脱氮，反硝化菌在溶解氧浓度极低或缺氧情况下可以利用硝酸盐中氮作为电子受体氧化有机物，将硝酸盐还原成氮气，从而实现污水的脱氮过程。池内设穿孔管间歇曝气保证缺氧环境。采用机械搅拌的方式搅拌，溶解氧浓度≤0.5mg/L。

（3）膜区　好氧池的主要功能是氧化有机质和硝化氨氮。活性污泥中的微生物在有氧的条件下，将污水中的一部分有机物用于合成新的细胞，将另一部分有机物进行分解代谢以便获得细胞合成所需的能量，其最终产物是CO_2和H_2O等稳定物质。在有机物被氧化的同时，污水中的有机氮也被氧化成氨氮。氨氮在溶解氧充足、泥龄较长的情况下，进一步转化成亚硝酸盐和硝酸盐。通过膜的过滤作用，微生物被完全截留在生物反应器中，实现了水力停留时间与活性污泥泥龄的彻底分离。膜通量为10～30L/(m^2·h)，溶解氧浓度为2.0～4.0mg/L。

（4）消毒出水区　在出水区过水通道内投放氯片进行消毒，消毒区主要对生化处理后的水进行消毒处理。采用氯片消毒，目的去除水中的细菌，特别是大肠杆菌，保证水环境的健康。

（5）深度处理区　当污水中的BOD_5/TP<20时，则采取深度处理对磷的去除，使出水中的总磷≤0.5mg/L。

微絮凝过滤，一级滤料直径3～5mm，二级滤料1.2～3mm，滤速<5m^3/(m^2·h)。

设出水泵，出水泵兼作过滤反洗，反洗出水进入预处理调节池。

根据水质分析确定是否选择微絮凝加药系统，投加药剂浓度按照实际除磷需要现场试验确定。

（6）设备间　设备间内设自吸泵、污泥泵、回转式鼓风机、外排泵、PLC控制柜等配套设备。抽吸泵$Q=3.2m^3/h$，$H_s=8m$，$H=15m$，$N=0.55kW$；污泥泵1台，$Q=5m^3/h$，$H=15m$，$N=0.55kW$；鼓风机1台，$Q=1m^3/min$，$H=30kPa$，$N=1.5kW$；PAC投加系统1套，其中加药泵1台，$Q=0.5L/h$，$H=7m$，$N=0.04kW$；储罐1只，有效容积$V=50L$，工作压力1.0MPa；外排泵1台，$Q=3m^3/h$，$H=5m$，$N=0.55kW$。

9.5.4.3　氧化塘

氧化塘不但可以存储回用水，同时可体现生物多样性，检验出水效果。氧化塘池体为自然边坡，塘中种植荷花等浮叶植物，水面覆盖率约40%，保持一定的开敞水面以利于自然复氧、水体流动和阳光入射。池底种植黑藻、枯草等沉水植物。池中放养金鱼进行观赏。氧化塘水域面积为480m^2，平均有效水深0.70m，容积为340m^3。理论停留时间6.72d，水力负荷为0.11m^3/(m^2·d)，溶解氧控制浓度为0.5～2mg/L。

9.5.5　运行效果及讨论

9.5.5.1　运行效果

本工程于2016年6月建成并投入使用。运行初期由于负荷不稳定出水水质波动较大，通过检查管网系统后目前已进入稳定运行阶段。连续监测结果显示，出水水质各项指标均达到了《城镇污水处理厂污染物排放标准》(GB 18919—2002)的一级B标准，氧化塘内水体清澈透明，感官效果较好。监测结果如表9-9所示。

表9-9　2016年8～9月系统运行结果

项目	进水/(mg/L)	出水/(mg/L)	去除率/%
COD	97.5～278.6	14.3～53.4	80.8～89.2
BOD_5	48.7～132.5	1.9～16.4	80.5～96.1
SS	157～395	1～6	96.4～99.3

续表

项目	进水/(mg/L)	出水/(mg/L)	去除率/%
TN	12.8～44.2	7.5～19.8	41.4～75.2
NH_4^+-N	5.5～32.9	0～1.32	92.3～100
TP	0.6～4.2	0.1～0.97	61.2～83.3

9.5.5.2 技经指标

工程投资约1万元/户，包含管网和化粪池。运行费用主要包括动力费、药剂费及污泥处置费用等。动力设备主要为提升泵、抽吸泵、鼓风机等，装机电负荷3.48kW，实际用电负荷2.64kW，吨水电耗1.08kW·h/m^3；除磷药剂PAC，投加药剂量50g/m^3，消毒药剂为10%的次氯酸钠，消毒剂投加量20g/m^3；污泥量较小无须压滤脱水，直接由城市环卫车抽吸外运。

9.5.5.3 设计特点及讨论

（1）采用A^2/O+MBR处理农村生活污水，通过厌氧、缺氧和好氧各类微生物的高效生物降解作用可有效地去除有机污染、NH_4^+-N、TN和TP（如果出水TP不达标，则采取加药去除），确保出水达标排放。

（2）本系统对进水水质水量变动有较强的适应性，且出水水质好，占地面积小，系统产泥量少，维护方便，但是运行费用较高，适宜用于出水水质要求高的处理工程。

（3）HFMSC膜生物处理装置采用保温结构，并埋于地下，保证微生物生成代谢所需的温度，经冬天运行检测，HFMSC膜生物处理装置好氧池中的温度平均温度达到12℃。

（4）在工艺流程中，通过对管线的合理设置，使外排泵在停机时，外排管线中的水返回处理装置，保证管线中不存水，防止冬天管线结冻，冬天运行稳定，通过实践证明，HFMSC膜生物处理装置在冬天可以稳定运行。

（5）HFMSC膜生物处理设备的运行控制，可以实现自动控制和手动控制两种模式，可以将设备运行状态和参数，无线发送至总部控制中心的监控系统，实现区域内所有处理设备的集中实时监视。同时，也可以将设备运行状态和参数，发送至运维人员的手机App，使运维人员即时掌握设备运行状态，灵活运维管理。

（6）HFMSC膜生物处理装置采用A^2/O+MBR工艺，且箱体和管线合理设计证明适合北方农村生活污水治理，这对北方农村生活污水处理具有一定的借鉴作用。

9.6 于洪沙岭污水处理厂（A^2/O+高密度沉淀池+滤池工艺）

9.6.1 工程概况

沈阳于洪沙岭污水处理厂工程位于秦沈高速铁路以北，建设总期规模$4\times10^4m^3/d$，近期总规模$4\times10^4m^3/d$，总占地面积4.10hm^2。为了满足进、出水水质的要求，经分析比较，污水处理工艺采用A^2/O+高密度沉淀池+滤池工艺，污泥处理工艺采用浓缩脱水工艺。

9.6.2 设计水质

依据沙岭开发区内现有企业排放污水的数据，并参照沈阳市的其他污水处理厂及国内部分污水处理厂实际进水水质，综合考虑各种因素，确定污水处理厂的设计进水水质（见表

9-10)。

污水处理厂出水执行《城镇污水处理厂污染物排放标准》(GB 18919—2002)中一级A标准，其指标见表9-10。

表9-10 设计进、出水水质 单位：mg/L

项目	BOD_5	COD_{Cr}	SS	NH_3-N	TP	TN
进水	180	440	180	30	<4	40
出水	10	50	10	5	0.5	15

9.6.3 工艺流程

以A^2/O与滤池为核心处理构筑物，处理工艺流程见图9-9。

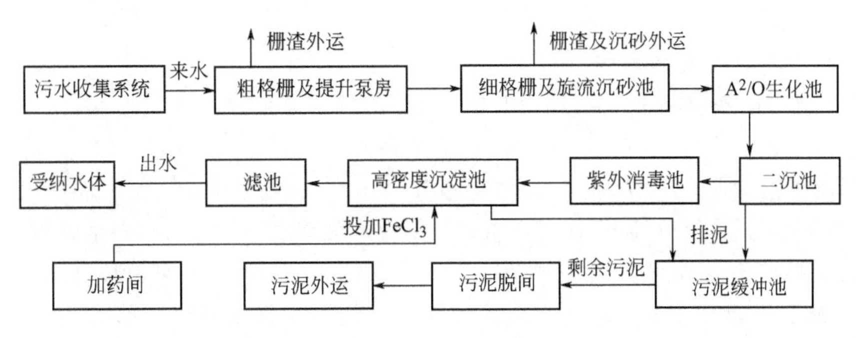

图9-9 处理工艺流程

污水通过管道输送到污水处理厂，进入污水提升泵房。泵房内设粗格栅，先将污水中大的垃圾清除，然后用泵将污水提升，提升后污水进入细格栅，将污水中的细小垃圾，如塑料薄膜之类清除，清除垃圾后进入除砂的旋流沉砂池，旋流沉砂池是利用水力涡流使泥砂和有机物分离，加速颗粒的沉淀，以达到除砂目的。去除大于0.2mm的砂粒。这一阶段的处理属于物理处理阶段。然后，污水进入A^2/O的生物反应池中，生物脱氮除磷工艺是传统活性污泥工艺、生物消化及反消化工艺和生物除磷工艺的综合，生物池通过曝气装置、推进器(厌氧段和缺氧段)及回流渠道的布置分成厌氧段、缺氧段、好氧段。在该工艺流程内，BOD_5、SS和以各种形式存在的氮和磷将一起被去除。后经高密度沉淀+滤池法深度处理，采用加药絮凝、沉淀、过滤保证水质。最后进入紫外线消毒处理，破坏水体中各种病毒和细菌及其他致病体中的DNA结构，使其无法自身繁殖，达到去除水中致病体的目的。

9.6.4 主要构筑物及设计参数

9.6.4.1 粗格栅及提升泵房

土建设计规模$4\times10^4m^3/d$，设备按近期$2\times10^4m^3/d$装机，总变化系数1.45。粗格栅、提升泵房及附属房间的总面积$166.32m^2$。

设粗格栅间及污水提升泵房1座，平面尺寸12m×12.6m，内设2条栅渠，渠宽1.1m。设2台机械格栅除污机。

泵房内采用大小泵搭配的方式进行提升污水。泵房内设2种型号的潜水污水泵。小型潜水污水泵，单台流量$Q=208m^3/h$，扬程$H=13.2m$，电机功率$N=15kW$，共设2台；大型潜水污水泵，单台流量$Q=833m^3/h$，扬程$H=13.2m$，电机功率$N=45kW$，共设2台。

运行工况：最小时，1台小型潜水污水泵工作；平均时，1台大型潜水污水泵工作，最大时，2台小型潜水污水泵+1台大型潜水污水泵同时工作。

房间内设电动单梁悬挂起重机1台，起重量3t，便于设备检修。

9.6.4.2 细格栅、旋流沉砂池

土建设计规模$4\times10^4m^3/d$，设备按近期$2\times10^4m^3/d$装机，总变化系数1.45。细格栅及附属房间的总面积$236.64m^2$。

采用旋流沉砂池，共设2座旋流沉砂池，设计停留时间35s，表面负荷$130m^3/(m^2\cdot h)$。

沉砂量按$30m^3$砂/10^6m^3污水，含水率60%，容重1.5设计，砂斗容积小于2d沉砂量。排砂采用气提排砂方式。沉砂池内设置搅拌叶片、附属空压机、贮气罐及控制系统。砂水进一步分离后，沉砂与污水厂其他固体废弃物一并处置。分离出的污水返回提升泵房再进行处理。

9.6.4.3 A^2/O生化池

A^2/O生化池的按规模$2\times10^4m^3/d$进行设计，日变化系数为1.2。

沉砂池出水进入生化反应池，生化反应池是污水生化处理的核心构筑物，设计2座生化反应池。每座生化池设3个廊道，每个廊道长49m，廊道宽7m，有效水深6.0m，超高1.0m，池高7.0m，总有效容积$16077.6m^3$，单池有效容积$8038.8m^3$。生化池分三段，第一段厌氧区，第二段缺氧区，第三段好氧区。每池设2台内回流泵，单泵$Q=420m^3/h$，$H=1.2m$。配套电机功率$N=4.5kW$。污泥从好氧区回流到缺氧区。将二沉池出泥流到生化池的厌氧区。根据实际运行调整污泥回流比。

在生化池的厌氧区和缺氧区潜水推流搅拌机，防止污泥沉淀。每座生化池设潜水搅拌器6台，单台功率为3.7kW。

在生化池的好氧段采用膜片式微孔曝气器进行曝气充氧。保证好氧区的溶解氧达到2mg/L。本工程采用曝气管曝气，设计供气量采用$5.8m^3/(h\cdot m)$，氧转移率高于22%。

9.6.4.4 二沉池及污泥回流泵房

生化池出水进入辐流式二沉池进行泥水分离。设计规模$2\times10^4m^3/d$，总变化系数为1.45。共设2座直径$D=30m$，中心进水，周边出水辐流式二沉池，二沉池单池最大设计流量为$604.17m^3/h$，周边水深4.0m。停留时间3.0h，表面负荷$0.9m^3/(m^2\cdot h)$。

设回流污泥泵房1座，与二沉池集、配水井合建，平面尺寸$\phi14.6m$。最大污泥回流比为100%，选用3台潜污泵，单泵参数$Q=277m^3/h$，$H=7m$，配套电机功率$N=7.5kW$。

9.6.4.5 鼓风机房

鼓风机房为生化池提供气源，鼓风机房按$2\times10^4m^3/d$规模进行设计安装。根据生化池运行工况，2座同时运行时所需的气量，在国际标准状态下为$110m^3/min$。

根据生化池溶解氧值调节风机房供气量，通过调节风机频率来调整鼓风量，保证风机在变压力、变流量的情况下，仍高效工作。流量调节范围45%～100%。

鼓风机房平面尺寸为21m×9m，在风机房一端设有配电、控制和值班室等，鼓风机房及附属房间面积$547.11m^2$。

鼓风机房设有1台单梁悬挂起重机，起重量3t，跨度6m。

9.6.4.6 紫外线消毒

共1条渠道，渠道内设一个模块组，每个模块组含有5个模块，每个模块8根灯管，共40根灯管。灯管总功率10kW，装机功率12.7kW。

在出水端，设 3 台提升泵，单台流量 $Q=500m^3/h$，扬程 $H=7m$，电机功率 $N=15kW$。

9.6.4.7 高密度沉淀池

设计规模 $2\times10^4m^3/d$，总变化系数 1.45。高密度沉淀池共有反应池和沉淀池两部分组成。本工程共设 2 座高密度沉淀池。对生化处理后的污水中超标的污染物，特别是 SS 和 TP 进行进一步去除，使污水厂出水达到出水标准。

经过紫外线处理后的污水首先进入絮凝反应池，采用加药计量泵向反应池内投加 $FeCl_3$ 溶液，通过机械搅拌絮凝产生矾花絮状，富集水中的污染物，在沉淀池形成沉淀物沉淀。

高密度沉淀池每座总平面尺寸 15.6m×9.4m，其中沉淀池单格平面尺寸 9.4m×9.4m。每座反应池设絮凝搅拌机 1 台；每座沉淀池设 ϕ9m 的刮泥机 1 台，将沉淀池泥刮到沉淀池泥斗内，在管廊内设吸泥泵（$Q=20m^3/h$，$H=20.0m$，$N=4kW$），吸泥泵将污泥输送至脱水间前污泥缓冲池。每天高密度沉淀池产生的干污泥量约为 0.52t/d，污泥含固率 2%。

9.6.4.8 水质净化间

设计规模 $2\times10^4m^3/d$。水质净化间内设滤池和反冲洗泵房。

滤池的净水目标主要是除 SS。滤池共设 4 格，每格的设计水量 $Q=278m^3/h$。单格滤池平面尺寸 7.5m×6m，池深 3.6m。采用小阻力配水系统。由于单格滤池面积小，因此反冲洗采用单独水洗，冲洗强度 $16L/(s\cdot m^2)$，反冲洗时间 6min，滤池反冲洗周期 24h，每格滤池的四个阀门均采用电动调节阀门。在滤池的出水总管上，安装 1 台浊度仪，用以监测滤池的出水浊度，并输出 4～20mA 信号送至控制室。

9.6.4.9 加药间及污泥脱水间

加药间及污泥脱水机房平面总尺寸 12m×38.1m+10m×6m。

(1) 加药间　针对污水处理出水水质要求较高，只通过生化处理不能达到出水水质的要求，所以采用投加 $FeCl_3$ 化学药剂进行去除。设计 $FeCl_3$ 的平均投加量 30mg/L，最大投加量 60mg/L，药库储存量按最大投加量 10 天计，投药间设 3 个溶药搅拌罐，溶药搅拌罐尺寸为 ϕ2000mm×2200mm，功率 $N=0.75kW$。药液调配浓度 10%。投加方式采用计量泵投加，计量泵 2 用 1 备（$Q=732L/h$，$H=0.35MPa$，$N=0.75kW$）。加药间内设有通风设备。

加药间内设有 1 台单梁悬挂起重机，起重量 3t，跨度 5m。

(2) 污泥脱水间　高密度沉淀池出泥和二沉池出泥的含水率不一致，设 1 座污泥缓冲池对污泥进行搅拌，保证进入脱水间的污泥稳定性。污泥缓冲池平面尺寸 ϕ10m，高 4.0m，有效水深 3.5m。内设 1 台潜水搅拌机，功率为 7.5kW。

9.6.4.10 反冲洗泵池及废水回收水池

(1) 反冲洗泵池　反冲洗泵池容积按滤池反冲洗水量的 1.5 倍考虑，平面尺寸 12m×8m，有效池深 5.7m，超高 0.5m。为保证反冲洗水量，在反冲洗泵池中加设溢流堰，堰长 8m。设反冲洗水泵 3 台（2 用 1 备），水泵流量 $Q=1250m^3/h$，扬程 $H=10m$，$N=55kW$。另外，设厂区生产给水泵 2 台（1 用 1 备），水泵流量 $Q=40m^3/h$，扬程 $H=35m$，$N=11kW$。

(2) 废水回收水池　为保证将净化间内滤池反冲洗排水均匀地送至前端的高密度沉淀池，避免对高密度沉淀池造成过大的负荷，废水回收水池内设置水泵 2 台（1 用 1 备），水泵流量 $Q=120m^3/h$，扬程 $H=12m$，$N=7.5kW$。废水回收水池平面尺寸 12m×8m，池深 5m。

9.7 内蒙古牙克石污水处理厂［百乐克（BIOLAK）工艺］

9.7.1 工程概况

牙克石市污水处理厂建设总规模 $3.4\times10^4 m^3/d$，工程一次建设。厂址位于牙克石市市区以北，免渡河西岸，规划用地面积 $3.04hm^2$。为了满足进、出水水质的要求，通过对国内外常用的各种生化污水处理工艺比较，引进德国一种先进、实用且符合中国国情的污水处理工艺——百乐克（BIOLAK）工艺。

9.7.2 设计水质

结合监测分析结果和报告中水质指标确定进水水质。根据环保部门的规定，污水处理厂处理后出水水质应达到《城镇污水处理厂污染物排放标准》（GB 189118—2002）一级 A 水质标准。牙克石市污水处理厂设计进、出水水质见表 9-11。

表 9-11 设计进、出水水质 单位：mg/L

项目	BOD_5	COD	SS	NH_4^+-N	TP
进水	200	400	200	30	4.0
出水	20	60	20	8	≤0.5
去除率/%	90	85	90	73.3	62.5

9.7.3 工艺流程

以综合生化池为核心处理构筑物，处理工艺流程见图 9-10。

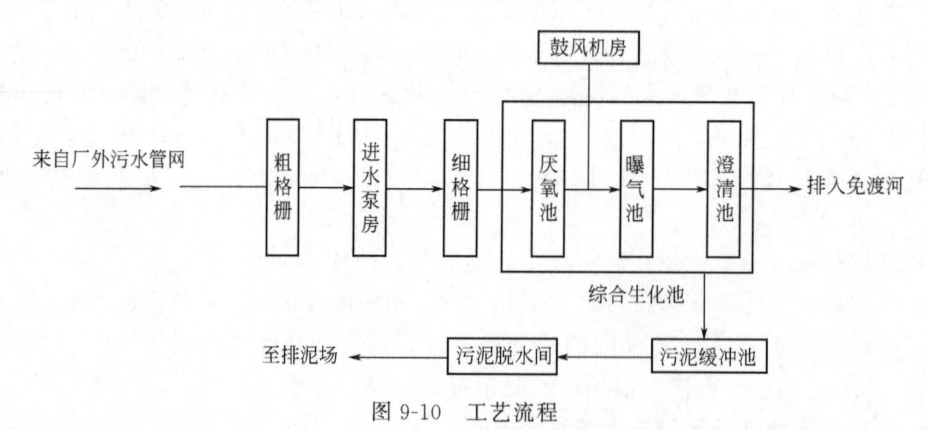

图 9-10 工艺流程

污水通过管道输送到污水处理厂，进入污水进水泵房。泵房前设粗格栅，先将污水中大颗粒固体和漂浮物清除，然后用泵将污水提升，提升后污水进入细格栅，将污水中的细小颗粒杂物及砂粒分离出来，去除大于 0.2mm 的砂粒。这一阶段的处理属于物理处理阶段。然后，细格栅出水进入综合生化池（即厌氧池—曝气池—澄清池），在厌氧池内由搅拌器将水和回流污泥混合进行厌氧处理，然后自流进入曝气池利用间隔的悬链式曝气器充氧，并可交替进行好氧与缺氧处理。最后通过澄清池进行泥水分离，澄清池的上清液流入出水渠道，并通过管道排入免渡河。系统产生的剩余污泥进入污泥缓冲池，用泵送入压滤机脱水。污泥浓缩脱水滤液返回进水泵房集水池进行二次处理。

9.7.4　主要构筑物及设计参数

9.7.4.1　粗格栅及进水泵房

将集水井、粗格栅和进水泵房组成合建式地下构筑物，粗格栅上设房屋，对粗格栅进行保暖。粗格栅间的平面尺寸12.1m×6.4m，设2条渠道，每条宽900mm，净深5.80m。

粗格栅井设置回转式格栅除污机2台，格栅宽B=0.8m，栅隙b=20mm，倾角70°。

粗格栅井设置皮带输送机、轴流风机各1台。

进水泵房外形尺寸6.0m×8.0m×8.1m，配备潜水泵4台，3用1备，单台水泵技术参数Q=680m^3/h，H=15m，N=45kW。

9.7.4.2　细格栅

细格栅间与鼓风机房合建，为双层半地上式钢筋混凝土构筑物，平面尺寸为27m×6.6m，细格栅在二层，设置NOVA旋转式格栅除污机3台，每台细格栅净宽B=0.9m，栅条间距b=1mm，倾角60°。考虑进水含砂对细格栅有磨损，所以主要部件采用不锈钢材料，以降低细格栅故障率。

9.7.4.3　百乐克（BIOLAK）综合生化池

百乐克（BIOLAK）综合生化池2座，每座均由厌氧池（生化除磷）、曝气池和澄清池组成，其功能是去除水中的P、N、BOD_5、COD、SS等污染物质。每座生化池上部水面尺寸73m×50m，底部尺寸68m×36m，深度为5.5m，边坡1∶1.4，总容积15305m^3。其中厌氧池长度10m，曝气池长度45m，澄清池长度18m。每段中间设有隔墙。

（1）厌氧池　共设2座，每座设2台液下搅拌机，用以混合未经处理的污水和回流污泥。每座有效容积1247m^3，实际水力停留时间1.76h。池内设搅拌机4台，单台功率5.5kW。

（2）曝气池　共设2座，每座有效容积9316m^3，实际水力停留时间13.2h。百乐克生化池利用间隔的悬链式曝气器充氧进行交替地好氧与缺氧处理。

每池设曝气链8根，曝气水深5.0m，曝气头深度4.9m。曝气装置由浮筒、分气管、软性管和曝气头等组成。连接部件全部为不锈钢。

（3）澄清池（矩形二沉池）　在曝气池的尾部设澄清池（即矩形二沉池），其作用是泥水分离。出水至接触池，污泥部分通过渠道回流至生化池入口处。在回流渠道中设剩余污泥泵井，井中设剩余污泥泵，剩余污泥泵将剩余污泥输送至污泥缓冲池，再进行脱水。澄清池单池平面尺寸45m×18m，最小水深5.0m，整个厂房平面尺寸107m×20m。每池设置1套吸泥机，2台回流污泥泵（Q=360m^3/h，H=3m，N=7kW），1台剩余污泥泵（Q=25m^3/h，H=8m，N=1.5kW）。

回流污泥量通过时间继电器进行控制。

9.7.4.4　鼓风机房

细格栅渠与鼓风机房合建，为双层半地上式钢筋混凝土构筑物，鼓风机房在一层。根据空气量、需安装4台风机。每台风机Q=2400m^3/h，风压P=0.055MPa，额定功率75kW，实际功率55kW。

9.7.4.5　加药间

加三氯化铁化学辅助除磷的加药间和脱水机房合建一座建筑物，总平面尺寸27.5m×9m。

通常生化工艺除磷的效率为60%，若要达到出水水质，需要投加化学药剂去除剩余的磷，选择药剂为 $FeCl_3$ 其絮凝效果好，除磷效率高，投药点为曝气池进水口或出水口。$FeCl_3$ 采用固体药剂，用玻璃钢搅拌槽配成10%溶液后用计量泵投加。

加药间内设置玻璃钢搅拌槽2台（直径1600mm，高1.2m）、搅拌桨2台（直径750mm）、加药计量泵2台（Q=240L/h，压力=0.3MPa，N=0.37kW）、PAM自动投药装置1台（1.5kW）。

9.7.4.6 污泥缓冲池

考虑到本地冬季寒冷，为防止污泥缓冲池结冰，本设计中把污泥缓冲池设置在污泥棚内。污泥缓冲池平面尺寸为3.0m×3.0m，水深 H=3.5m，容积为30m^3，污泥停留时间1.15h。

污泥缓冲池设液下搅拌机1台，直径260mm，N=0.85kW。

9.7.4.7 污泥脱水间

污泥脱水间与加药间合建。污泥脱水间设置带式污泥脱水机1套，宽度 B=1500mm，处理量110～280kgDS/h，功率0.75kW。同时配备冲洗水泵1台（2.85kW）、螺杆泵（11.0kW）、皮带输送机1台（1.5kW）、无油空压机（0.38kW）、轴流风机3台（2167m^3/h）。

9.7.5 运行效果及讨论

9.7.5.1 运行效果

该工程运行2年多以来，出水的各项指标均达到设计出水要求，即《城镇污水处理厂污染物排放标准》(GB 189118—2002) 一级A水质标准，出水部分直接用于农灌或再处理后回用、格栅截留的杂物经压榨后外运填埋，压滤污泥用作农肥或填埋。

9.7.5.2 设计特点及讨论

百乐克（BIOLAK）工艺在技术上和经济上都有优势，其出水水质好，流程简单，运行稳定，管理方便，工程投资费用均比A/O工艺略低，厌氧、曝气、澄清一体化布置，能减少水头损失，因而有节省提升能耗的特点，由于布置紧凑、节省占地、节省投资。百乐克（BIOLAK）工艺还具有容易维修且维修量小的特点。因为曝气头为悬挂式，可不停检修。运行操作管理简单、耐冲击复核、污泥量少、技术成熟、安全可靠。

9.8 欧陆风情小镇污水处理厂工程（带填料的A^2/O工艺）

9.8.1 工程概况

欧陆风情小镇污水处理工程位于棋盘山旅游开发区。内容包括污水处理厂1座，近期污水处理厂处理规模为1.0×10^{4}t/d。污水处理工程估算总投资为2592.83万元，其中污水处理厂投资为2031.78万元。资金来源于地方自筹。在保证处理后出水水质前提下，最大限度地降低工程造价和运转费用。在方案选择上采用国内外最新技术，节能型新型设备和先进自控系统。

9.8.2 设计水质

本工程污水主要来自棋盘山旅游区的生活污水、公建污水，通过对来水水质监测及国内典型城市污水水质特征，确定本工程污水特性值见表9-12。为了保证城市污水处理厂的正常运转，使处理后的出水水质达到规定的排放标准，不至于造成二次污染，根据中华人民共和国《环境保护法》、《水污染防治法》、《污水综合排放标准》(GB 8978—2002)，污水处理厂处理的出水就近排入满堂河，根据环保部门要求需执行一级标准的A标准，水质应达到如下指标，见表 9-12。

表 9-12　设计进、出水水质　　单位：mg/L

项目	BOD_5	COD	SS	NH_4^+-N	TN	TP
进水	200	350	220	25	40	3.0
出水	≤10	≤50	≤10	≤5	≤15	≤0.5

9.8.3　工艺流程

A^2/O+填料脱氮除磷工艺，工艺流程见图 9-11。

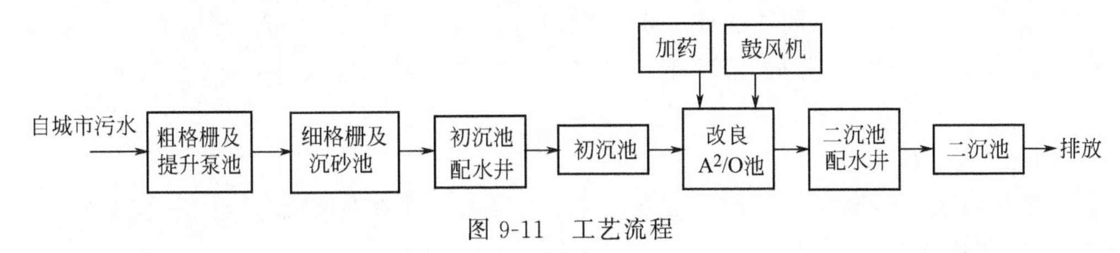

图 9-11　工艺流程

A^2/O 工艺是在厌氧-好氧除磷工艺的基础上开发出来的，污水首先进入厌氧池与回流污泥混合，在兼性厌氧发酵菌的作用下，废水中易生物降解的大分子有机物转化为 VFAs 这一类小分子有机物。聚磷菌可吸收这些小分子有机物，并以聚 β-羟基丁酸（PHB）的形式贮存在体内，其所需要的能量来自聚磷链的分解。随后，废水进入缺氧区，反硝化菌利用废水中的有机基质对随回流混合液而带来的 NO_3^- 进行反硝化。废水进入好氧池时，废水中有机物的浓度较低，聚磷菌主要是通过分解体内的 PHB 而获得能量，供细菌增殖，同时将周围环境中的溶解性磷吸收到体内，并以聚磷链的形式贮存起来，经沉淀以剩余污泥的形式排出系统。

投加“飞马”载体，强化了污水硝化效率，从而有利污水脱氮，在较短时间内完成污水处理对脱氮的更高要求。“飞马”载体是把硝化菌等用聚乙烯乙二醇高分子材料包埋成型的，成品为边长 3mm 的立方体。经培养驯化后，硝化菌就会在载体内侧繁殖，并在生化曝气池中始终保持稳定菌量，从而达到高效硝化的效果。

9.8.4　主要构筑物及设计参数

9.8.4.1　粗格栅间

粗格栅间平面尺寸 6.0m×6.0m，H=6m。内设集水池 1 座、粗格栅 2 套。集水池收集所有城市污水，流量 1.0×10^4t/d，总变化系数 K_z=1.58 设计。集水池平面尺寸 2.0m×4m，H=2.8m。

粗格栅采用回转式机械格栅，栅条间隙 15mm，宽 0.5m，共 2 套。栅前最大水深为 0.5m，过栅流速 0.75m/s，格栅倾角为 70°。

9.8.4.2　提升泵房

提升泵房的平面尺寸 15.0m×10.0m，内设提升泵池 1 座，设计流量 1.0×10^4t/d，总变化系数 K_z=1.58。内设潜水提升泵 4 台，3 用 1 备，单台性能参数 Q=220m³/h，H=12m，N=22kW。

9.8.4.3　细格栅与旋流沉砂池

细格栅间平面尺寸 24.0m×9.0m，内设细格栅 2 套，沉砂池 2 座。

细格栅采用阶梯式机械格栅，设计流量 1.0×10^4t/d，总变化系数 K_z=1.58，栅条间隙6mm，宽0.6m，共2套，过栅流速0.75m/s，格栅倾角60°。

旋流沉砂池2座，设计流量1.0×10^4t/d，总变化系数$K_z=1.58$，直径$\phi=2.0$m，$H=4$m。沉砂池停留时间50s。旋流沉砂池采用气提砂装置，设2台鼓风机，单台$Q=1.1m^3/min$，$P=88.2$kPa，$N=3.0$kW。

9.8.4.4 初沉池配水井及初沉池

初沉池配水井1座，配水井设计水量1.0×10^4t/d，总变化系数$K_z=1.58$，平面尺寸$D=3.0$m，$H=5.5$m，有效水深5.0m。上升流速0.15m/s，水力停留时间2.7min。配水井出水管分别设置1个圆形铸铁闸门并各配套1个手电两用启闭机，单台启闭能力$T=1$t。

初沉池采用中心进水、周边出水辐流式沉淀池，直径$D=14.0$m，$H=4.5$m，共2座，池上设中心传动刮泥机，有效水深$H=4.0$m，表面负荷$q=2.1m^3/(m^2\cdot h)$。含水率97%，初沉池排泥重力流进入污泥贮池。

9.8.4.5 A^2/O池

本工程新建A^2/O池2座，设计流量1.0×10^4t/d，单池平面尺寸52.0m×7.0m，有效水深5.5m。每座A^2/O池设有兼氧池、反硝化池和好氧池。

兼氧池的有效容积为$500m^3$，平面尺寸6.5m×7.0m，内设潜水搅拌器1台，水力停留时间1.0h；

反硝化池有效容积为$1752m^3$，平面尺寸22.75m×7.0m，内设潜水搅拌器2台，水力停留时间3.50h；

好氧池有效容积为$1500m^3$，平面尺寸19.5m×7.0m，内设盘式曝气器714个，添加载体量$73m^3$；水力停留时间3.0h；

污泥负荷0.58kgBOD_5/(kgMLSS·d)。

9.8.4.6 二沉池配水井

二沉池配水井1座，配水井设计水量为1.0×10^4t/d，平面尺寸$D=4.0$m，$H=5.0$m。上升流速0.15m/s，水力停留时间为3.3min。配水井出水管各设置1个圆形铸铁闸门并各配套1个手电两用启闭机，单台启闭能力$T=1$t。

9.8.4.7 二沉池

采用中心进水、周边出水辐流式二沉池，直径$D=20$m，$H=4.25$m，共2座，池上设中心传动刮吸泥机，有效水深$H=3.75$m，表面负荷$q=1.0m^3/(m^2\cdot h)$。二沉池排泥依靠静水压力排泥，同时二沉池内设有污泥界面传感器，也可以通过污泥界面计控制排泥时间，二沉池污泥重力流排进污泥回流泵池。

9.8.4.8 紫外线消毒间

紫外线消毒是一种高效、安全、环保、经济的技术，能够有效地灭活致病病毒、细菌和原生动物，而且几乎不产生任何消毒副产物。因此，在净水、污水、回用水和工业水处理的消毒中，紫外线消毒逐渐发展成为一种最有效的消毒技术。

本工程采用紫外线消毒，设计规模为近期1.0×10^4t/d，紫外线消毒间尺寸$L\times B=6.0m\times5.4m$，内设紫外线消毒系统1套。

紫外线消毒系统设计参数：TSS低于20mg/L（最大值），平均流量$1.0\times10^4m^3/d$，峰值流量$1.58\times10^4m^3/d$，紫外穿透率≥65%（最小值）。

9.8.4.9 污泥回流泵池

污泥回流泵池收集二沉池排放的污泥，其中一部分污泥回流至A^2/O池，另外一部分污泥排至污泥贮池。污泥回流泵池平面尺寸 $L \times B = 6.0\text{m} \times 6.0\text{m}$，有效水深 4.55m。

污泥回流泵池内设污泥回流泵 3 台，2 用 1 备，单台性能参数 $Q = 250\text{m}^3/\text{h}$，$H = 12\text{m}$，$N = 15\text{kW}$，$A^2O$ 池污泥回流比 100%。剩余污泥泵 2 台，1 用 1 备，单台性能参数 $Q = 100\text{m}^3/\text{h}$，$H = 10\text{m}$，$N = 5.5\text{kW}$。

9.8.4.10　贮泥池

贮泥池平面尺寸 11.1m×6.3m，$H = 3.3\text{m}$，设螺杆泵 2 台，$Q = 40\text{m}^3/\text{h}$，$H = 20\text{m}$，$N = 11\text{kW}$，1 用 1 备。

9.8.4.11　污泥脱水间

污泥脱水间平面尺寸 24.74m×12.74m，$H = 5\text{m}$。

脱水间内设一体化带式浓缩脱水机 2 台，1 套絮凝溶药投加系统，2 台螺杆泵。污泥经浓缩脱水后含水率小于 80%。

9.8.4.12　鼓风机房及配电室

鼓风机房平面尺寸 24.5m×9.5m＋9.74m×21.6m，内设 3 台鼓风机，$Q = 46.1\text{m}^3/\text{min}$，$P = 58.8\text{kPa}$，$N = 75\text{kW}$，2 用 1 备。

9.8.4.13　加药间

加药间平面尺寸 12.0m×6.0m，内设 1.5m^3 的储药罐 2 个，隔膜计量泵 3 台，2 用 1 备，性能参数为 $Q = 0.11\text{L/min}$，$N = 0.55\text{kW}$。

9.8.4.14　厂区下水泵池

新建厂区下水泵池 1 座，平面尺寸 6.0m×4.6m。内设潜污泵 2 台，$Q = 100\text{m}^3/\text{h}$，$H = 12\text{m}$，$N = 5.5\text{kW}$，1 用 1 备。

9.8.5　运行效果及讨论

9.8.5.1　运行效果

污水处理厂 2009 年投入使用，实现棋盘山开发区污染减排目标。该工程运行一年多以来，出水的各项指标均达到设计出水要求，即《城镇污水处理厂污染物排放标准》（GB 189118—2002）一级 A 水质标准。

9.8.5.2　设计特点及讨论

（1）A^2/O 工艺的特点

① 厌氧、缺氧、好氧三种不同的环境条件和不同种类的微生物菌群的有机配合，能同时具有去除有机物、脱氮除磷功能。

② 在同时脱氮除磷去除有机物的工艺中，该工艺流程最为简单，总的水力停留时间也少于同类其他工艺。

③ 在厌氧-缺氧-好氧交替运行下，丝状菌不会大量繁殖，SVI 一般小于 100，不会发生污泥膨胀。

④ 污泥中含磷量高，一般为 2.5%以上。

（2）“飞马”载体的特性　“飞马”载体是把硝化菌等用聚乙烯乙二醇高分子材料包埋成型的，成品为边长 3mm 的立方体。经培养驯化后，硝化菌就会在载体内侧繁殖，并在生化曝气池中始终保持稳定菌量，从而达到高效硝化的效果。

① 由于常规活性污泥法中硝化菌活性低且不易繁殖，因此，“飞马”载体具有独特的优势；

② 容易培养驯化，受抑制硝化因素的影响较小，硝化能力强（硝化效率可达95%～99%）；

③ 因包埋有稳定的硝化菌量，硝化彻底，故投加量少；

④ 因投量少，故氧溶解效率下降较小；

⑤ 一次投加，无须更换，使用寿命长。

(3)“飞马”技术工艺特点

① 投加“飞马”载体，强化了污水硝化效率，从而有利污水脱氮，在较短时间内完成污水处理对脱氮的更高要求。

② 可在传统活性污泥法及A/O法等工艺中直接投加。因此，可在各种处理工艺中灵活应用。

③ 容积负荷高，停留时间短，占地省。

④ 运行管理方便，没有传统脱氮法中活性污泥和硝化菌共存易受水温、药剂、BOD等的影响。

⑤ 硝化效率高，脱氮效果好。

⑥ 可在高负荷下脱氮，解决了A^2/O工艺中脱氮除磷的矛盾，除磷效果好。

⑦ 投加载体简单易行，因此很适宜老厂改造，无须扩建即可使出水总氮直接达到一级A标准。

9.9　泰宁县污水处理厂（改进型四沟式氧化沟+过滤工艺）

9.9.1　工程概况

福建省泰宁县污水处理厂建设总规模$3.0\times10^4 m^3/d$，分两期建设。其中，一期工程规模$1.0\times10^4 m^3/d$；厂址位于泰宁县城区下游，规划用地面积$2.85hm^2$。为了满足进、出水水质的要求，经分析比较，污水处理推荐采用改进型四沟式氧化沟工艺，二级处理出水后采用三级深度处理（气水反冲洗滤池过滤）和紫外线消毒。污泥处理采用机械浓缩脱水一体机。

9.9.2　设计水质

结合监测分析结果和当地相类似污水处理厂的水质指标确定进水水质（见表9-13）。根据环保部门的规定，污水处理厂处理后出水水质应达到《城镇污水处理厂污染物排放标准》(GB 189118—2002) 一级A水质标准。泰宁县污水处理厂设计进、出水水质见表9-13。

表9-13　设计进、出水水质　　单位：mg/L

项目	BOD_5	COD	SS	NH_4^+-N	TN	TP
进水	130	220	180	25	30	45
出水	≤10	≤50	≤10	≤5	≤15	≤0.5

9.9.3　工艺流程

以改进型四沟式氧化沟和曝气生物滤池为核心处理构筑物，处理工艺流程见图9-12。

污水通过管道输送到污水处理厂，进入污水提升泵房。泵房内设粗格栅，先将污水中大的垃圾清除，然后用泵将污水提升，提升后污水进入细格栅，将污水中的细小垃圾，如塑料

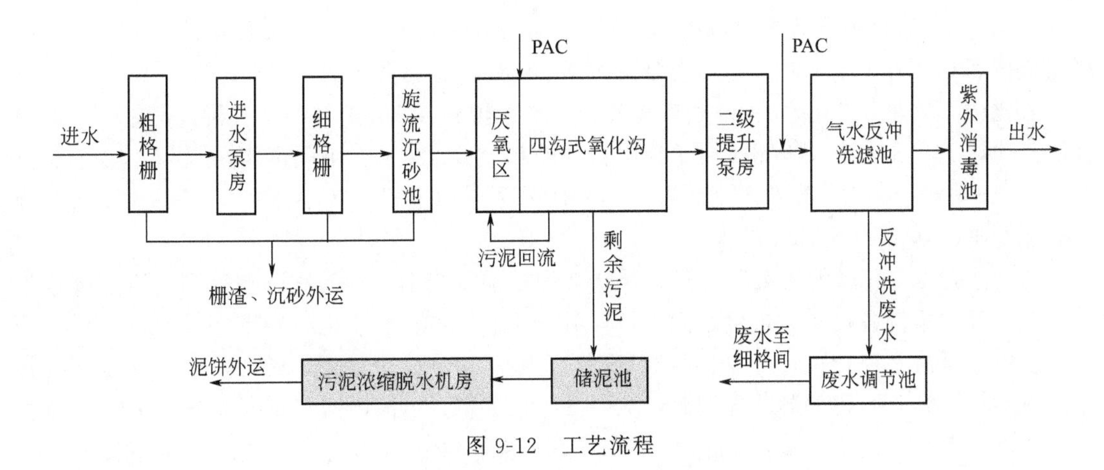

图 9-12　工艺流程

薄膜之类清除，清除垃圾后进入除砂的旋流沉砂池，去除大于 0.2mm 的砂粒。这一阶段的处理属于物理处理阶段。然后，污水进入厌氧池＋氧化沟的生物反应池中。在氧化沟前设厌氧池，使污水与回流污泥在厌氧池内混合，在厌氧的条件下进行磷的释放，然后进入改进型四沟式氧化沟。改进型四沟式氧化沟既具有传统交替式氧化沟的优点，又具有 A^2/O 工艺的特点和效能。氧化沟出来的清水通过水泵提升后进入气水反冲洗滤池进行深度处理，最后出水经过紫外线消毒后利用。

9.9.4　主要构筑物及设计参数

9.9.4.1　粗格栅与提升泵房

粗格栅井与提升泵房合建，其平面尺寸 14.1m×8.0m，净深 5.65m。

粗格栅井设置回转式粗格栅 2 台，格栅宽 B＝0.8m，栅隙 b＝20mm，倾角 75°。

提升泵房一期配备潜水泵 2 台，1 用 1 备，单台水泵技术参数 Q＝667m^3/h，H＝10.0m。

9.9.4.2　细格栅

细格栅渠与沉砂池相连，设置回转式细格 2 台，每台细格栅净宽 B＝0.8m，栅条间距 b＝6mm，倾角 60°。考虑进水含砂对细格栅有磨损，所以主要部件采用不锈钢材料，以减少细格栅故障率。

9.9.4.3　旋流沉砂池

沉砂池采用旋流式圆形沉砂池，共 2 座，其直径 2.43m，池深 3.45m。单座设计最大流量 888m^3/h，最大流量水力表面负荷 192m^3/(m^2·h)。每座池设置 1 台可调速的桨叶分离机和 1 台罗茨鼓风机，功率分别为 0.75kW 和 3kW。采用气洗排砂，提升后砂被输送到砂水分离器（N＝0.75kW，2 座沉砂池共用 1 台）进行砂水分离，砂粒送至渣斗中运走。

9.9.4.4　改进型四沟式氧化沟

根据分期建设要求，污水处理厂共设计 3 座氧化沟，一期工程设计 1 座，污水处理量按 1.0×$10^4$$m^3$/d 设计。经方案比较，采用由厌氧区、四沟式氧化沟以及污泥回流区组成的改进型四沟式氧化沟。

（1）厌氧区平面尺寸 38.15m×6.25m，有效水深 4.9m，有效容积 1122m^3。实际水力停留时间 1.3h。池内设潜水搅拌机 2 台，单台功率 2.2kW。

（2）氧化沟单槽净宽 4.6m，每沟两槽净宽共 9.45m，有效净池长 41.0m，每座氧化沟

总宽 39.35m。氧化沟设计参数：最低水温 10℃，最高水温 25℃，污泥质量浓度 3500mg/L，污泥负荷 0.082kg/(kg・d)，总水力停留时间 15.8h，总泥龄 18.8d。

氧化沟需氧量 3659kg/d。两侧边沟各设置 2 台轴长 4.5m 的转刷曝气机，其中 1 台双速电机，功率 N＝22/18.5kW；1 台单速电机，功率 N＝22kW。中间两沟各设置 1 台轴长分别为 4.5m 和 4.0m 转刷曝气机，其中 4.5m 的采用单速电机，功率 N＝22kW；4.0m 的采用双速电机，功率 N＝22/18.5kW。

为了维持 3.5m 以下的污泥处于悬浮状态和推动其流动，在转刷影响范围下再加装水下搅拌器，两侧边沟各设置 2 台潜水搅拌机，叶轮直径 1800mm，电机功率 N＝4kW；中间两沟各设置 2 台潜水搅拌机，叶轮直径 320mm，功率 N＝2.2kW。好氧时段转刷和水下搅拌器同时运行。好氧时段控制池内溶解氧为 0.5～2mg/L，当池内溶解氧≤0.5mg/L 时，逐台启动转刷，而当池内溶解氧≥2mg/L 时，应逐台停止转刷的运行。缺氧时段水下搅拌器运行、转刷停止运行，沉淀时段转刷和水下搅拌器同时停止运行；缺氧时段和沉淀时段均不控制池内溶解氧数值。氧化沟两侧边沟各设置 1 台出水电动蝶阀和 1 台浑水排放电动蝶阀，以控制氧化沟的出水。

(3) 剩余污泥考虑由边沟排放，采用压力输送至贮泥池。每侧边沟设潜水泵 1 台，交替运行，单台水泵技术参数 Q＝40m^3/h，H＝6m，N＝3kW。

9.9.4.5 二级提升泵房及废水调节池

(1) 二级提升泵房与废水调节池合建，土建按远期规模设计。平面尺寸 15.3m×8.5m，池深 4.1m。

(2) 二级提升泵房用于氧化沟出水至气水反冲洗滤池；一期配置潜水泵 2 台，1 用 1 备，单台水泵技术参数 Q＝500m^3/h，H＝6m，其中 1 台采用变频，以适应水量变化，节省运行费用。

(3) 废水调节池用于调节滤池反冲洗废水，同时将废水均匀地提升至细格栅，以避免水量冲击负荷。

调节池容积按一次滤池反冲洗废水量设计，有效容积 180m^3，设潜水泵 2 台，1 用 1 备，每台泵 Q＝50m^3/h，H＝10m。

9.9.4.6 气水反冲洗滤池与清水池

气水反冲洗滤池与清水池合建，土建按远期规模设计，设备按一期规模配备。设计参数如下：滤池数量 1 座，分 4 格，一期运行 2 格，单格过滤面积 42m^2，设计滤速 7.4m/h，有效水深 3.5m，滤料层厚 h＝1.0m、粒径 0.8～1.2mm，滤池平面尺寸 23.40m×19.95m。

配水方式采用长柄滤头布水，安装密度 56 个/m^2。

滤池采用气水反冲洗方式，反冲洗水泵设置 3 台，2 用 1 备，单台水泵技术参数 Q＝400m^3/h，H＝10.0m。鼓风机设置 2 台，1 用 1 备，单台风机技术参数 Q＝37.8m^3/min，ΔP_a＝40kPa。反冲洗清水池按一次滤池反冲洗水量设计，有效容积为 180m^3。

9.9.4.7 消毒池

采用紫外线消毒工艺对尾水进行消毒，土建按远期规模设计，设备按一期规模配备。平面尺寸 13.8m×4.60m，分成 2 个渠道。设 1 套 1.0×10^{4}m^3/d 的紫外线消毒模块，配套现场控制箱。

9.9.4.8 化学除磷加药间

化学除磷加药间与污泥浓缩脱水机房合建，加药间按远期规模设计。投加药剂为聚合氯化铝，投加点为改进型四沟式氧化沟厌氧区出水处和气水反冲洗滤池前端，两处投加量分别为 8.5mg/L 和 5mg/L。

9.9.4.9　污泥储泥池

储泥池主要用于调蓄剩余污泥，同时起到控制剩余污泥中的磷在厌氧条件下不再重新释放的作用，剩余污泥在储泥池内的停留时间控制在 4h 以内。平面尺寸 8.75m×4.50m，有效水深 3.50m，分 2 格。每格内设污泥潜水搅拌机 1 台，功率 N=2.2kW。

9.9.4.10　污泥浓缩脱水机房

污泥浓缩脱水机房按远期规模设计，平面尺寸 15.4m×11.2m，高 4.7m。一期配备带宽 1.0m 带式浓缩脱水一体机套以及配套设备 1 套。设计参数：一期剩余污泥干重 1455kg/d，带式浓缩脱水一体机处理能力 150kg/h。

9.9.5　运行效果及讨论

9.9.5.1　运行效果

该工程运行以来，出水的各项指标均达到设计出水要求，即《城镇污水处理厂污染物排放标准》(GB 189118—2002) 一级 A 水质标准。

9.9.5.2　设计特点及讨论

针对传统三沟式氧化沟在容积利用率和设备利用率不高以及除磷方面的不足，该工程设计采用改进型四沟式氧化沟新工艺，以使氧化沟的容积利用率由三沟式氧化沟的 58%提高到 69%，大大降低了作为沉淀池的边沟容积，使氧化沟总容积减少 11%，同时也相应提高了设备利用率，使设备装机容量也降低了 11%。为提高生物除磷脱氮的效率，将 A^2/O 工艺组合进四沟式氧化沟，在氧化沟前增设厌氧池，将作为沉淀功能的边沟中的污泥回流到该池与进水混合，主要目的是富磷污泥释放和补充活性污泥，实现系统的除磷，同时有效地减少中沟和边沟的污泥质量浓度差别，改善污泥分布状态，进一步提高容积利用率。因此，改

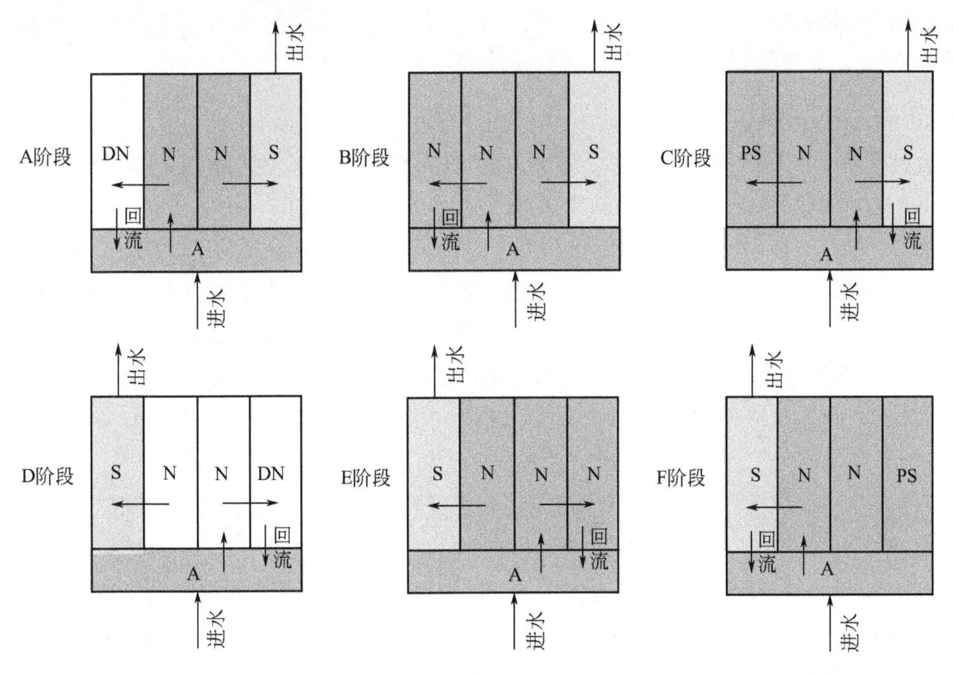

图 9-13　改进型四沟式氧化沟运行模式

N—好氧状态；DN—缺氧状态；A—厌氧状态；S—沉淀状态；PS—预沉状态

进型四沟式氧化沟既具有传统交替式氧化沟的优点，又具有 A^2/O 工艺的特点和效能。此外，污泥回流采用潜水过墙泵，减少了提升扬程，节省了电耗，同时构筑物的合建也极大地节省了土建投资。

改进型四沟式氧化沟 6 阶段的同步脱氮除磷运行模式，见图 9-13。

另外，传统交替式氧化沟边沟一般配备可调节电动旋转堰门用于出水和调节转刷叶片的浸没深度，该工程若采用此方式出水，需要配备 5m 宽旋转堰门 6 台。因此，为减少设备投资和便于维护管理，该工程设计时采用可调式三角堰出水。但采用三角堰出水存在曝气阶段边沟的出水堰内进入了混合液，在预沉淀时污染物会沉积在出水堰内的问题，使出水不能直接排放。因此设计上采取在出水管上加装浑水排放管的方式加以解决。该方法运行维护较简单，也节省了设备投资。

9.10 沈北新区新城子污水处理厂（改良 A^2/O＋深度处理工艺）

9.10.1 工程概况

本工程是位于新城子区西北部的沈北新区新城子污水处理厂，设计处理规模为 5×10^4t/d，总占地 3.4hm^2。工程分二期进行，近期规模 $2.5\times10^4m^3/d$，远期增建 $2.5\times10^4m^3/d$。处理厂中预处理部分（粗格栅、进水泵房、细格栅、曝气沉砂池）按照二期流量进行土建设计。设备按照一期流量安装。污泥处理部分按照 $5\times10^4m^3/d$ 流量设计（设备按一期工程规模 $2.5\times10^4m^3/d$ 安装，预留二期设备安装位置），二级处理（生物处理）部分按一期工程 $2.5\times10^4m^3/d$ 规模设计。深度处理部分按照 $2.5\times10^4m^3/d$ 规模设计。

作为辽河支流的长河在沈北新区内段长 40km，其中城市段长 8.64km，水质常年超Ⅴ类，是 2007 年沈北新区的重点改造项目，2007 沈北新区将对长河进行全方位改造，改造后长河将保持生态的景观。沈北新区新城子污水处理厂工程建成运行后，长河至辽河水质将会得到巨大改善，对开发区的开发建设具有重大意义。

9.10.2 设计水质

结合沈阳市的污水处理厂的运行经验，考虑到拟建污水厂进水组成包含化学工业园出水，因此，沈北新区新城子污水处理厂工程设计水质见表 9-14。

新城子污水处理厂出水由长河进入辽河，污水厂出水必须满足辽河流域水污染防治的具体要求。根据沈政（1997）30 号文件，《沈阳市人民政府关于同意沈阳市地面水功能区划管理意见的批复》规定，长河段属Ⅲ类水域，按照中华人民共和国国家标准《城镇污水处理厂污染物排放标准》（GB 18918—2002）中的规定，确定沈北新区新城子污水处理厂工程出水执行一级标准中的 A 级标准。新城子污水处理厂设计进、出水水质见表 9-14。

表 9-14　设计进、出水水质　　单位：mg/L

项目	BOD_5	COD	SS	NH_4^+-N	TN	TP
进水	180	400	220	30	40	5
出水	≤10	≤50	≤10	≤5	≤15	≤0.5

9.10.3 工艺流程

沈北新区新城子污水处理厂工程采用改良 A^2/O 工艺，处理工艺流程见图 9-14。

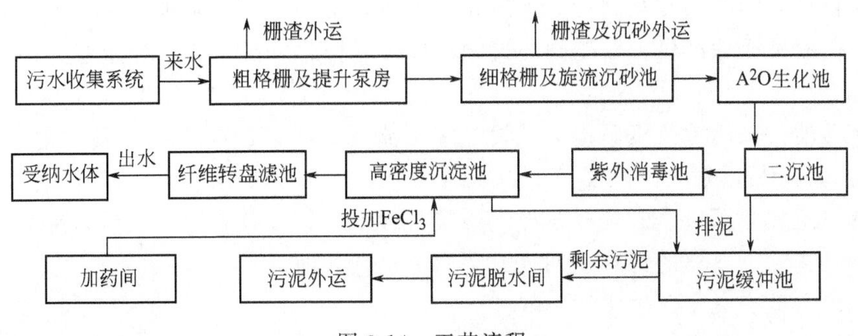

图 9-14　工艺流程

污水通过管道输送到污水处理厂，进入污水提升泵房。泵房内设粗格栅，先将污水中大的垃圾清除，然后用泵将污水提升，提升后污水进入细格栅，将污水中的细小垃圾，如塑料薄膜之类清除，清除垃圾后进入除砂的旋流沉砂池，旋流沉砂池是利用水力涡流使泥砂和有机物分离，加速颗粒的沉淀，以达到除砂目的。去除大于 0.2mm 的砂粒。这一阶段的处理属于物理处理阶段。然后，污水进入 A^2/O 的生物反应池中，生物脱氮除磷工艺是传统活性污泥工艺、生物硝化及反硝化工艺和生物除磷工艺的综合，生物池通过曝气装置、推进器(厌氧段和缺氧段）及回流渠道的布置分成厌氧段、缺氧段、好氧段。在该工艺流程内，BOD_5、SS 和以各种形式存在的氮和磷将一一被去除。后经高密度沉淀＋纤维转盘滤池法深度处理，采用加药絮凝、沉淀、过滤保证水质。最后进入紫外线消毒处理，破坏水体中各种病毒和细菌及其他致病体中的 DNA 结构，使其无法自身繁殖，达到去除水中致病体的目的。

9.10.4　主要构筑物及设计参数

9.10.4.1　粗格栅及提升泵房

设计总规模 $5\times10^4m^3/d$，近期设计规模 $2.5\times10^4m^3/d$，总变化系数 1.40。土建按 $5\times10^4m^3/d$ 设计，预留二期设备装机位置，设备分期安装。粗格栅及提升泵房的总面积为 $166.32m^2$。

(1) 粗格栅　设粗格栅间一座，内设两条栅渠，渠宽 1.1m。设 2 台机械格栅除污机，栅条倾角 $\alpha=75°$，栅条净距 $b=20mm$，近期 1 用 1 备，远期同时使用。格栅间内设电动单梁悬挂起重机 1 台，起重量为 3t，便于设备检修。

(2) 提升泵房　污水提升泵房（包括前池）土建按规模 $5.0\times10^4m^3/d$ 进行设计，设备按规模 $2.5\times10^4m^3/d$ 进行安装。泵房为地下式，平面尺寸 12.2m×5m。为了适应污水量的变化，采用大小泵搭配的方式进行提升污水。泵房内设两种型号的潜水污水泵。小型潜水污水泵，单台流量 $Q=250m^3/h$，扬程 $H=12.4m$，电机功率为 $N=15kW$，共设 2 台；大型潜水污水泵，单台流量为 $Q=960m^3/h$，扬程 $H=12.4m$，电机功率 $N=45kW$，共设 2 台。远期增加 2 台大泵。

9.10.4.2　细格栅、旋流沉砂池

远期设计规模 $5\times10^4m^3/d$，近期设计规模 $2.5\times10^4m^3/d$，总变化系数 1.40。土建按 $5\times10^4m^3/d$ 设计，预留二期设备装机位置，设备分期安装。细格栅及附属房间的总面积 $354.14m^2$。

(1) 细格栅　设细格栅间 1 座，平面尺寸 5.1m×9.6m，内设 2 条栅渠，渠宽为 1.5m。

设2台机械格栅除污机，栅条间隙$b=6mm$，栅条倾角$\alpha=60°$。近期1用1备，远期同时使用。设2台机械格栅除污机。格栅间内设电动单梁悬挂起重机一台，起重量为3t，便于设备检修。

(2) 沉砂池　采用旋流沉砂池，共设2座旋流沉砂池，近期1用1备，远期同时使用。设计停留时间为35s，最大时表面负荷为$200m^3/(m^2 \cdot h)$。采用气提排砂方式。沉砂池内设置搅拌叶片、附属空压机、贮气罐及控制系统。砂水进一步分离后，沉砂与污水厂其他固体废弃物一并处置。分离出的污水返回提升泵房再进行处理。

9.10.4.3　改良A^2/O生化池

改良A^2/O生物池设计成矩形池，分为2座。采用推流式，主要由四部分组成，其一是预缺氧段，即回流污泥反硝化段，保证厌氧段稳定运行；其二是厌氧段，在厌氧条件下，聚磷菌分解体内的多聚酸盐产生能量，并释放出磷酸盐，维持聚磷菌的代谢；其三是缺氧段，完成污水的反硝化；其四是好氧段，完成磷的吸收和氨氮、有机物的氧化合成。在各段之间设有调节段，采用多点进水，增强工艺运转灵活性。

每座生化池设3个廊道，每个廊道长49m，廊道宽7m，有效水深7m，超高1m，池高8m，总有效容积$14406m^3$，单池有效容积$7203m^3$。

主要设计参数：设计流量$Q=1042m^3/h$，日变化系数1.2，泥龄15d，设计水温10～25℃，混合液浓度3300mg/L，污泥产率0.935kgDS/$kgBOD_5$，污泥负荷0.071$kgBOD_5$/(kgMLSS·d)，容积负荷0.236$kgBOD_5/(m^3 \cdot d)$，停留时间18.73h，总需氧量（SOR）488kgO_2/h。污泥回流比50%～120%，混合液回液比200%。

每池设2台内回流泵，单泵参数为$Q=520m^3/h$，$H=1.2m$。配套电机功率$N=4.5kW$。污泥从好氧区回流到缺氧区，将二沉池出泥流到生化池的厌氧区。外回流在厌氧区和缺氧区均设有出口，根据实际运行调整污泥回流比和回流位置；同时在缺氧区末端设有曝气系统，在实际运行过程可以调整曝气段长度，从而达到多种方式运行的目的。

在生化池的厌氧区和缺氧区设潜水推流搅拌机，防止污泥沉淀。每座生化池设潜水搅拌器6台，单台功率为4.0kW。

在生化池的好氧段采用管式微孔曝气器进行曝气充氧。保证好氧区的溶解氧达到2mg/L。本工程采用膜片式微孔曝气器，设计供气量采用$5.8m^3/(m \cdot h)$，氧转移率高于22%。

9.10.4.4　二沉池及回流泵房

生化池出水进入辐流式二沉池进行泥水分离。设计规模$2.5\times10^4m^3/d$，总变化系数1.40，共设2座直径$\phi=32m$，中心进水，周边出水辐流式二沉池。

利用二沉池配水井作为回流污泥泵房，配水井为$\phi=14.6m$。最大污泥回流比为100%，选用3台潜污泵，单泵参数为$Q=347m^3/h$，$H=7m$。配套电机功率$N=11kW$。

9.10.4.5　鼓风机房

鼓风机房为生化池提供气源，鼓风机房土建按远期$5.0\times10^4m^3/d$规模进行设计，设备按近期$2.5\times10^4m^3/d$规模进行安装。根据生化池运行工况，2座同时运行时所需的气量，在国际标准状态下为$130.8m^3/min$。

根据生化池溶解氧值调节风机房供气量，通过调节风机频率来调整鼓风量，保证风机在变压力、变流量的情况下，仍高效工作。流量调节范围45%～100%。

鼓风机房平面尺寸24m×9m，在风机房一端设有配电、控制和值班室等，鼓风机房及附属房间面积$547.10m^2$。

鼓风机房设有1台单梁悬挂起重机，起重量3t，跨度6m。

9.10.4.6 消毒槽、提升泵池及高密度沉淀池

消毒槽、提升泵池及高密度沉淀池合建在一个构筑物内，总平面尺寸23.8m×19.4m。

(1) 消毒槽 共1条渠道，渠道内设一个模块组，每个模块组含有5个模块，每个模块8根灯管，共40根灯管。灯管总功率为10kW，装机功率12.7kW。

(2) 提升泵池 在紫外消毒槽出水端为提升泵池，提升泵池的功能有两个：一是污水处理的中途提升泵池，二是水源热泵站的原水提升泵池。设3台中途提升泵，单台流量$Q=620m^3/h$，扬程$H=7m$，电机功率为$N=18.5kW$，污水经提升后进入高密度沉淀池。设1台提升泵，单台流量$Q=65m^3/h$，扬程$H=30m$，电机功率$N=11kW$，将污水送入到水源热泵站。

(3) 高密度沉淀池 设计规模$2.5\times10^4m^3/d$，日变化系数1.2。高密度沉淀池共有混合、反应池和沉淀池3部分组成。本工程共设2座高密度沉淀池。对生化处理后的污水中超标的污染物，特别是SS和TP进行进一步去除，使污水厂出水达到出水标准。

紫外线处理后的污水经提升后，首先进入混合池，采用加药计量泵向混合池内投加$FeCl_3$溶液，进行药水混合。混合后的污水进入反应池，通过机械搅拌絮凝产生絮状矾花，富集水中的污染物，在沉淀池形成沉淀物沉淀。为促进絮状矾花的形成，向絮凝反应池内投加聚丙烯酰胺。

混合池共分2格，总混合时间80s，每格内设1台混合搅拌机，单台功率7.5kW。反应池2座，每座反应池设搅拌机及混合筒2台，单台功率4.5kW。沉淀池2座，每座沉淀池设$\phi9m$的中心传动悬挂式刮泥机1台，单台功率1.5kW，将沉淀池泥刮到沉淀池泥斗内，在管廊内设吸泥泵（$Q=20m^3/h$，$H=20m$，$N=4kW$），吸泥泵将污泥输送至脱水间前污泥缓冲池。每天高密度沉淀池产生的干污泥量约为0.52t/d，污泥含固率为2%。

9.10.4.7 过滤间

设计规模$2.5\times10^4m^3/d$，日变化系数1.2。过滤间平面尺寸15m×12m。

纤维转盘安装在特别设计的混凝土滤池内，它的作用在于去除污水中以悬浮状态存在的各种杂质，提高污水处理厂出水水质，使处理水SS达到一级A标准。

纤维转盘滤池的运行状态包括：过滤、反冲洗、排泥状态。整个状态为连续。

设计采用2格，每格选用1套纤维转盘过滤设备。每套设备处理水量为$650m^3/h$，每格转盘数量为14盘，单盘有效过滤面积为$5.2m^2$，反洗水量为1%～3%。每格设2台反洗水泵，单泵$Q=30m^3/h$，$H=14m$，$N=2.2kW$。

9.10.4.8 加药间及污泥脱水间

加药间及污泥脱水间土建设计规模$5.0\times10^4m^3/d$，设备按$2.5\times10^4m^3/d$安装，加药间及脱水间总面积$550.56m^2$。

(1) 加药间 针对污水处理出水水质要求较高，只通过生化处理不能达到出水水质的要求，所以采用投加$FeCl_3$化学药剂进行去除。设计$FeCl_3$的平均投加量30mg/L，最大投加量60mg/L，药库储存量按最大投加量10d计，投药间设2个溶药搅拌罐，溶药搅拌罐尺寸为$\phi2000mm\times2200mm$，功率$N=0.75kW$。药液调配浓度为10%。投加方式采用计量泵投加，计量泵2用1备（$Q=0\sim1000L/h$，$H=0.5MPa$，$N=0.75kW$）。加药间内设有通风设备。

（2）污泥脱水间 高密度沉淀池出泥和二沉池出泥的含水率不一致，设1座污泥缓冲池对污泥进行搅拌，保证进入脱水间的污泥稳定性。污泥缓冲池平面尺寸 ϕ10m，深3.5m，内设1台搅拌机，功率为7.5kW。

9.10.5 运行效果及讨论

9.10.5.1 运行效果

该工程投入运行以来，出水的各项指标均达到设计出水要求，即《城镇污水处理厂污染物排放标准》（GB 189118—2002）一级A水质标准。

9.10.5.2 设计特点及讨论

该项污水处理工程改良A/A/O工艺，具有运行稳定，出水水质好，管理简便，工程投资低，抗冲击负荷能力强等优势，适用于本污水处理厂工程。处理的污水经深度处理后，排入长河。这对于保证长河达到环境功能区划的水质目标，改善水体的生态环境，保护浑河沿岸的地下水资源不再遭受污染及促进城市及浑河沿岸的经济、社会可持续发展，都具有重要的意义。

9.11 沈阳造化污水处理厂（氧化沟型的 A^2/O+深度处理工艺）

9.11.1 工程概况

沈阳造化污水处理厂位于在沈阳市大工业造化地区南部，占地 $5hm^2$。近期污水处理厂处理规模 $1\times10^4m^3/d$；远期处理规模 $6\times10^4m^3/d$。工程总投资1483.58万元。处理沈阳市大工业区的生活污水和工业废水。

9.11.2 设计水质

参考辽宁省其他城镇正在运行类似的污水处理厂的水质指标，结合工业区的特点（工业企业多），最后确定本污水处理厂水质见表。根据中华人民共和国《环境保护法》、《水污染防治法》、《污水综合排放标准》（GB 8978—2002），污水处理厂处理的出水就近排入辽河支流，根据环保部门要求需执行一级标准的A标准。沈阳造化污水处理厂设计进、出水水质见表9-15。

表9-15 设计进、出水水质 单位：mg/L

项目	BOD_5	COD	SS	NH_4^+-N	TN	TP
进水	180	420	200	30	40	4
出水	≤10	≤50	≤10	≤5	≤15	≤0.5

9.11.3 工艺流程

本处理工艺流程是污水经管道收集后，经过粗格栅、提升泵站、细格栅和旋流沉砂池等预处理后，进入改良 A^2/O 池、二沉池等生化处理单元，随后进入反应沉淀、V型滤池等物理、化学处理单元，最后消毒池排放至南小河或进入城市中水系统，其工艺流程见图9-15。

改良的 A^2/O 工艺是在 A^2/O 工艺基础上，吸收MUCT工艺和氧化沟工艺的优点，开发的低能耗脱氮除磷工艺，在 A^2/O 工艺的厌氧段前端设置一缺氧段，缺氧段进行污泥回流的反硝化，降低回流污泥中挟带DO和硝酸态氧对除磷效果的影响，并且反硝化缺氧段进水口与好氧段出水口相连，利用低能耗的推进器进行混合液回流，以降低混合液回流能耗，如图9-16所示。

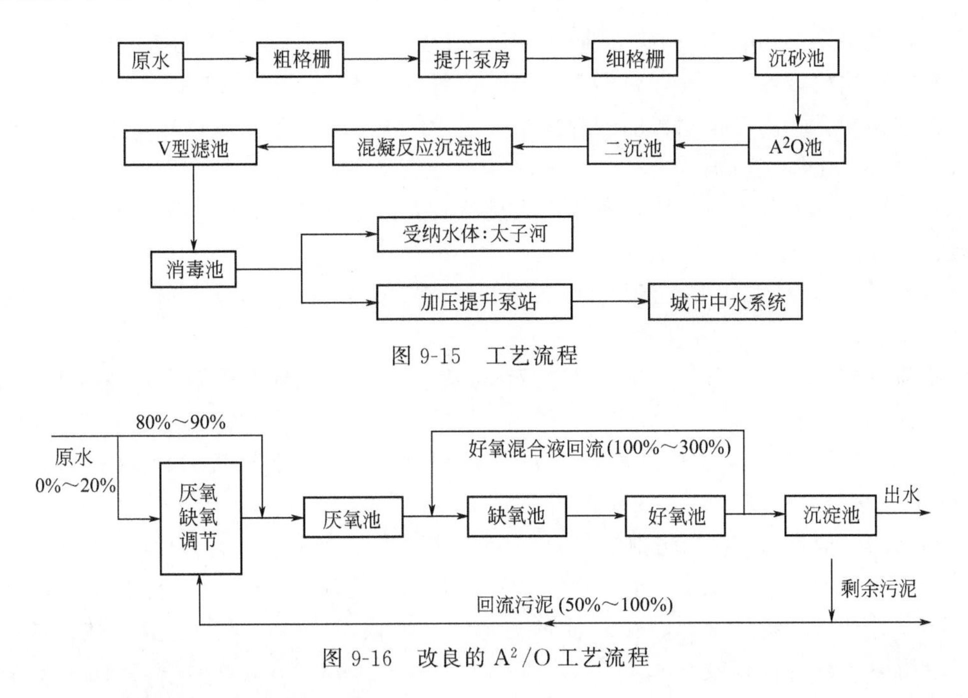

图 9-15　工艺流程

图 9-16　改良的 A²/O 工艺流程

9.11.4　主要构筑物及设计参数

根据水量预测，本工程近期处理规模 $1\times10^4 m^3/d$，远期规模 $6\times10^4 m^3/d$。粗格栅、提升泵站、细格栅、配水井、消毒间、鼓风机房土建按远期设计，沉砂池、加药间、污泥浓缩脱水间按远期一并设计。

9.11.4.1　提升泵站与粗格栅

设计流量为按照远期考虑，$Q=1.5m^3/s$，既 $10\times1.3=13\times10^4 t/d$；进水管采用 HDPE 管，泵站内设闸门井、格栅间、机械间、阀门井。

闸门井内设 2 台 SFZ 铸铁闸门，每台设计参数尺寸 1.20m×1.20m，功率 5.5kW，启闭机型号为 QDA-250 手电两用，启闭力为 12t。

在进入泵站配水池的渠道上，设有栅条间距 20mm，$B=1.20m$ 机械格栅 2 台，格栅型号为 GL2600 格栅除污机，格栅拦截的栅渣经皮带运输机输送至压榨机内，经脱水打包后运走。格栅每台安装角度为 70°，配套功率 2.2kW；选用 LY 型螺旋压榨机，配套功率 7.5kW，栅渣量 $9m^3/d$。

机械间内安装 3 台潜水泵，总提升能力 $1\times10^4 t/d$，通过自动控制实现 3 台泵轮换工作（2 用 1 备）。单泵设计工况 $Q=0.89m^3/s$，$H=13m$，$N=18.5kW$。机械间上部为检修水泵方便，特设 1 台吊车，型号为 LD 电动单梁起重机，起重量为 5t，配套功率为 $N=7.5kW$。

阀门井内为防止各种原因停泵时沉砂池配水井内的水倒流，故在水泵出水管上设逆止阀及其检修所需的伸缩式电动蝶阀。逆止阀采用 HH49X-1.0Q 微阻缓闭止回阀，该阀内无隔板，水头损失小，并具有缓闭功能，可避免水中杂物引起的止回阀关闭不严及阀瓣回击等现象，电动蝶阀采用 SD941-1.0 伸缩式电动蝶阀。

9.11.4.2　细格栅

细格栅设计流量按照近期考虑，本工程共设置自动格栅除污机 2 台，1 用 1 备，过栅流速 0.9m/s，栅条间隙 4mm，格栅宽度 1.00mm，格栅安装角度 70°。

每个格栅渠宽2.0m，为检修方便，在每个进水渠道的前后各设2台1000mm×1000mm手动闸板。采用机械除渣，设2台栅渣输送机，每台功率$N=2.2$ kW。

格栅除污装置和皮带运输机的开停按格栅前后的液位差自动控制运行，也可手动运行。

9.11.4.3 旋流沉砂池

沉砂池采用旋流沉砂池2座，利用水力旋流去除污水中粒径较大的无机砂粒。排砂方式为气提。

单池设计流量320m^3/h，直径$D=2.43$m。水平旋流器转速$n=14$r/min，功率$N=1.5$kW 。

风机流量$Q=3.2$m^3/min，扬程$H=7$m，功率$N=7.5$kW。控制方式与砂水分离器连锁或人工控制。

设一套不锈钢螺旋式砂水分离器，处理量$Q=12$L/s，分离率$P=98\%$ ，转速$n=6.9$r/min，功率$N=0.55$kW。由可编程控制或人工控制。

9.11.4.4 改良A^2/O生化池

共分2个系列，2个系列又分为2组，每个组包括1座改良A^2/O生化池和2座二沉池；近期先上1系列（2组）。A^2/O生化池形式采用“氧化沟”型，分为厌氧、缺氧和好氧三段，钢筋混凝土结构，有效水深6.0m，超高1.0m，总深7.0m，单沟宽6.0m，直线段长度30m。单池参数如下。

厌氧池有效容积720m^3，停留时间2.23h；

缺氧池有效容积850m^3，停留时间2.68h；

好氧池有效容积2850m^3，停留时间8.92h；

污泥浓度3150mg/L；

污泥负荷0.1kgBOD$_5$/(kgMLSS·d)。

单池设内回流泵3套（2用1备），$Q=3200$m^3/h，$H=0.5$m，功率$N=6.5$kW。

单池设4套低速搅拌推流装置，转速$n=55$r/min，功率$N=5.0$kW。

单池设6套数潜水搅拌机，转速$n=98$r/min，功率$N=3.0$kW。

设1980套中微孔曝气器，曝气量2～4m^3/h 。

9.11.4.5 二沉池

每组设周边进水周边出水辐流式二沉池2座，直径22m，池深4.76m，池边有效水深3.7m。表面水力负荷0.88m^3/(m^2·h)。

采用刮吸泥机排泥，直径26m，功率0.55kW，周边线速度3.5m/min。

9.11.4.6 剩余和回流污泥泵站

污泥泵池平面尺寸6.0m×4.5m，深4.2m。设潜水搅拌机1台，转速$n=98$r/min，功率$N=1.1$kW设潜水排污泵（外回流）2套（1用1备），$Q=520$m^3/h，$H=5$m，功率$N=30$kW。设潜水排污泵（剩余污泥）2套（1用1备），$Q=12$m^3/h，$H=10$m，功率$N=3.0$kW。

9.11.4.7 反应沉淀池

（1）反应池　絮凝方式采用网格絮凝池，分2组，每组设计规模11000m^3/d。单组絮凝池的平面尺寸7.5m×6.0m（包括过渡段4m×6.0m），总高4.6m，平均有效水深3.5m。

絮凝池设计有18个网格，平面尺寸1.0m×1.0m，竖向流速0.10m/s。总的絮凝时间11min（不含过渡段）。

每个系统的絮凝池底部设有 DN200mm ABS 穿孔排泥管，并设有快开排泥阀，分别排至池体两侧排泥槽。

(2) 斜管沉淀池　斜管沉淀池采用两组，每组平面尺寸 16m×6.0m，沉淀池总高 4.6m。颗粒沉降速度 u=0.17mm/s，清水区上升流速 v=2.1mm/s，斜管安装角度 α=60°，结构系数为 1.03，斜管内切口直径 d=30mm。集水系统采用玻璃钢槽。

9.11.4.8　V 型滤池

V 型滤池设计规模 1×10^4t/d，变化系数 K=1.10。

采用 1 系列，单系列滤池平面尺寸 15m×9m，总池深 4.25m，因保温要求池体外部设厂房平面尺寸 18m×12m，室内净高 9.6m；内部配套设置鼓风机房、反冲洗泵房等附属房间。

每系列两组，每组分 3 池，单池尺寸 4m×3m，有效水深 3.85m。其中支撑梁高 0.9m，滤板后 0.1m，承托层厚 0.15m，滤料层厚 1.3m，滤层上水深 1.5m。

滤池采用气水反冲洗配合表面扫洗，单层均质石英砂滤料，粒径范围 0.95～1.2mm，不均匀系数 1.3。

单系列设计流量 230m^3/h，滤速 6.2m^3/h，强制滤速 7.5m^3/h。

气冲反冲洗强度 54.0m^3/(h·m^2)；水气同时冲洗时冲洗强度 7.5m^3/(h·m^2)；单独水冲洗时水冲强度 15.0m^3/(h·m^2)，表面扫洗强度 5.0m^3/(h·m^2)。空气反冲洗时间 2min，气水反冲洗时间 4min，单独水反冲加表面扫洗时间 6min，合计 12min，冲洗周期 24～36h。

设反冲洗水泵（卧式离心泵）3 台，2 用 1 备，流量 Q=600m^3/h，H=10m，N=30kW。

设鼓风机 3 台，2 用 1 备。流量 Q=2250m^3/h，H=5m，N=45kW。

设空气压缩机 2 台，1 用 1 备。流量 Q=80m^3/h，H=0.7～0.86MPa，N=11kW。

设电动单梁悬挂起重机 2 台，T=2t，N=4.5kW。设单梁电动葫芦 2 台；T=1t，N=1.7kW。

9.11.4.9　鼓风机房

鼓风机房平面尺寸 30m×10m，高 6.3m。其中包括值班控制室、厕所、配电间和风机间。风机房内设离心风机 2 台，1 用 1 备。单台风机工作参数为：流量 98m^3/min，风压 7m，电机功率 110kW。

鼓风机配套提供过滤器、消音器、电动旁通阀及消音器，为降低鼓风机噪声，每套鼓风机加设消音罩。

鼓风机进风管设有进气过滤器、进气消声器。出风管出口设有出口消声器，并设有电动蝶阀、止回阀，放空管出口设有防喘振阀和放空消声器。

在每台风机的出口上设温度变送器，在两种型号风机的总出风管上分别设测流量的流量计和压力变送器。

9.11.4.10　污泥浓缩脱水间

污泥脱水间平面尺寸 30m×12m，高 6.1m。其中包括值班控制室、厕所、配电间、药库、脱水机间和投药间，泥棚尺寸 12.0m×12m，上设防雨棚。脱水机间内设污泥浓缩脱水一体机 2 台（1 用 1 备），单台流量 50m^3/h。水平皮带输送机，带宽 500mm，长 13m。倾斜皮带输送机，带宽 500mm，长度 7m。污泥浓缩脱水一体机配套反洗水泵两台，流量为

$12.2m^3/h$，扬程为10m。另外投药间内设配药和投药装置2套（1用1备）。

为了改善污泥脱水性能，提高脱水设备的生产能力，在污泥进入脱水机前投加聚丙烯酰胺，投加量按污泥干重的0.4%投加，则每天投加9.4kg/d。本工程设一体化溶解加药系统一套，用于配置0.2%浓度聚丙烯酰胺溶液，用加药螺杆泵进行投加。因聚丙烯酰胺较难溶解，尤其冬天气温低，配置药液的稀释水以电加热器加热至50～60℃（但不高于60℃）。

高分子絮凝剂（聚丙烯酰胺）贮存时间不宜大于6个月，同时要防止高温和曝晒。

9.11.4.11 紫外线消毒间

紫外线消毒间厂房面积为$180m^2$，设计平均流量$1\times10^4m^3/d$，峰值流量$11000m^3/d$，TSS低于20mg/L（最大值），紫外穿透率≥65%（最小值），运行功率15kW，杀菌指标为粪大肠杆菌数低于1000个/L（30d几何平均值）。

9.11.4.12 加药间

加药间面积$100m^2$。加药间内共贮存、配制2种药剂，分别是混凝剂聚合氯化铝（PAC）和助凝剂聚丙烯酰胺（PAM）。均投加至混凝反应沉淀池，进一步去除原水中的色度、N、P等营养盐及某些非生物降解的有机物浓度。

混凝剂聚合氯化铝PAC投药量20mg/L，设计水量$Q=420m^3/h$，溶药池浓度配比50%，溶液池浓度配比（投加浓度）5%。

助凝剂聚丙烯酰胺（PAM）投药量1mg/L，设计水量$Q=420m^3/h$，投加浓度2%。

9.11.5 运行效果及讨论

9.11.5.1 运行效果

该工程投入运行以来，出水的各项指标均达到设计出水要求，即《城镇污水处理厂污染物排放标准》（GB 189118—2002）一级A水质标准。

9.11.5.2 设计特点及讨论

本工程根据沈阳市环境治理与城市发展总体要求，结合沈阳市大工业区发展的总体规划，同时结合大工业区总体规划的要求，符合辽河流域污染综合治理及沈阳市排水系统总体发展规划的要求。从根本上对污染进行有效的控制，彻底解决水体的水质污染，保护水体质量，不使环境质量成为经济发展的制约因素。项目的建设具有保护环境、造福人民的重要现实意义，将大工业区建成具有地方特色的“高效、经济、现代化、舒适优美”的乐园。

9.12 抚顺永陵镇污水处理厂（二级生物接触氧化工艺）

9.12.1 工程概况

永陵镇污水处理厂建设总规模$0.6\times10^4m^3/d$，分两期建设。其中，一期工程规模$0.3\times10^4m^3/d$；厂址位于永陵镇区下游，一期用地面积$0.467hm^2$。为了满足进、出水水质的要求，经分析比较，污水处理推荐采用生物接触氧化工艺。污泥处理采用机械浓缩脱水一体机。

9.12.2 设计水质

结合监测分析结果和当地相类似污水处理厂的水质指标确定进水水质。根据环保部门的规定，污水处理厂处理后出水水质应达到《城镇污水处理厂污染物排放标准》（GB 189118—2002）一级B水质标准。永陵镇污水处理厂设计进、出水水质见表9-16。

表 9-16　设计进、出水水质　　单位：mg/L

项目	BOD_5	COD	SS	NH_4^+-N	TP
进水	180	300	200	28	3
出水	≤20	≤60	≤20	≤15(8)	≤1

注：括号内的数字是指水温≥12℃的控制指标；括号外的数是指水温<12℃的控制指标。

9.12.3　工艺流程

以生物接触氧化池为核心处理构筑物，处理工艺流程见图 9-17。

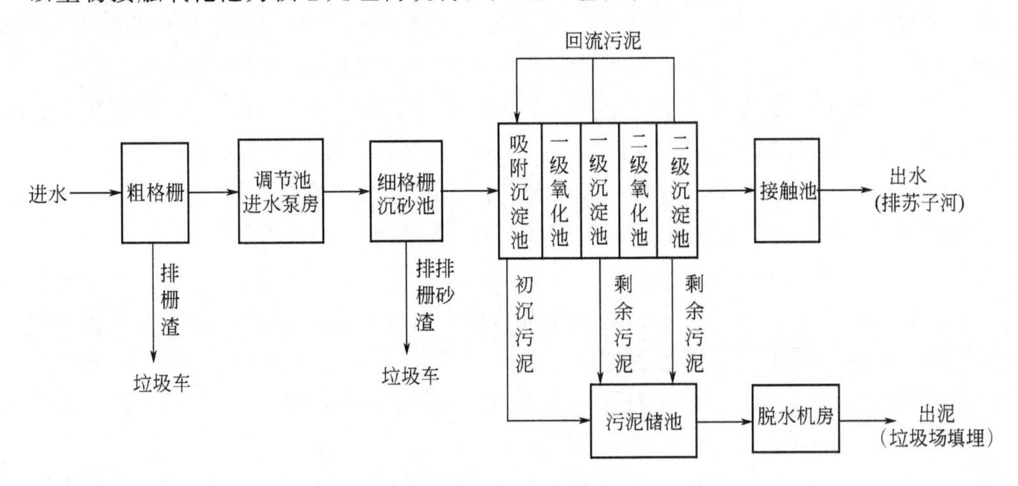

图 9-17　工艺流程

污水由排水管网进入粗格栅，去除漂浮物，然后进入调节池，通过设置在调节池中的潜水泵将污水提升至细格栅和沉砂池，将较小的漂浮物和无机颗粒从污水中分离后，污水进入接触氧化生化池；生化池由五格组成，分别为吸附沉淀池、一级氧化池、一级沉淀池、二级氧化池、二级沉淀池；污水经过生化池处理后，污水中的有机污染物被氧化分解，污水得到了净化，出水水质主要指标达到出水标准；通过生化池处理后的污水进入接触消毒池，通过加氯消毒去除污水中微生物，最后排入浑河。一沉池和二沉池将产生的沉淀污泥通过污泥排出管排放到污泥回流池，再通过污泥回流池内设置的污泥回流泵将回流污泥压力输送到吸附沉淀池与进水混合后吸磷并进一步进行氧化分解。吸附沉淀池产生的剩余污泥通过污泥输送泵压力排放至污泥脱水间旁的污泥储池，然后通过污泥浓缩脱水一体机将泥水分离后与栅渣一起外运至垃圾处理场处置，浓缩后的污泥含水率 75%～80%。

9.12.4　主要构筑物及设计参数

9.12.4.1　粗格栅

粗格栅间尺寸 $L \times B \times H$ =10.8m×5.1m×3.3m。

格栅间内设置 2 台粗格栅，1 台为旋转式固液除污机，除污机配带 ABS 工程塑料耙齿；1 台为人工格栅，设置操作平台与钢制爬梯。平时人工格栅处于关闭状态，只待机械格栅检修时临时启用，也可根据资金情况在适当时间配备。在粗格栅前后安装明杆式 $A \times B$ = 400mm×400mm 启闭机。

设计流量 Q = 250m^3/h，分 2 个格，渠道长度 L = 8.4m（含进水闸井），渠道宽度 B = 0.8m。

设旋转式除污机 1 台，格栅宽度 B = 500mm，栅条间隙 b = 20mm，安装角度 α = 75°，

功率 $N=0.75$kW；设人工格栅 1 台，格栅宽度 $B=750$mm，栅条间隙 $b=25$mm，安装角度 $\alpha=75°$。设 400mm×400mm 明杆式镶铜铸铁方闸门（配手动启闭机）4 台。

粗格栅采用定时控制和手动控制。信号输送到 PLC 系统，显示运转启闭状态和发生事故警报。除污机将栅渣送入储存栅渣的手推车内，堆满后的栅渣运出厂外处置。

9.12.4.2　调节池与污水提升泵房

由于本工程建设规模小，变化系数大，水量和水质的不稳定对后续二级处理影响较大，所以需设置污水调节设施以避免冲击负荷对生化处理系统造成的不良影响。

调节池与粗格栅进水渠道分格合建，整体为一座地下式水池，钢筋混凝土结构，平面尺寸 24.3m×14.4m。考虑到污水厂进水总管埋深较大，为了有效利用该池体地下空间，水池分为上下 2 层。地下一层为调节池，层高 4.71m，常水位时水深 1.76m，调蓄容积为 $56m^3$，按建设规模调蓄时间约 4h；调节池内设 3 台污水提升泵，2 用 1 备，流量 $Q=100m^3/h$，扬程 $H=9$m，功率 $N=5.5$kW。另设 2 台超越泵，雨季时用来抽排超过生化处理水量的合流水量，流量 $Q=240m^3/h$，扬程 $H=6$m，功率 $N=5.5$kW。

地下二层（夹层）为泵房的设备层，层高 3m，污水泵出水管及其阀门等附件均在此层设置，方便操作和检修。为了防止悬浮物在调节池内沉淀，在调节池底设置穿孔曝气管，为防治沉淀可以根据需要不定期进行搅拌。

调节池内设置液位计。PLC 系统可以根据水位控制水泵开停，也可以使水泵交替工作运转。水泵可做到全自动运行，不需人看管。

调节池内 1# ～3# 泵为污水工作提升泵，正常工况时 2 用 1 备。当水位到达 258.94m 时开启 1# 泵，在 1# 泵运行 5min 后开启 2# 泵；当水位降至 257.44m 时 2 泵停止运行。调节池内 3# 、4# 泵为超越泵，雨季时将超过污水处理厂处理规模的水量强排至河道。当水位到达 259.5m 时开启 3# 泵，当水位到达 260.0m 时开启 4# 泵，当水位再升高至 261.2m 时可将工作泵的 3# 备用泵开启，3 台泵同时运行。当水位降至 259.0m 时，3 台泵均停止运行。

为了统计处理水量和进行成本核算，在提升水泵的出水管路上设置电磁流量计 1 台，流量范围 0～$0.2m^3/s$。

9.12.4.3　细格栅

细格栅渠宽 $B=0.62$m，$H=0.8$m，$L=3.0$m，为钢槽结构；栅渠内设有转鼓式格栅除污机。按规范转鼓式格栅除污机设置为两组，可以同时工作，也可以根据进水量采用一组工作。与细格栅联合配套工作还配备了螺旋输送机（不锈钢）一台和带泥斗的栅渣外运小车。

细格栅设计流量 $Q=250m^3/h$，栅中水深 $H=0.35$m。安装转鼓式细格栅 2 台，格栅宽度 $B=600$mm，栅条间隙 $b=4$mm，安装角度 $\alpha=35°$，功率 $N=1.1$kW。同时配套螺旋输送机（不锈钢）1 台，输送能力 $2.5m^3/h$，直径 $D=230$mm，长度 $L=5.5$m，功率 $N=1.5$kW。

细格栅运行采用定时或手动控制。栅渣输送设备与细格栅联动工作，并在格栅前后进出水管路上设置有闸阀，便于检修和切换。

9.12.4.4　旋流沉砂池及砂水分离器

按照设计流量 $Q=125m^3/h$，表面负荷 $200m^3/(m^2 \cdot h)$，水力停留时间 HRT＝20～30s。选用 XLC-30 型旋流沉砂池（钢制，配砂泵、阀门、控制设备）2 座，处理能力 $Q=$

34L/s，排砂量9.5L/s，功率$N=1.1kW$，供风量$2.0m^3/min$，风压35kPa。单座结构尺寸$\phi 2.0m \times 3.3m$。空气搅拌和空气提砂、除砂部分配有除砂泵、砂水分离器、电磁阀及自动控制系统成套装置。

配套螺旋砂水分离器1台，转速$n=6.2r/min$，处理能力$Q=1 \sim 3L/s$，功率$N=0.37kW$。栅渣运输小车4台。

沉砂池所用空气均来自鼓风机房。

按每吨污水产砂0.03L，含水率60%，容重$1.5t/m^3$计，每天产砂量约0.14t/d，最大水量时产砂量约0.28t/d。分离后的砂粒为颗粒状无机物，可直接装车外运。

沉砂系统的控制可分为自动和手动。自动控制由现场控制箱和PLC进行，沉砂池的搅拌分离系统连续运行，排砂、洗砂、砂水分离按设定的程序周期运行，吸砂泵按程序控制定时运转，砂水分离器与吸砂泵联动工作。

9.12.4.5　接触氧化生化池

生化池分为两个系列，并联运行，每个系列设计流量1500t/d。

生物接触氧化池采用二段式系统，每个系列有五格组成，分别为吸附沉淀池、一级氧化池、一级沉淀池、二级氧化池、二级沉淀池。污水首先进入配水廊道，在此污水与回流污泥混合，进入吸附沉淀池，以缺氧状态去除水中的有机物和悬浮物，再以折线形流态分别串联进入一级接触氧化池，通过附着在生物填料上的微生物对污水中的有机物进行氧化分解，去除大部分有机物；然后污水再进入一级接触沉淀池进行泥水分离，泥水分离后的污水继续进入二级接触氧化池，继续利用物填料上的微生物对污水中的有机物进一步氧化分解，最后进入二级接触氧化池进行泥水最终分离，分离后的水进入接触氧化池处理单元。

在一级氧化池和二级氧化池的底部设有空气管路，空气管上安装微孔曝气器，对微生物进行供氧；在一级沉淀池和二级沉淀池底部设有泥斗及排泥管，分别将两个池的沉淀污泥利用重力流排放到污泥井，再通过污泥井中的污泥泵将沉淀池排出的污泥压力输送到吸附沉淀池与进水混合完成进一步的生化和除磷作用；吸附沉淀池产生的剩余污泥再通过污泥泵将其外排到污泥储池，脱水后外运。

由于污水处理采用的是生物膜法，产生的污泥量将随进水的有机物负荷呈直线关系，即当进水的有机物负荷高时，产生的生物膜较厚，脱落的生物膜较多；反之，进水的有机物负荷低，产生的生物膜较薄，脱落的生物膜就较少，产生的污泥也少，排出系统的剩余污泥也较少。

为了防止生物膜堵塞接触池，在两格沉淀池中设有砾石滤料，用于截流剥离的生物膜碎片，并在砾石滤料下部设有气冲管，定期对砾石滤料进行反冲洗。

为了节省用地，生化池的两个系列合建，采用矩形钢筋混凝土结构，平面尺寸$35.35m \times 10.45m$。其中吸附沉淀池平面尺寸$5.0m \times 5.0m$；一级接触氧化池平面尺寸$7.0m \times 5.0m$；一级接触沉淀池平面尺寸$5.0m \times 5.0m$；二级接触氧化池平面尺寸$5.0m \times 5.0m$；二级接触沉淀池平面尺寸$5.0m \times 5.0m$。

吸附沉淀池水力停留时间1.2h，吸附沉淀池表面负荷$2.5m^3/(m^2 \cdot h)$，一级接触氧化池接触时间1.68h，二级接触氧化池接触时间1.2h，一级接触氧化池气水比5∶1，二级接触氧化池气水比3∶1，曝气强度$10 \sim 20m^3/(m^2 \cdot h)$，接触沉淀池表面负荷：$2.5m^3/(m^2 \cdot h)$，水力停留时间1.2h。

运行管理部门可根据进水水质和水量对接触氧化池曝气量进行调节。生化池内设有放空管和溢流管，以方便检修和事故处理时使用。污泥泵回流和排泥根据运行水位进行，当污泥池液位在3.5m，污泥水泵运行，当污泥池液位在0.5m时，污泥泵停止，运行人员可通过污泥取样口来测定和掌握污泥量，调整和调度污泥泵的运行时间。

当接触沉淀池上部的砾石滤料对随水漂浮的细小生物膜进行拦截一段时间后，滤层阻力增加，池中液位上升时，需对滤层进行反冲洗，冲洗时应先打开沉淀池进气阀门，关闭氧化池进气阀门，利用布设在滤层底部的冲洗管进行气冲，气冲强度$24m^3/(m^2 \cdot h)$，在冲洗期间，需要将二级沉淀池的出水阀门关闭，排水阀门打开，将污水回流至污泥水中，同时根据污泥池的液位开启污泥泵将沉淀污泥回流到吸附沉淀池。

9.12.4.6 加氯间

采用投加二氧化氯消毒，加氯量为10mg/L，设置1座长×宽×高=5m×5m×3m的钢筋混凝土水池作为加氯消毒的接触池，接触时间30min。

加氯间设置在水处理车间的东北角，与其他房间隔开，加氯间平面尺寸5.1m×4.2m，层高3.3m。加氯间内设复合二氧化氯发生器2台（1用1备），二氧化氯最大有效氯产量为1.5kg/h，单台装机容量1.5kW。配套设置盐酸（HCl）储罐、次氯酸钠（NaClO）储罐、化料器等设备。二氧化氯发生器内部包括反应容器、水射器，可手动设置二氧化氯的发生量。加氯间设置轴流风机强制换气，风机开关设在室外。加氯间内配套设置防毒设备。

9.12.4.7 鼓风机房

鼓风机房是保证曝气系统正常工作的关键设施，经计算要满足曝气系统正常运行，需设置罗茨鼓风机3套，2用1备。流量$5.39m^3/min$，风压60kPa，功率11kW。

鼓风机是污水处理厂能耗最高的设备，占全厂能耗的70%左右，降低其能耗对减少污水处理厂常年运转费用十分关键，设计从鼓风机风量调节着手降低能耗。

每台风机的进风管上均设有消声器及弹性接头，每台风机的出风管上设有止回阀、安全阀、闸阀弹性接头、出口消声器、压力表、温度计等。

鼓风机房平面尺寸6.6m×7.5m，层高3.3m，采用隔音效果好的建筑材料装饰，将噪声减小到劳动卫生允许的范围内。鼓风机房内设有屋内通风设施。

9.12.4.8 脱水机房

为了将剩余污泥处置好，设有污泥储池和污泥浓缩-脱水一体化机。

（1）污泥储池　污泥产率系数取$0.4kgVSS/kgBOD_5$，本污水厂干泥产量为378kg/d，剩余污泥含水率按97%计，则每日排放剩余污泥量$12.6m^3$。

设1座污泥储池，污泥停留时间按24h设计，尺寸3.2m×2.4m×2m，有效水深1.5m，钢筋混凝土结构。储泥池内安装1台潜水搅拌机，保证进入后续系统的污泥质量均匀，并且防止污泥沉淀。

（2）污泥脱水　脱水系统设置在脱水间内，其平面尺寸10.8m×6.6m，层高3.3m。

污泥脱水负荷取值$150kg/(m \cdot h)$，选DNY500-N带式浓缩压滤一体机1台，脱水机每天运行时间为1h左右。压滤机配套设置混合反应槽、絮凝剂制配装置、加药泵、进泥螺杆泵、空气压缩机及增压泵等。

进入污泥脱水间的污泥量为每天$12.6m^3$，含水率97%。为改善污泥脱水性能，脱水处理前向污泥中投加聚丙烯酰胺，投加量为污泥固体干重的0.4%，总投加量为1.5kg/d；脱水后的污泥含水率为78%时，总量为$1.72m^3$。

主要设备有带式浓缩压滤一体机1台，处理能力 $Q=8\sim12m^3/h$，功率 $N=1.5kW$，出泥含水率76%～80%。

配套絮凝剂制配装置1台，制备能力 $Q=1\sim3L/s$，功率 $N=0.37kW$；加药泵1台，$Q=1\sim3L/s$，功率 $N=0.37kW$；污泥螺杆泵1台，流量 $Q=8\sim12m^3/h$，扬程 $H=20m$，功率 $N=4kW$；增压冲洗泵1台，流量 $Q=12m^3/h$，扬程 $H=39m$，功率 $N=3kW$。

9.12.4.9 接触池

采用二氧化氯消毒，为保证与污水接触时间，建一座接触池。接触池为钢筋混凝土结构，平面尺寸5.7m×5.8m，有效水深3m，接触池接触时间大于0.5h。

污水处理厂为全年不间断消毒，污水处理成本按全年不间断加氯消毒计算。

9.13 沈阳市于洪区平罗污水处理站扩建提标改造工程（A^2/O生化反应器-潜流湿地生态处理工艺）

9.13.1 工程概况

沈阳市于洪区平罗湿地污水处理站位于平罗街道南侧，沈于线公路西侧，主要接纳附近居民生活污水。随着该区人口密度增加，人们对物质文化需求越来越高，污水水量及排水标准都相应提高，目前该污水站已不能满足出水水质要求，需进行扩建改造。在原有污水处理站基础上进行改造，改造后污水处理量为 $3000m^3/d$。项目于2016年2月投产，运行至今。

9.13.2 设计水质

污水厂进水水源来自于平罗街道污水收集管网。根据收集的资料，管网收集的污水基本为冲厕水、厨房水、洗浴水等生活污水，不含有工业废水。本工程主要污染指标为 BOD_5、COD_{Cr}、NH_3-N、TP。依据《沈阳市水污染防治工作实施方案（2016—2020年）》等文件，出水执行《地表水环境质量标准》（GB 3838—2002）中的Ⅴ类标准。设计进、出水水质见表9-17。

表9-17 设计进、出水水质 单位：mg/L

项目	BOD_5	COD_{Cr}	NH_3-N	TP
进水	113.2～150	243.8～300	30	4
出水	≤10	≤40	2	0.4

9.13.3 工艺流程

生活污水经外部管网收集进入污水处理站的格栅间，先经过格栅预处理污水中的漂浮物，以保证后续处理设备正常运行，之后流入调节池，通过潜污泵将水送至厌氧池、缺氧池和好氧池构成的 A^2/O 生化池，在多种微生物的作用下，对污水进行生化处理，出水进入二沉池经过泥水分离后流入中间水池，再由水泵提升至潜流湿地各单元，进行生态处理，出水达标后排放。二沉池的部分污泥回流至厌氧池，剩余污泥送至污泥池，通过污泥脱水机处理之后，外运处理。工艺流程见图9-18。

9.13.4 主要构筑物及设计参数

9.13.4.1 格栅间

格栅渠与调节池合建。污水经管网收集首先进入格栅渠，格栅渠中设有成品回转齿耙式

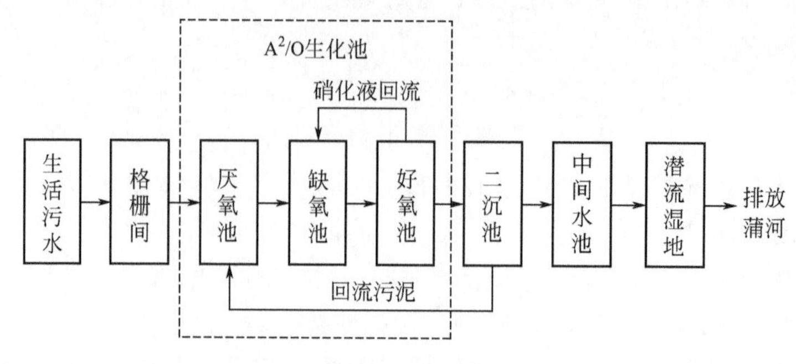

图 9-18 工艺流程

机械格栅，规格 3.0m×0.8m，栅条间隙 20mm，用于拦截污水中较大的悬浮物或漂浮物，减轻后续处理设备的运行负荷。过栅流速 $v=0.8\mathrm{m/s}$，栅前水深 $H=0.2\mathrm{m}$。栅渣量 $1.2\mathrm{m^3/d}$，采用人工清渣。栅渣和污泥一起外运处理。

调节池采用全地下式钢筋混凝土结构，设计平面尺寸 23.0m×17.0m，池深 5.0m，有效调节水深 2.6m，HRT=8h。内设提升泵 2 台（1 用 1 备），$Q=145\mathrm{m^3/h}$，$H=9\mathrm{m}$，$N=7.5\mathrm{kW}$，采用浮球式液位计控制水泵开启。

9.13.4.2 A²/O 生化池

包括厌氧池、缺氧池和好氧池，每个反应池的作用各不相同。厌氧池主要作用释放磷，聚磷微生物将水中易水解有机物转化为体内碳源类贮藏物，同时释放体内的磷，为在好氧池内吸磷做准备；缺氧池主要作用脱氮，反硝化菌利用污水中的有机物作碳源，将好氧池回流污泥中带入的大量 NO_3^- 和 NO_2^- 还原为 N_2 从而达到污水脱氮的效果；好氧池主要作用硝化和吸收磷，污水中的氨态氮硝化菌作用下转化为 NO_3^- 和 NO_2^-，为反硝化菌进行脱氮提供原料，而聚磷菌利用体内贮存的碳源吸收污水的磷，通过排放剩余污泥的形式达到除磷目的。

采用全地下式钢筋混凝土结构，厌氧池平面尺寸 10.0m×5.0m，池深 5.0m，有效调节水深 3.9m，HRT=1.56h，内设潜水搅拌器 2 台，$N=0.85\mathrm{kW}$；缺氧池平面尺寸为 10.0m×7.7m，池深 5.0m，HRT=2.4h；好氧池平面尺寸为 18.0m×15.0m，池深 5.0m，HRT=8.42h，设计气水比为 5∶1，内设硝化液回流泵 1 台，$Q=145\mathrm{m^3/h}$，$H=9\mathrm{m}$，$N=7.5\mathrm{kW}$。

9.13.4.3 二沉池

采用全地下式钢筋混凝土结构，设计平面尺寸 9.0m×9.0m，池深 5.0m，有效调节水深 3.9m，HRT=2.53h。内设剩余污泥泵 1 台，$Q=25\mathrm{m^3/h}$，$H=15\mathrm{m}$，$N=2.2\mathrm{kW}$，移动式安装。

9.13.4.4 中间水池

均质、均衡二沉池出水，采用全地下式钢筋混凝土结构，设计平面尺寸 9.0m×3.0m，池深 5.0m，有效调节水深 3.9m。内设潜水提升泵 2 台（1 用 1 备），$Q=145\mathrm{m^3/h}$，$H=9\mathrm{m}$，$N=7.5\mathrm{kW}$，自耦安装。

9.13.4.5 污泥池

收集贮存二沉池剩余污泥，采用全地下式钢筋混凝土结构，设计平面尺寸 12.0m×3.7m，池深 5.0m，水力停留时间 2d，设污泥泵 2 台，$Q=25\mathrm{m^3/h}$，$H=28\mathrm{m}$，$N=$

4.0kW，自耦安装。

9.13.4.6　潜流湿地

深度净化二级生化处理后的污水，利用湿地内的水生植物、基质填料、微生物和水体组合成污水处理的生态系统，在物理、化学和生物多重协同效应下，通过过滤、吸附、离子交换、共沉、化学降解、植物吸收和微生物分解等多项作用实现对污水的高效净化。湿地处理水自流排入蒲河。

采用钢筋混凝土结构，设计潜流湿地有效面积5292m^2，共7个单元格。每个单元格平面尺寸21.0m×36.0m，种植层高1.2m，内设配水管管径$DN80$、集水管管径$DN100$和倒膜管管径$DN200$，分别由独立阀门控制，管材为UPVC材质。湿地内填料层由不同级配的卵石、粗砂构成，自下而上依次为夯实黏土，HDPE防水土工膜，d80～d120卵石，d30～d80卵石，d10～d30卵石，d5～d10卵石，粗砂级配填装，种植土。

9.13.4.7　设备间

鼓风机房和污泥脱水间合建，建筑面积95m^2。内设罗茨鼓风机3台，2用1备，风量为8.38m^3/min，$N=15$kW；转鼓式浓缩脱水一体机1台，流量18.5～26m^3/h，$N=1.85$kW，带宽1.5m；混凝剂制备装置1台，储药容积$V=1.5m^3$，$N=0.75$kW，配置加药泵1台，$Q=0.8m^3/h$，功率0.75kW。

9.13.5　运行效果及讨论

9.13.5.1　运行效果

污水处理站于2016年2月投产运行。在运行初期时，潜流湿地出水不均，经过检查调整出水阀门后，污水处理站维持了正常运行，出水水质主要指标均达到《地表水环境质量标准》(GB 3838—2002)中Ⅴ类标准。

9.13.5.2　技经指标

工程总造价577.82万元（不包含管网造价）。运行费用主要包括动力费、药剂费、人工费等。动力设备主要为提升泵、搅拌器、鼓风机等，动力费0.50元/m^3；药剂费主要为污泥脱水所需药物，成本合计0.01元/m^3；设管理人员2人，人工费0.07元/m^3。折合吨水运行费用0.58元/m^3。

9.13.5.3　设计特点及讨论

(1) 本工程采用A^2/O与潜流人工湿地组合的方式处理农村生活污水，A^2/O工艺把厌氧、缺氧、好氧三种不同的环境条件进行组合，使多种微生物菌群能够相互配合，达到同时去除有机物、脱氮除磷的效果，生化处理后出水利用人工湿地植物和微生物对污水进行深度处理，使出水达到地表Ⅴ类排放标准。

(2) 与其他去除有机物的工艺相比，该A^2/O流程最为简单，总的水力停留时间较少，对氮磷还具有较高的处理能力，其出水为潜流人工湿地提供良好的进水条件，减少了湿地的运行负荷，提高湿地生态净化作用。这为要求严格控制进水条件的人工湿地处理措施提供了参考价值。

(3) A^2/O工艺＋潜流人工湿地的组合工艺实现污水处理站处理污水过渡为生态净化污水的方法，还具有投资省、能耗低优势，特别是该工艺组合运行操作简单出水水质稳定，有利于管理水平不高的污水处理厂的稳定运行。

9.14 沈阳化学工业园污水处理厂（厌氧-好氧生物接触氧化工艺）

9.14.1 工程概况

沈阳化学工业区位于沈阳市区西部，规划范围为北起开发大道，东到大青堆子村，南到大潘镇，西到高花镇。根据规划的要求和现状，沈阳市化学工业区污水处理厂工程分期建设，近期工程的处理规模以2008年（建成投运时间）的预测排水量为依据，二期工程的建成时间为2020年。一期工程东至规划经六街，西至规划经七街，南至规划工业用地，北至规划维八路，服务面积12.80km^2。一期工程污水处理规模为$1.0\times10^4m^3/d$。为了满足进、出水水质要求，经过分析比较，污水处理推荐接触氧化工艺。该工艺具有抗冲击负荷能力强，工艺稳定可靠，对N、P去除能力强，氧利用效率高构筑物较少，运行管理容易，要求管理水平不高的特点。

9.14.2 设计水质

工业园区重点发展煤化工、石油化工等新型化工材料等产业，结合监测分析结果和当地相类似污水处理厂的水质指标确定进水水质。根据环保部门的规定，污水处理厂处理后出水水质应达到《城镇污水处理厂污染物排放标准》（GB 18918—2002）二级水质标准。污水处理厂设计进、出水水质见表9-18。

表9-18 设计进、出水水质 单位：mg/L

项目	BOD_5	COD	SS	NH_4^+-N	TP
进水	400	1000	250	—	5
出水	≤30	≤100	≤30	≤25	≤3

9.14.3 工艺流程

本着技术成熟稳定，自动化程度低的原则，设计采用接触氧化作为化工园污水处理工艺，流程见图9-19。由于出水要求达到GB 18918二级出水要求，出水无须消毒可直接排放。

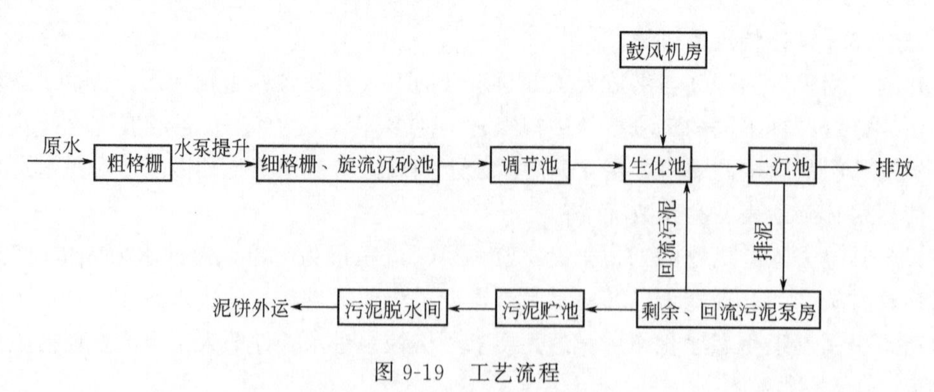

图9-19 工艺流程

污水通过管道输送到污水处理厂，进入污水提升泵房。泵房内设粗格栅，先将污水中大的垃圾清除，然后用泵将污水提升，提升后污水进入细格栅，将污水中的细小垃圾，如塑料薄膜之类清除，清除垃圾后进入除砂的旋流沉砂池，去除大于0.2mm的砂粒。这一阶段的处理属于物理处理阶段。然后，污水进入基础氧化池的生物反应池中，对有机物进行进一步的去除，后经过二次沉淀，达到处理标准后出水。

9.14.4　主要构筑物及设计参数

9.14.4.1　粗格栅污水提升泵房

粗格栅井渠宽 0.6m，格栅上部设置工作台。栅渠宽度 $B=0.5$m，栅前水深 $H=0.8$m，栅条净距 $b=20$mm，栅条倾角 $\alpha=75°$。机械粗格栅栅渣量按 50m^3 栅渣/10^6m^3 污水、含水率 80%、容重 0.96 设计，工程每日栅渣量为 0.5m^3 栅渣。

污水提升泵设于调节池内，直接将污水提升入细格栅旋流沉砂池内。共设置 4 台潜水泵，流量 $Q=210m^3/h$，扬程 $H=14$m，单台轴功率 $N=15$kW。

9.14.4.2　细格栅、旋流沉砂池

细格栅采用回转式格栅除污机型式，设置 2 组细格栅，1 用 1 备。每组细格栅井渠宽 0.8m。格栅宽度 $D=0.70$m，栅条间隙 $b=6$mm，栅条倾角 $\alpha=60°$，过栅流速 0.5～1.0m/s，栅前水深 $H=0.6$m，单台功率 $N=1.5$kW。

细格栅栅渣量按 100m^3 栅渣/10^6m^3 污水、含水率 85%、容重 0.96 设计，则每日栅渣量为 1.0m^3 栅渣。

细格栅井采用钢筋混凝土结构，与沉砂池合建。

沉砂池采用涡流沉砂池，每组沉砂池内径 2.13m，总水深约 3.4m（含砂斗）。采用气提排砂方式，日排砂量约 0.30m^3/d。沉砂池内设置搅拌叶片、附属空压机、贮气罐及控制系统。砂水进一步分离后，沉砂与污水厂其他固体废弃物一并处置。分离出的污水返回提升泵房再进行处理。

9.14.4.3　调节池

由于工业企业排水不均匀，因此设计调节池调节水量，均和水质。设置 2 座中心进水、周边出水辐流式调节池，池直径 20m，周边水深 4m。总停留时间 6h。调节池采用半桥式刮机排泥，沉淀于底部的污泥被刮泥机刮入调节池底部，再通过排泥管排入调节池排泥污泥泵房，调节池水面上的浮渣由刮泥机刮渣板刮入浮渣斗中，人工清除。调节池出水采用三角堰出水。

调节池污泥排入泵房集泥池。经过提升后通过污泥总管送至脱水间污泥贮池。泵房平面尺寸 5.0m×5.0m×6.0m。设置 2 台可提升式不堵塞潜污泵，流量 $Q=18m^3/h$，扬程 $H=11.0$m，功率 $N=1.5$kW。

9.14.4.4　接触氧化池

接触氧化池设置 2 组，每组分为厌氧和好氧两个区域。每组池长 $L=30.00$m，池宽 $B=18.60$m，有效水深 $h=5.8$m。厌氧为单廊道，厌氧段长度 $L_1=6.0$m，每廊道设 2 台水下搅拌器以防止污泥沉积。好氧区分为 3 个廊道，每个廊道宽度为 6m，长度为 24m。在池体的两侧布设填料，每侧填料宽度为 1.5m，高度为 3.5m。填料布设在填料框架上。曝气池的出水采用平顶堰出水。

好氧段采用球冠形可张微孔曝气器曝气，氧利用率 22%，曝气器 1700 个。好氧段溶解氧控制在 2.0mg/L 左右。

9.14.4.5　二沉池

二沉池采用中心进水周边出水辐流式沉淀池，设 2 座二沉池，直径 20m，周边水深 4m，

沉淀时间3.0h。二沉池采用半桥式刮吸机排泥，沉淀于底部的活性污泥被刮泥机刮入二沉池中部，再通过排泥管排入回流及剩余污泥泵房，二沉池水面上的浮渣由刮泥机刮渣板刮入浮渣斗中，人工清除。二沉池出水采用三角堰出水。

9.14.4.6 回流及剩余污泥泵房

回流及剩余污泥泵房平面尺寸为8.5m×9.5m×6.0m。设置回流泵3台，剩余污泥泵2台，均采用可提升式不堵塞潜污泵。单台回流泵流量$Q=210m^3/h$，扬程$H=8.0m$，功率$N=7.5kW$。单台剩余污泥泵流量$Q=10m^3/h$，扬程$H=7m$。

9.14.4.7 鼓风机房

鼓风机房结构尺寸18m×9.00m×6.10m。设置3台罗茨鼓风（2用1备），$Q=42m^3/min$，出口压力6.80mH_2O，单台功率$N=75kW$。

9.14.4.8 污泥贮池及污泥脱水机房

污泥贮池平面尺寸直径8.0m，深5m，内设1台潜水搅拌机。

脱水间与加药间合建，结构尺寸24m×10.50m。污泥脱水机采用一体化浓缩脱水机。脱水机功率2.2 kW，进料污泥浓度含水率99.2%～99.4%，进料污泥流量10～12m^3/h。

9.15 抚顺新宾镇污水处理厂（CAST工艺）

9.15.1 工程概况

新宾镇污水处理厂建设总规模$1.7\times10^4m^3/d$，分两期建设。其中，一期工程规模$1.0\times10^4m^3/d$；厂址位于新宾镇区下游，一期用地面积1.4hm^2。为了满足进、出水水质的要求，经分析比较，污水处理推荐采用CAST工艺。污泥处理采用机械浓缩脱水一体机。

9.15.2 设计水质

结合监测分析结果和当地相类似污水处理厂的水质指标确定进水水质。根据环保部门的规定，污水处理厂处理后出水水质应达到《城镇污水处理厂污染物排放标准》（GB 18918—2002）一级B水质标准。清原镇污水处理厂设计进、出水水质见表9-19。

表9-19 设计进、出水水质 单位：mg/L

项目	BOD_5	COD	SS	NH_4^+-N	TP
进水	160	320	300	35	3
出水	≤20	≤60	≤20	≤15(8)	≤1

9.15.3 工艺流程

以CAST池为核心处理构筑物，处理工艺流程见图9-20。

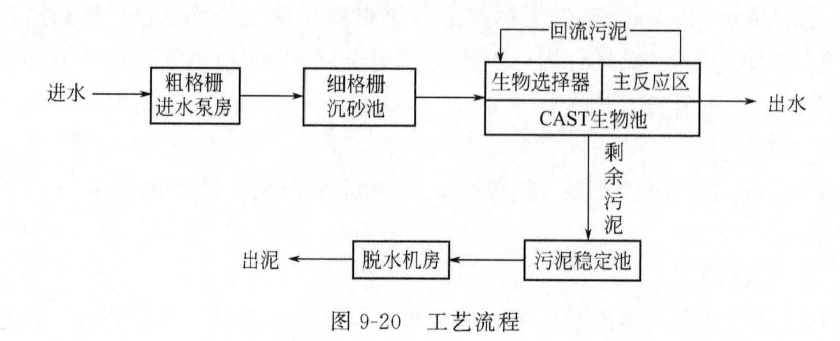

图9-20 工艺流程

污水经截流管线进入污水处理厂，首先流经粗格栅去除较大的悬浮物质，然后经提升泵房提升进入细格栅和沉砂池，进一步去除悬浮物及泥渣，再进入 CAST 生化反应池，经过二级生物处理后加二氧化氯消毒，消毒达标后排入苏子河。也可根据水质情况和景观要求，先进入表流湿地再排河。污水处理过程产生的剩余污泥则排到贮泥池中，经机械浓缩、脱水后，外运到垃圾填埋场处置。

9.15.4 主要构筑物及设计参数

9.15.4.1 进水粗格栅

在泵前设置与泵房合建的粗格栅井，格栅井为矩形双槽式钢筋混凝土结构，槽内配 2 台回转式格栅除污机，近期 1 用 1 备，远期 2 台工作。栅槽宽度 800mm，地面下深度 4350mm，倾角 75°，格栅间隙 25mm，每台粗格栅前后均设闸门，以便单台检修。

粗格栅的开停由现场 PLC 根据栅前后水位差自动控制，信号输送到 PLC 系统，显示运转启闭状态和发生事故警报。

粗格栅间设置无轴螺旋输送机 1 台，栅渣压榨机 1 台，处理后栅渣送入手推车，堆满后运至厂外处置。

9.15.4.2 提升泵房

泵房为全地下式钢筋混凝土结构，泵房与粗格栅井合建，池底设计高程 297m，集水池设计最高水位 299.60m，污水经水泵提升后至细格栅，进水泵房按近期雨季的截流污水量 833.3m^3/h（231.5L/s）设计。为适应不同的水量变化，选用 4 台潜污泵，3 备 1 用。单泵流量 300m^3/h，扬程 10m，电机功率 15kW。

进水泵和粗格栅均由 PLC 控制，并将运行情况传送到 PLC 显示，所以进水泵可做到全自动运行，不需人看管。

9.15.4.3 细格栅

污水经进水泵提升后进入两条细格栅槽，在进水泵房与沉砂池之间设置细格栅，以进一步去除污水中较小颗粒的悬浮、漂浮物质。细格栅按近期雨季的截流污水量 833.3m^3/h 设计，选用 2 台回转式格栅除污机。栅槽宽度 700mm，地面下深度 1650mm，倾角 75°，格栅间隙 6mm。

细格栅的开停由现场 PLC 根据格栅前后的水位差自动控制，经格栅排出的栅渣，由螺旋输送压榨机处置后排入手推车，堆满后运至厂外处置，污水经过细格栅处理后进入沉砂池。

9.15.4.4 旋流沉砂池

沉砂池按近期雨季的截流污水量 833.3m^3/h 设计，选用 2 套直径 2200mm 的旋流沉砂池，选用 1 套砂水分离器。沉砂池进出口设有渠道闸门，当沉砂池发生故障时或设备需检修时，污水可超越沉砂池进入后续处理构筑物。排砂方式采用气提装置。

每套旋流沉砂池设计流量 $Q=416.65m^3/h$，池径 $D=2200mm$，有效水深 $H=2500mm$。沉砂池设置搅拌设备 2 套，功率为 0.55kW。

设砂水分离器 1 套，$Q=12L/(s\cdot min)$，功率 0.37kW。

考虑细格栅和污水的冬季防冻，细格栅和旋流沉砂池均建在室内。

9.15.4.5 CAST 池

CAST 反应池按 $1\times10^4m^3/d$ 设计，分为 4 个池子，2 个池子为一组。CAST 反应池为矩形钢筋混凝土结构，在每个CAST反应池前端设置生物选择池，每个CAST反应池中部装设混合液回流泵，将混合液从主反应区回流至生物选择池，与进水在生物选择池中得以完全混合后进入主反应区。生物选择区（预反应区）、主反应区的体积分别占CAST池总体积的15%、85%。滗水装置在反应池的末端，采用旋转式滗水器，将处理后的清水滗出池外。剩余污泥排放设置在主反应区末端。由潜污泵将剩余污泥抽送至贮泥池。

CAST反应池平面尺寸为62.5m×31.9m，总容积8508m^3，生物选择池总容积1276m^3，主反应区总容积7232m^3。每个反应池总容积2127m^3，主反应区容积1808m^3，池长30m，池宽15m，最大水深5m，超高0.8m。反应池最低水位3.5m。

CAST反应池每日运行6个周期，每周期总运行时间为4h，其中反应时间2h，沉淀时间1h，滗水时间1h。

最高水位时反应池MLSS 5.30g/L，最低水位时反应池MLSS 7.68g/L。有机物污泥负荷0.082kgBOD_5/(kgMLSS·d)，最大污泥回流比20%，反应池溶解氧（DO）值0.5～2.0mg/L，最大总供气量53.4m^3/min，每个反应池最大供气量26.7m^3/min。

设回流污泥泵（潜水泵）4台（每池1台），单台流量42m^3/h，扬程2.5m，功率1.5kW。

设剩余污泥泵（潜水泵）4台（每池1台），单台流量42m^3/h，扬程8m，功率2.2kW。

设滗水器4台（每池1台），每台的滗水能力为800m^3/h，最大滗水深度1.5m。

设DN300mm的电动进水闸阀4个（每池1个），设DN250mm的电动进气蝶阀4个（每池1个）。

9.15.4.6 鼓风机房

系统需要的最大供气量Q=53.4m^3（标）/min，气体压力P=60kPa。

鼓风机房平面尺寸12.3m×9.9m，设置3台离心式鼓风机，2用1备，每台鼓风机设计风量Q=30m^3（标）/h，设计风压P=60kPa，电机功率N=45kW。

每台风机的进风管上均设有消声器及弹性接头，每台风机的出风管上设有止回阀、安全阀、闸阀弹性接头、出口消声器、压力开关、温度开关等。鼓风机和出空气管上安有压力计电动阀及流量计、温度计等。鼓风机进口设置空气过滤器，对大于1μm的灰尘除尘效率99%。风廊设卷绕过滤器一套。

9.15.4.7 加氯间及接触池

本工程采用二氧化氯消毒。

加氯间平面尺寸9.9m×4.5m，设置二氧化氯发生器2台，产氯量2kg/h。设隔膜计量泵2台，流量为20L/h，扬程0.3MPa。

设钢筋混凝土结构的接触池1座，分2格，平面尺寸15.1m×8.9m，有效水深2.5m，接触池接触时间0.5h。

污水处理厂为全年不间断消毒，污水处理成本按全年不间断加氯消毒计算。

9.15.4.8 表流湿地

在厂区东部保留一块天然湿地，即为污水厂营造处优美的环境，也在需要时对出水做进一步净化。表流湿地占地790m^2，采用黏土防渗方式，岸边可结合景观堆砌毛石，湿地内种植芦苇、香蒲等湿地植物，在夏季时可替代部分生化处理功能，减少污水厂能耗。

9.15.4.9 贮泥池

污水厂污泥主要来自 CAST 池，每日污泥净产量约 1735kg/d，剩余污泥每日产生量 $217m^3/d$，污泥含水率约 99.2%。

来自 CAST 池的剩余污泥首先进入贮泥池，再由污泥泵输送到脱水机房，贮泥池污泥停留时间按 4h 设计，平面尺寸 $L\times B=6.8m\times4.2m$，最大泥深 2m，钢筋混凝土结构。

贮泥池内设搅拌器搅拌 2 台，单机搅拌功率 $N=0.5kW$。

9.15.4.10 污泥脱水机房

污泥脱水机房旁设泥饼储藏间兼作运泥饼车库，污泥脱水机房与堆污泥饼间合建，总平面尺寸为 13.2m×10.8m。

每日处理污泥量 $217m^3/d$；污泥含水率约 99.2%，要求脱水后污泥含固率＜80%。

设离心式污泥浓缩脱水一体机 2 台（1 用 1 备），处理量 $25m^3/h$，功率 22kW。

设污泥螺杆泵 2 台（1 用 1 备），流量 20～$25m^3/h$，扬程 20m，功率 7.5kW。

絮凝剂投加系统 1 套，包括絮凝剂制配装置、搅拌器、加药泵等。絮凝剂使用 PAM（即聚丙烯酰胺），投加量为 7kg/d，全年消耗量约为 2.6t。

9.16 阜新市清河门区污水处理厂（A^2/O＋砂滤罐深度工艺）

9.16.1 工程概况

阜新市清河门区污水处理厂建设总规模 $1.5\times10^4m^3/d$，雨季设计规模 $3\times10^4m^3/d$。规划用地面积 $17000m^2$。为了满足进、出水水质的要求，经分析比较，污水处理采用 A^2/O 工艺，二级处理出水后采用三级深度处理（砂滤罐）和紫外线消毒。污泥采用带式浓缩脱水机进行浓缩脱水。

9.16.2 设计水质

结合监测分析结果和当地相类似污水处理厂的水质指标确定进水水质。根据环保部门的规定，污水处理厂处理后出水水质应达到《城镇污水处理厂污染物排放标准》（GB 18918—2002）一级 A 水质标准。阜新市清河门区污水处理厂设计进、出水水质见表 9-20。

表 9-20　设计进、出水水质

项目	BOD_5/(mg/L)	COD/(mg/L)	SS/(mg/L)	NH_4^+-N/(mg/L)	TN/(mg/L)	TP/(mg/L)	pH
进水	150	410	180	25	35	4	6.8
出水	≤10	≤50	≤10	≤5	≤15	≤0.5	6～9

9.16.3 工艺流程

污水处理采用 A^2/O 工艺三级深度处理（砂滤罐）。工艺流程见图 9-21。

进水经粗格栅去除较大悬浮物后，自流进入提升泵房内集水池，出水用泵提升进入细格栅及旋流沉砂池，进一步去除水中悬浮物及无机砂粒，出水自流进入 A^2/O 生化池，在活性污泥的作用下，进行生化处理，去除污水中有机物，氨氮及磷等大部分污染物，出水自流入二沉池进行固液分离，上清液经中间水池提升泵进入过滤罐进行过滤，进一步去除悬浮物等污染物，过滤出水经接触消毒池消毒后达标排放。二沉池沉淀污泥依靠重力流入二沉池污泥泵站，部分污泥经回流污泥泵回流至生化池，剩余污泥经泵提升入污泥池，然后用螺杆泵提

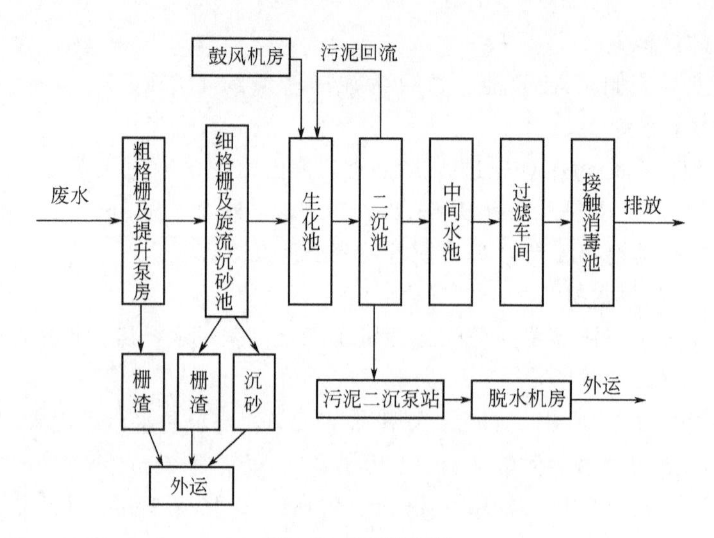

图 9-21 工艺流程

升入带式浓缩脱水机进行浓缩脱水。

9.16.4 主要构筑物及设计参数

9.16.4.1 粗格栅与提升泵房

粗格栅井与提升泵房合建，尺寸 12.8m×6.8m×5.2m。

粗格栅井设置人工粗格栅 2 台，格栅宽 B=0.7m，高 H=0.8m，栅隙 b=30mm。机械粗格栅 2 台，格栅宽 B=0.6m，栅隙 b=20mm，倾角 70°。格栅前后设附壁式铸铁闸门，栅渣经带式输送机输送外运。

提升泵房内设污水提升泵 4 台，3 用 1 备，单台水泵 Q=320m^3/h，H=16.0m。

9.16.4.2 细格栅与旋流沉砂池

细格栅渠与旋流沉砂池合建，设置机械细格栅 2 台，每台细格栅净宽 B=0.7m，栅条间距 b=5mm，倾角 70°。栅渣经螺旋输送压榨机压榨脱水后外运，细格栅前后设置钢制渠道闸门。

沉砂池采用旋流式圆形沉砂池，共 2 座，其直径 3.05m，池深 1.55m。单座设计最大流量 936m^3/s，最大流量水力表面负荷 128m^3/(m^2·h)。每座池设置 1 台可调速的桨叶分离机和 1 台罗茨鼓风机，功率分别为 0.75kW 和 3kW。采用气洗排砂，提升后砂被输送到砂水分离器（N=0.37kW，2 座沉砂池共用 1 台）进行砂水分离，砂粒送至渣斗中运走。

9.16.4.3 A^2/O 生化池

生化池包括厌氧池、缺氧池、好氧池及出水井。污泥负荷为 0.1kgBOD_5/(kgMLSS·d)。

(1) 厌氧区 1 格，尺寸 18.0m×10.0m×5.85m，有效水深 5.1m，有效容积 918m^3。实际水力停留时间 1.5h。池内设潜水搅拌机 2 台，单台功率 3kW。

(2) 缺氧区 2 格，单格尺寸 15.0m×12.5m×5.85m，有效水深 5.05m，有效容积 946m^3。实际水力停留时间 3.0h。每格内设潜水搅拌机 4 台，单台功率 3kW。

(3) 好氧区 2 格，单格尺寸 15.0m×37.5m×5.85m，有效水深 5.00m，有效容积 2812m^3。实际水力停留时间 9h。内设管式微孔曝气器供氧。

(4) 出水井尺寸 5.40m×2.0m×5.85m，有效水深 5.00m，池内设混合液回流泵 3 台，2 用 1 备，单台水泵 $Q=625m^3/h$，$H=1.5m$。

9.16.4.4　二沉池

设辐流式二沉池 2 座，直径 22m，有效水深 3.5m，池深 3.8。每座池内设半桥式中心传动刮吸泥机 1 台，单台功率 0.75kW。

9.16.4.5　接触消毒池及中间水池

接触消毒池与中间水池合建。

接触消毒池 1 座，尺寸 9m×9m×6.05m，有效水深 5.55m。内设过滤反冲洗泵 2 台，1 用 1 备，单台水泵 $Q=250m^3/h$，$H=26m$。回用水提升泵 2 台，1 用 1 备，单台水泵 $Q=60m^3/h$，$H=60m$。

中间水池 1 座，尺寸 13.6m×9m×5.45m。内设过滤提升泵 3 台，2 用 1 备。单台水泵 $Q=300m^3/h$，$H=27m$。

9.16.4.6　二沉污泥泵站

污泥回流泵池主要接收二沉池排泥，并为厌氧池提供所需的回流污泥和向污泥储池输送剩余污泥。泵池平面尺寸 5.5m×3.0m，有效深 5.0m，不分格。向厌氧池回流污泥量 100%，回流污泥泵 3 台，单台泵 $Q=220m^3/h$，$H=5m$。剩余污泥泵 3 台，2 用 1 备，单台泵 $Q=30m^3/h$，$H=16m$。

9.16.4.7　过滤车间、加氯间

过滤车间、加氯间合建。

过滤车间内设砂滤罐 4 个，单罐过滤面积 $32.15m^2$，设计滤速 19.5m/h，有效水深 5m。

滤池采用气水反冲洗方式，反冲洗泵布置在回用水池内，反冲洗水泵设置 2 台，1 用 1 备，单台水泵技术参数为 $Q=250m^3/h$，$H=26m$。鼓风机布置在过滤厂房内。鼓风机设置 2 台，1 用 1 备，单台风机 $Q=6m^3/min$，$H=0.08MPa$。

9.16.4.8　鼓风机房、脱水机房及加药间

鼓风机房、脱水机房及加药间合建。

鼓风机房内设罗茨鼓风机 3 台，2 用 1 备，$Q=33.69m^3/min$，用于生化池好氧区曝气供氧。

脱水机房平面尺寸为 10.8m×19.2m，高 4.9m。配备带宽 1.5m 带式浓缩脱水一体机 1 套以及配套设备 1 套。脱水后污泥含水率 80%，污泥体积 $18m^3/d$。

9.17　清原镇污水处理厂（CAST 工艺）

9.17.1　工程概况

清原镇污水处理厂建设总规模 $3.0\times10^4m^3/d$，分两期建设。其中，一期工程规模$1.5\times10^4m^3/d$；厂址位于清原镇区下游，一期用地面积 $1.4hm^2$。为了满足进、出水水质的要求，经分析比较，污水处理推荐采用 CAST 工艺。污泥处理采用机械浓缩脱水一体机。

9.17.2　设计水质

结合监测分析结果和当地相类似污水处理厂的水质指标确定进水水质。根据环保部门的

规定，污水处理厂处理后出水水质应达到《城镇污水处理厂污染物排放标准》（GB 18918—2002）一级B水质标准。清原镇污水处理厂设计进、出水水质见表9-21。

表9-21 设计进、出水水质 单位：mg/L

项目	BOD_5	COD	SS	NH_4^+-N	TP
进水	200	350	200	30	3
出水	≤20	≤60	≤20	≤15(8)	≤1

9.17.3 工艺流程

以CAST池为核心处理构筑物，处理工艺流程见图9-22。

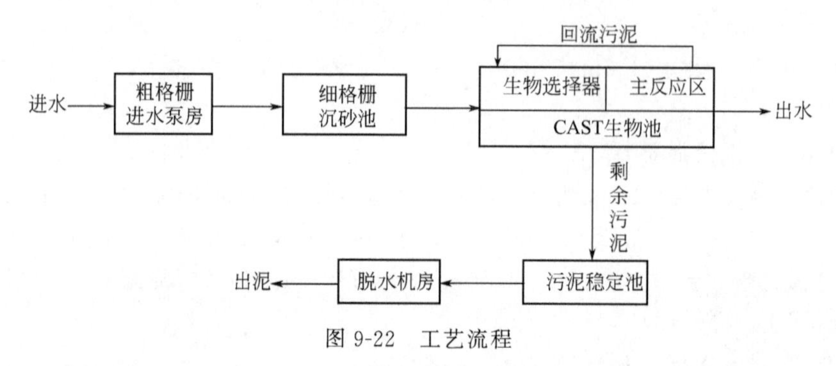

图9-22 工艺流程

污水经截流管线进入污水处理厂，首先流经粗格栅去除较大的悬浮物质，然后经提升泵房提升进入细格栅和沉砂池，进一步去除悬浮物及泥渣，再进入CAST生化反应池，经过二级生物处理后加二氧化氯消毒，消毒达标后排入英额河。污水处理过程产生的剩余污泥则排到贮泥池中，经机械浓缩、脱水后，外运到垃圾填埋场处置。

9.17.4 主要构筑物及设计参数

9.17.4.1 进水粗格栅

在泵前设置与泵房合建的粗格栅井，格栅井为矩形双槽式钢筋混凝土结构，槽内配两台旋转式格栅除污机，近期1用1备，远期2台工作。栅槽宽度800mm，地面下深度5300mm，倾角75°，格栅间隙20mm。

每台粗格栅前后均设闸门，以便单台检修。

粗格栅的开停由现场PLC根据栅前后水位差自动控制，信号输送到PLC系统，显示运转启闭状态和发生事故警报。

粗格栅间设置无轴螺旋输送机1台，栅渣压榨机1台，处理后栅渣送入手推车，堆满后运至厂外处置。

9.17.4.2 提升泵房

污水经粗格栅后流入污水泵房，进水泵将污水提升以满足后续污水处理流程及竖向的衔接要求，泵房为全地下式钢筋混凝土结构，泵房与粗格栅井合建，池底设计高程221.70m，集水池设计最高水位223.9m，污水经水泵提升后至细格栅，进水泵房按近期雨季的截流污水量1250m³/h（347.2L/s）设计。为适应不同的水量变化，选用4台潜污泵，3备1用。单泵流量320m³/h，扬程11m，电机功率15kW。

进水泵和粗格栅均由PLC控制，并将运行情况传送到PLC显示，所以进水泵可做到全自动运行，不需人看管。

9.17.4.3 细格栅

污水经进水泵提升后进入2条细格栅槽，在进水泵房与沉砂池之间设置细格栅，以进一步去除污水中较小颗粒的悬浮、漂浮物质。细格栅按近期雨季的截流污水量1250m³/h设计，选用2台阶梯式格栅除污机。栅槽宽度700mm，地面下深度1250mm，倾角60°，格栅间隙5mm。

细格栅的开停由现场PLC根据格栅前后的水位差自动控制，经格栅排出的栅渣，由螺旋输送压榨机处置后排入手推车，堆满后运至厂外处置，污水经过细格栅处理后进入沉砂池。

9.17.4.4 旋流沉砂池

沉砂池按近期雨季的截流污水量1250m³/h设计。设旋流沉砂池2座，每座旋流沉砂池设计流量$Q=625m^3/h$，池径$D=2430mm$，有效水深$H=2500mm$。采用气提方式排砂，2座旋流沉砂池采用1套砂水分离器。

沉砂池设搅拌设备2套，功率0.55kW。

设砂水分离器1套，$Q=12L/s$，功率0.37kW。

沉砂池进出口设有渠道闸门，当沉砂池发生故障时或设备需检修时，污水可超越沉砂池进入后续处理构筑物。

9.17.4.5 CAST池

CAST反应池为矩形钢筋混凝土结构，平面尺寸66.5m×39.4m。分为4个池子，两个池子为一组。在每个CAST反应池前端设置生物选择池，每个CAST反应池中部装设混合液回流泵，将混合液从主反应区回流至生物选择池，与进水在生物选择池中得以完全混合后进入主反应区。生物选择区（预反应区）、主反应区的体积分别占CAST池总体积的15%和85%。滗水装置在反应池的末端，采用旋转式滗水器，将处理后的清水滗出池外。剩余污泥排放设置在主反应区末端。由潜污泵将剩余污泥抽送至贮泥池。

每个反应池长度38.4m，宽度16m，最大水深5m，超高0.8m，最低水位时水深3.5m。总容积3474m³。

最高水位时MLSS 5.30g/L，最低水位时MLSS 7.68g/L，有机物污泥负荷0.082 $kgBOD_5/(kgMLSS \cdot d)$，最大污泥回流比20%，反应池溶解氧（DO）值0.52mg/L，最大总供气量53.4m³/min，每个反应池最大供气量26.7m³/min。

反应池每日运行6个周期，每周期总运行时间4h，每周期反应时间2h，沉淀时间1h，滗水时间1h。

设回流污泥泵4台（潜水泵），每池1台。单台流量60m³/h，扬程2.5m，功率1.5kW。

设剩余污泥泵4台（潜水泵），每池1台。单台流量60m³/h，扬程8m，功率2.2kW。

设滗水器4台（每池1台），每台滗水量1000m³/h，最大滗水深度1500mm。

设电动进水闸阀$DN350mm$ 4个（每池1个），电动空气蝶阀$DN250mm$ 4个（每池1个）。

9.17.4.6 鼓风机房

鼓风机房是保证曝气系统正常工作的关键设施，经计算要满足曝气系统正常运行，鼓风机房最大供气量$Q=53.4m^3/min$，气体压力$P=60kPa$。

鼓风机房平面尺寸12.3m×9.9m，设置3台离心式鼓风机，2用1备，每台鼓风机的设计风量$Q=30m^3/h$，设计风压$P=60kPa$，电机功率$N=45kW$。

每台风机的进风管上均设有消声器及弹性接头，每台风机的出风管上设有止回阀、安全阀、闸阀弹性接头、出口消声器、压力开关、温度开关等。鼓风机和出空气管上安有压力计电动阀及流量计、温度计等。鼓风机进口设置空气过滤器，对大于 1μm 的灰尘除尘效率 99%。风廊设 F100 卷绕过滤器 1 套。

9.17.4.7 加氯间

加氯间平面尺寸 9.9m×4.5m，设二氧化氯发生器 2 台，产氯量 3kg/h；隔膜计量泵 2 台，流量 201/h；压力 0.3MPa。

9.17.4.8 接触池

采用二氧化氯消毒，为保证与污水接触时间，建一座接触池。接触池为钢筋混凝土结构，平面尺寸 15.1m×8.9m，有效水深 2.5m，分 2 格，接触池接触时间 0.5h。

污水处理厂为全年不间断消毒，污水处理成本按全年不间断加氯消毒计算。

香蒲等湿地植物，在夏季时可替代部分生化处理功能，减少污水厂能耗。

9.17.4.9 贮泥池

污水厂污泥主要来自 CAST 池，每日污泥净产量约 2600kg/d，剩余污泥每日产生量为 $340m^3/d$，污泥含水率约 99.2%。

来自 CAST 池的剩余污泥首先进入贮泥池，再由污泥泵输送到脱水机房，贮泥池污泥停留时间按 4h 设计，平面尺寸 6.8m×4.2m，最大泥深 2m，钢筋混凝土结构。

贮泥池内设搅拌器搅拌 2 台，单机搅拌功率 0.5kW。

9.17.4.10 污泥脱水机房

污泥脱水机房旁设泥饼储藏间兼作运泥饼车库，污泥脱水机房与堆污泥饼间合建，总平面尺寸为 13.2m×10.8m。

每日处理污泥量 $340m^3/d$，脱水前污泥含水率约 99.2%，脱水后污泥含固率小于 80%。

设离心式污泥浓缩脱水一体机 2 台（1 用 1 备）；处理量 $25m^3/d$；功率 22kW。

设污泥螺杆泵 2 台（1 用 1 备）；流量 20～$25m^3/h$；扬程 20m；功率 7.5kW。

絮凝剂投加系统 1 套，包括絮凝剂制配装置、搅拌器、加药泵等。

絮凝剂使用聚丙烯酰胺（PAM），投加量为 11kg/d，全年消耗量约为 4t。

9.18 于洪区马三家教养院生活污水处理工程（A/O+人工湿地处理工艺）

9.18.1 工程概况

该工程位于沈阳市于洪区马三家街道胜利桥西，蒲河河道南侧，主要处理教养院及附近村民排放的生活污水。工程建设前大量的污水未经处理直接外排，污染了街道内部及周边的水环境和卫生环境，极大影响了周围居民的生活环境，为此建设马三家教养院生活污水处理工程，工程建成后教养院的周围环境得到明显的改善，也大大降低排入河道的污染物排放量，进而改善蒲河的生态环境。

根据建设方提供资料，设计污水处理量 $3000m^3/d$。工程位于蒲河附近，既要满足污水净化的标准，又要营造河道附近的生态景观效果，经综合考虑经济与技术，确定本工程采用 A/O+人工湿地处理工艺。工程于 2011 年 10 月建成，运行至今。

9.18.2　设计水质

根据调查，生活污水基本为冲厕水、洗浴水和厨房水，悬浮物含量偏高，有机物含量较低。出水水质执行《城镇污水处理厂污染物排放标准》（GB 18918—2002）中的一级 A 排放标准，具体设计水质见表 9-22。

表 9-22　设计进、出水水质　　单位：mg/L

项目	BOD_5	COD_{Cr}	SS	NH_3-N	TP
进水	100	150～200	120	25	3.5
出水	≤10	≤50	≤10	5	0.5

9.18.3　工艺流程

生活污水经管道收集送至污水处理站，首先通过格栅拦截污水中较大的漂浮物，以保证水泵正常运行，出水流入调节池，由潜污泵将水送至 A/O 生化池，污水在缺氧/好氧交替的环境下，通过活性污泥微生物新陈代谢的作用，降解 BOD_5、COD_{Cr}、氮磷等污染物。好氧池内硝化液回流至缺氧池，为反硝化菌提供脱氮反应的 NO_3^- 和 NO_2^-，出水进入二沉池经过泥水分离后流入中间水池，再通过潜污泵分配至潜流湿地各单元，进行生态处理，出水经紫外线消毒达标后排放。二沉池的部分污泥回流至缺氧池，剩余污泥送至污泥池，定期外运处理。工艺流程见图 9-23。

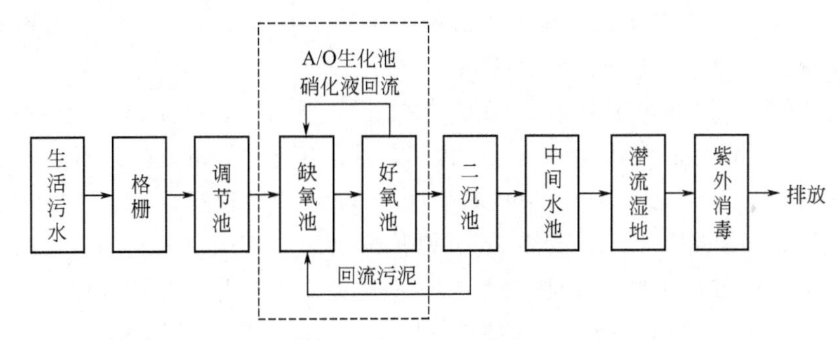

图 9-23　工艺流程

9.18.4　主要构筑物及设计参数

9.18.4.1　格栅

调节池前端设置格栅，拦截污水中较大的漂浮物，保证后续处理设备正常运行。设计回转齿耙式机械格栅，栅条间隙 20mm，不锈钢齿耙。过栅流速 $v=0.8$m/s，栅前水深 $H=0.2$m，栅渣量 1.2m³/d，采用人工清渣。

9.18.4.2　调节池

采用全地下式钢筋混凝土结构，设计平面尺寸 20.7m×7.2m，池深 5.0m，有效调节水深 4.0m，HRT=5h。内设提升泵 2 台，$Q=62.5$m³/h，$H=8.0$m，$N=3$kW，采用浮球式液位计控制水泵开启。

9.18.4.3　A/O 生化池

由缺氧池和好氧池构成的 A/O 生化池，缺氧池中主要起脱氮作用，反硝化菌利用污水中的有机物作碳源，将好氧池回流污泥中带入的大量 NO_3^- 和 NO_2^- 还原为 N_2 从而达到污水脱氮的效果；好氧池中微生物主要降解 BOD_5、COD_{Cr}等有机污染物，并将氨态氮转化为 NO_3^- 和 NO_2^-。

采用全地下式钢筋混凝土结构，缺氧池平面尺寸7.2m×6.0m，池深5.0m，有效水深4m，HRT=1.45h，内设管式曝气机$L=1000$mm、$\phi=85$mm；好氧池平面尺寸13.8m×7.2m，池深5.0m，有效水深4m，HRT=3.34h，设计气水比5∶1，内设硝化液回流泵2台（1用1备），$Q=125m^3/h$，$H=7.0m$，$N=4.0kW$。

9.18.4.4　二沉池

采用全地下式钢筋混凝土结构，2座。每个平面尺寸7.2m×7.2m，池深5.0m，有效水深4m，HRT=1.74h。内设污泥泵2台，$Q=15m^3/h$，$H=7m$，$N=1.1kW$，移动式安装。

9.18.4.5　中间水池

收集二沉池出水，调节水质水量。全地下式钢筋混凝土结构，设计平面尺寸7.2m×3.6m，池深5.0m，有效水深4.0m。内设潜水提升泵2台（1用1备），$Q=125m^3/h$，$H=10m$，$N=5.5kW$，自耦安装。

9.18.4.6　污泥池

收集贮存二沉池剩余污泥，钢筋混凝土结构，设计平面尺寸7.2m×3.6m，池深5.0m，有效水深4.0m，水力停留时间2d。内设污泥泵2台，$Q=15m^3/h$，$H=7m$，$N=1.1kW$，移动式安装。污泥收集后运往厂外统一处理。

9.18.4.7　潜流湿地

由人工筑成的水池，具有生态净化功能，能够对二级生化池出水进行深度处理，提高出水水质。本工程潜流湿地为复合潜流人工湿地，主要由基质填料、水生植物和管道系统构成，具有水平潜流和垂直上升流的水力流态。

采用钢筋混凝土结构，湿地有效面积6000m^2，共10个单元格，水力负荷0.5m^3/(m^2·d)。每个单元格平面尺寸30.0m×20.0m，基质层高1.2m，自下而上各层依次为夯实黏土，HDPE防水土工膜，$d80$～$d120$碎石，$d30$～$d80$碎石，$d10$～$d30$碎石，$d5$～$d10$碎石，粗砂级配填装，上层铺设200mm厚种植土。

湿地进水端设计进水管管径$DN80$，基质层底铺设集水管管径$DN100$和倒膜管管径$DN200$，且分别由独立阀门控制，其中集水管出水分为高、中、低三种水位。

9.18.4.8　鼓风机房

建筑面积36m^2，框架结构。内设罗茨鼓风机3台，2用1备，风量11.32m^3/min，电机功率15kW。

9.18.4.9　紫外消毒设备

潜流湿地出水处设计紫外消毒渠1座，处理量11.32m^3/min，电机功率3.7kW。处理水自流排入蒲河。

9.18.5　运行效果及讨论

9.18.5.1　运行效果

本工程于2011年10月建成并投产使用。污水处理站运行良好，经环保部门检测，主要指标均能达到《城镇污水厂污染物排放标准》（GB 18918—2002）中的一级A排放标准。

9.18.5.2　技经指标

本工程总造价为568.00万元。运行费用主要包括动力费、人工费、污泥处置费用等。动力设备主要为提升泵、搅拌器、鼓风机、消毒设备等，动力费为0.50元/m^3；污泥量较小无须压滤脱水，直接由城市环卫车抽吸外运处理，污泥处置费用约0.004元/m^3；管理人员 2 人，人工费为 0.07 元/m^3。折合吨水运行费用共计 0.57 元/m^3。

9.18.5.3　设计特点及讨论

（1）采用 A/O 工艺＋人工湿地组合的方式处理农村生活污水。通过 A/O 工艺的缺氧和好氧的交替环境，降解污水中的有污染物和悬浮物，出水再由潜流湿地进一步净化，进而保证出水水质达到《城镇污水厂污染物排放标准》（GB 18918—2002）中的一级 A 排放标准。

（2）A/O 工艺具有较高的净化效率，缺氧段对 COD_{Cr}、BOD_5 去除率可达 67%、38%，是最为经济的节能型降解过程。该工艺以废水中的有机物作为反硝化碳源，无须外加甲醇等昂贵的碳源，大大节省了污水站的运行费用，适合乡镇小型农村生活污水处理。

（3）复合潜流人工湿地具有水平潜流和垂直上升流的多向水力流态，使填料层上的微生物能够充分接触水中的污染物。另外，湿地通过集水管不同高度的出水口实现灵活的水位控制，在北方冬季时，可调节低水位出水保证湿地的稳定运行。这对北方乡镇农村建设潜流人工湿地提供一定的借鉴。

9.19　沈阳市浑南人工湿地示范工程（垂直流人工湿地）

9.19.1　工程概况

沈阳浑南人工湿地示范工程位于浑南大道慧缘新村小区东侧，总占地面积 $4.1\times10^4 m^2$，包括污水潜（垂直流）流人工湿地和雨水表流湿地两部分，主要用于处理慧缘新村小区的生活污水和雨水。其中污水潜流湿地约 6500m^2，雨水表流湿地 34000m^2。污水潜（垂直流）流人工湿地每天处理慧缘新村小区生活污水 1000t，雨水湿地处理潜流湿地出水与小区前期雨水。该工程于 2004 年 10 月 15 日竣工，同年 9 月 15 日投入夏季运行系统，同年 11 月 8 日启动冬季运行系统。运行几年来，处理效果一直较稳定，为北方寒冷地区人工湿地处理提供了宝贵的经验。

9.19.2　设计水质

结合监测分析结果和当地相类似污水处理厂的水质指标确定进水水质。设计进、出水水质见表 9-23。

表 9-23　人工湿地进、出水水质

项　目	COD/(mg/L)	BOD/(mg/L)	SS/(mg/L)
进水	≤300	≤150	≤100
潜流湿地出水	≤120	≤30	≤30
表流湿地出水	≤50	≤10	≤20

9.19.3　工艺流程

沈阳浑南人工湿地系统包括预处理与湿地系统。预处理包括平流沉淀池、格栅、全自动反冲洗过滤器。湿地系统包括潜流与表流人工湿地，其中潜流人工湿地是垂直流形式，由 3 个基本相似的平行床体并联组成，床体内栽种芦苇。表流人工湿地由前湾池（用于前期雨水固体悬浮物的沉淀）和湿地池塘处理区组成，在池内栽种香蒲、荷花等水生植物。具体工艺流程如图 9-24 所示。

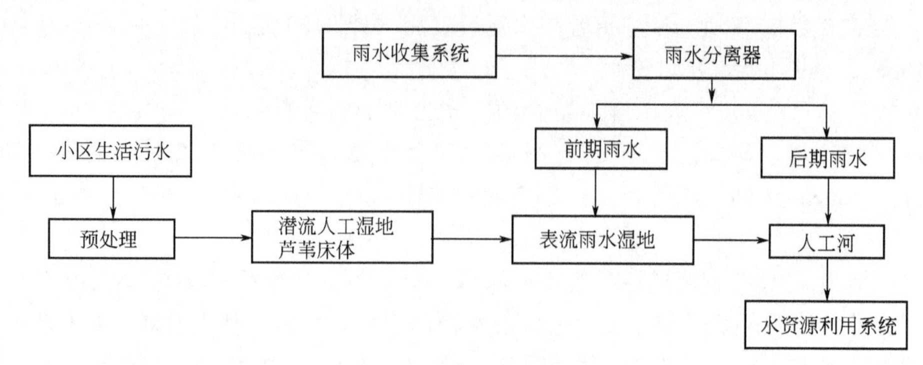

图 9-24 工艺流程

9.19.4 主要构筑物及设计参数

9.19.4.1 预处理间

预处理包括提升泵、平流沉淀池、格栅、全自动反冲洗过滤器，全部集中在预处理间内，预处理间长 23.4m，宽 6.19m。其中，沉淀池长 20.9m，宽 3.5m。

9.19.4.2 潜流人工湿地

污水设计流量 1000t/d，潜流人工湿地设计停留时间 3d，潜流人工湿地水力负荷 $0.154m^3/(m^2 \cdot d)$。

垂直流人工湿地床体由 3 个相同并列的床体组成，总长 116m，总宽 56m，总占地面积约 $6500m^2$。床体中最底层为 0.50m 深的均匀砾石，平均粒径大约为 0.30m，依次向上是粗纱和细纱，其粒径为 20～10mm 渐变。砂层平均深度在 1m 左右。为了冬季的保温，砂层上有 0.15m 左右的空气层，空气层上部铺设了 0.20m 左右的草炭土。床体底层铺设防渗膜，防止污水渗入地下。

考虑到沈阳地处北方寒冷地区，冬季温度较低，故沈阳市浑南人工湿地示范工程采用两套布水管道。夏季布水管位于床体砂层表面，冬季布水管位于床体砂层下 300mm。当大气温度≤5℃时，启动冬季布水系统。夏季布水管道为 PVC 材料，冬季布水管道采用美国 GEWFLOW 滴灌管道，材料为人工复合材料。该材料不挂生物膜，解决了床体由于植物根系的生长而堵塞的问题。整个床体均匀布水，水流经过总进水管道后进入各个支管，水流纵向流至床体底部，经过收集后流入控制井。全套布水系统均采用重力流方式，无任何动力消耗。

北方人工湿地的保温措施一般采用冰、雪以及空气层等覆盖的方式。但上述措施受气候条件的约束较大，保温效果不稳定。沈阳浑南人工湿地的保温材料选择的是炭化后的芦苇屑（草炭土），保温层的厚度 0.20m。

9.19.4.3 表流人工湿地

表流人工湿地设计停留时间为 5d。表流人工湿地与人工河共 $3.4\times10^4m^2$，种植芦苇、香蒲、荷花、蒲草。前面设置进水区，主要用于对潜流湿地出水的沉淀，然后进入表流湿地处理区域。

9.19.5 运行效果

垂直流湿地床体内芦苇在 2004 年 4 月栽种，10 棵/m^2，成熟期高为 2.5m，10 月中旬收割。到 2005 年，芦苇密度平均 70 棵/m^2，成熟期高 3.3m。本工程于 2004 年末开始正式运行，同时开始实验室的准备工作，监测工作从 2005 年 2 月份开始。考虑到湿地内生态系统的形成过程，监测周期为每周1次。下面主要以2005年2～12月近一年的运行数据为依据，分析其处理效果。

9.19.5.1 垂直流人工湿地对有机物的去除效果

垂直流人工湿地对有机物COD的净化效果见图9-25。

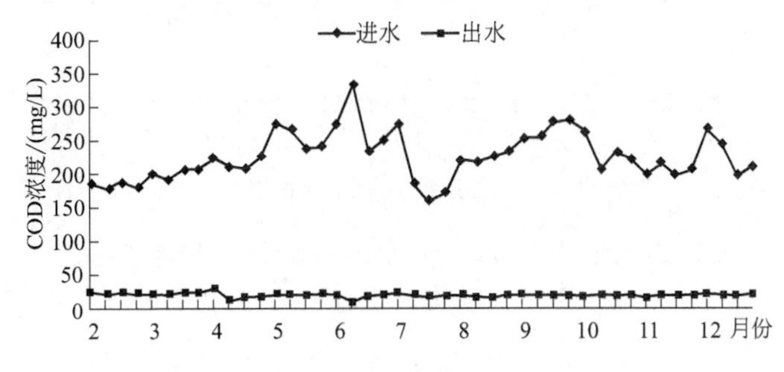

图9-25 2～12月垂直流湿地中COD的变化

从图9-25可以看出，COD的进水浓度160～334.9mg/L，平均进水浓度226.86mg/L，出水浓度7.88～30.4mg/L，平均出水浓度20.16mg/L。另外，在11个月的监测周期内，出水BOD_5 1.9～6.4mg/L。运行结果说明，垂直流人工湿地对有机物具有较好的去除效果，处理效果达到了设计要求。湿地系统去除有机物是湿地床体内物理、化学、生物与植物共同作用的结果，而沈阳浑南湿地的布水方式能够在水体交换过程中向床体充氧，增加了空气层，使床体的温度得到保证，有利于有机物的降解。监测的结果表明，2、3月份出水高于其他月份，这主要是由于湿地内植物只经过一次收割，运行仅仅4个月，生物量没有大量稳定的形成，“根区”效应与植物旺盛期相比略差。

9.19.5.2 垂直流人工湿地对NH_3-N的去除效果

垂直流人工湿地对NH_3-N的净化效果见图9-26。

在图9-26中，氨氮（NH_3-N）的进水浓度为38.1～76.55mg/L，平均进水浓度为54.12mg/L，出水浓度为0.4～1.32mg/L，平均出水浓度为0.85mg/L，处理效果达到设计要求。氨氮的转化是一个复杂的、多阶段的、能量释放的生化过程，这些能量促进了植物的生长，植物生长的同时氨氮被微生物吸收。氨氮是氮存在形式中最容易被植物吸收的营养物，而且氨氮是通过化学反应进行的，床体内的好氧状态使其有足够的氧进行降解。另外，在该垂直流湿地中，最大限度地保证了水流和基质、植物之间的充分接触，使NH_3-H得到了很好的转化，从而达到了理想的去除效果。

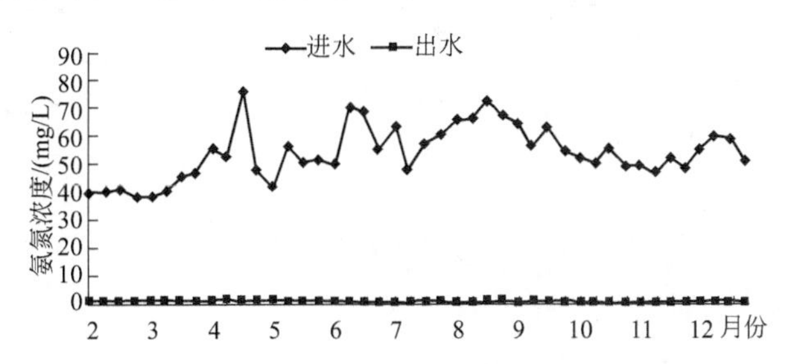

图9-26 2～12月垂直流湿地中NH_3-N的变化

9.19.5.3 垂直流人工湿地对TP的去除效果

垂直流人工湿地对总磷的净化效果见图9-27。

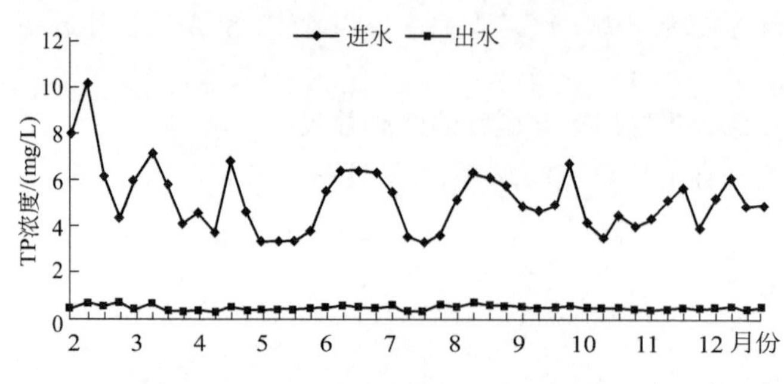

图 9-27 2～12 月垂直流湿地中 TP 的变化

在图 9-27 中，总磷的进水浓度 3.33～10.2mg/L，平均进水浓度 5.16mg/L，出水浓度 0.31～0.77mg/L，平均出水浓度 0.52mg/L，接近一级 A 排放标准（经过后续的表流湿地处理后达到一级 A 排放标准）。从图 9-27 中可以看出，该湿地对总磷的去除率很高，最高去除率达到了 94.25%。人工湿地生态系统中磷的去除，一方面是通过微生物去除，包括微生物自身生长所需要的磷以及通过“奢侈吸收”去除的过量磷；另一方面是通过化学沉淀得到去除的。在好氧环境下，湿地系统呈酸性，基质中含的铝和铁对磷的吸附能力最强，磷通过与这些金属反应而沉淀下来；在氧量不足的兼氧和厌氧环境下，湿地呈碱性，基质中含的钙与磷生成磷酸钙析出。另外，在该湿地内基质呈级配形式，良好的水力传导率和底部较大表面积的砾石使填料与污水充分接触，化学反应顺利进行，也是保持高效稳定除磷的原因。

9.19.5.4 对 TSS 的去除效果

由于悬浮固体物质在湿地中去除靠絮凝和胶体颗粒的沉淀，而在潜流湿地中相对低速的水流和大的接触表面使得系统中的 TSS 去除率相对较高，大量植物根系和饱和状态的基质，使固态悬浮物被根系以及填料阻挡截留。11 个月的监测结果表明：悬浮物的进水平均质量浓度 98.7mg/L，出水均无检出，出水视觉效果良好。

9.19.5.5 各个污染物的平均去除率

监测所得各个污染物的结果见图 9-28。

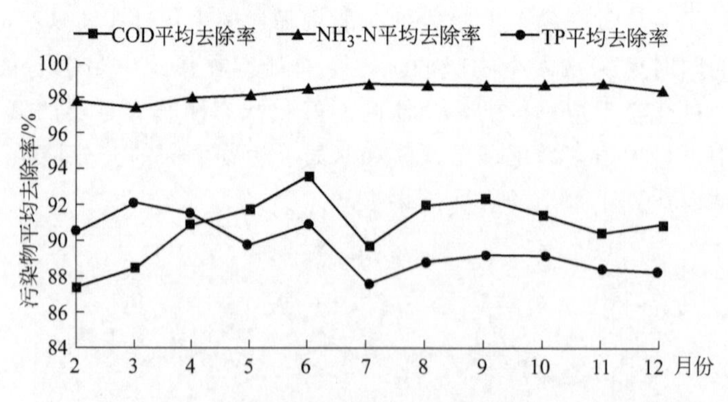

图 9-28 2～12 月垂直流湿地中各个污染物的平均去除率

由图 9-28 可以看出，浑南人工湿地对小区生活污水有较好的去除效果，对几种污染物均有较高的处理效果。COD 的平均去除率 90.85%，最高 97.65%，最低 86.94%；TP 的平均去除率 89.68%，最高 94.25%，最低 82.53%；对 NH_3-N 的平均去除率 98.38%，最高 99.37%，最低 97.27%。值得指出的是，在 2005 年 2 月份，虽然外界环境温度达到 −26℃，但湿地系统对各个污染物的去除效果基本没有受到影响。这说明床体内的保温措施得当，保温效果好，也为北方地区应用人工湿地提供了宝贵的经验。

9.20　沈阳市满堂河污水生态处理工程（一级强化-水平潜流人工湿地）

9.20.1　工程概况

本工程位于辽宁省沈阳市满堂河马官桥断面下游 150m 处。工程规模为日处理污水 $2m^3$，厂区占地面积 $6.3hm^2$，由污水预处理区、潜流湿地主处理区和表流湿地景观区三部分组成，其中湿地面积 $5.0hm^2$，污水预处理、辅助设施、道路等占地 $1.3hm^2$。该地区位于沈阳市东北部，最冷月平均最低气温 −12℃，极端气温 −30.6℃，最热月平均气温 24.6℃，极端气温 38.3℃。污水来源主要为满堂河沿途及马官桥地区集中排放居民生活污水，服务人口 10 万人，处理后出水排入满堂河。工程于 2003 年 5 月动工，9 月底完工，10 月通水调试。

9.20.2　设计水质

满堂河污水生态处理设计出水水质达到《国家污水综合排放标准》（GB 8978—1996）中一级标准，工程设计进、出水水质及执行标准见表 9-24。

表 9-24　设计进、出水水质　单位：mg/L

项目	COD_{Cr}	BOD_5	SS	NH_4^+-N	TP
进水	260	120	120	30	3
出水	60	20	20	15	0.5

9.20.3　工艺流程

采用一级强化预处理与水平潜流人工湿地深度处理相结合的组合工艺。一级强化预处理采用浮动床生化池工艺，在不同季节通过调整曝气量与曝气时间，与后续湿地互补，达到合理分配污染负荷的目的。人工湿地污水处理系统利用生长于其中的植物和与其相适应的微生物，污水从生长有植物的介质中流过，从而产生过滤、沉淀、吸附等物理作用及污染物与基质间多种形式的化学反应，同时，植物生长还有对污染物的吸收和同化作用，并且通过根茎叶向水体与基质层供氧，使周围的多种微生物在厌氧、兼氧、好氧等复杂状态下消化降解污染物，可以使湿地系统达到预期的处理目标。

满堂河污水生态处理工程工艺流程见图 9-29。

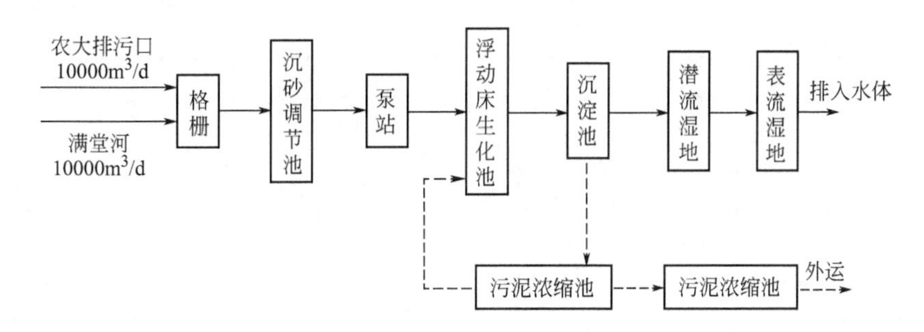

图 9-29　满堂河污水生态处理工程工艺流程

农大系统污水截流流入污水预处理厂区，首先进入沉砂调节池，污水沉砂后经格栅，进入提升泵站，污水经提升后进入浮动床生化池进行一级强化处理后，混合液进入斜管沉淀池进行泥水分离，上清液通过管渠靠位差流入潜流湿地处理系统，然后经表流湿地处理后排入满堂河。二沉池下部污泥靠重力流入污泥浓缩池，部分作为回流污泥打回生化池，一路作为剩余污泥经板框压滤机脱水，脱水后泥饼外运填埋。

满堂河河水处理系统污水经沉砂、格栅过滤后进入提升泵站，经泵提升至潜流湿地处理系统，最终排入满堂河水体。

二沉池产生的剩余污泥经污泥浓缩池浓缩后泵至板框压滤机挤压脱水，脱水后的泥饼定期运至垃圾填埋场填埋。

污水经湿地处理后细菌总数$<10^4$个/L，不需要进行消毒。

9.20.4　主要构筑物及设计参数

9.20.4.1　主要构筑物

污水预处理区有格栅、沉砂池和调节池和浮动床生化池。

沉砂池和调节池合建，平面尺寸11m×34.5m。

浮动床生化池与二沉池合建，划分为12格，其中8格为生化池，4格为二沉池。生化池每格长7.5m，宽4m，深4.5m，总容积为1080m^3。曝气时间6～8h/d，MLSS 1500～2000mg/L，泥龄约8（夏天）～13d（冬天）。

潜流湿地主处理区由36个填料床单元组成，占地2.2hm^2。单元床体充填基质，床底设有防渗层，防止对地下水的污染。床内种植芦苇、茭白、香蒲、莎草等湿地植物，污水在湿地床的表面下流动，利用湿地系统中丰富的土壤微生物、填料表面生长的生物膜、植物根系对有机污染物的吸收利用以及表面土层和填料的物理与化学反应等过程，实现对污水的有效处理和利用。

满堂河污水生态处理工程主要构筑物见表9-25。

9.20.4.2　主要处理设备

满堂河污水生态处理工程主要设备见表9-26。

表9-25　满堂河污水生态处理主要构筑物

构筑物名称	规格/m	数　量	总价/万元
沉砂调节池	11×34.5	1座	68.2
浮动生化池/沉淀池	28×17.5	1座	147
提升泵站1	8.9×8.9	1座	18.9
提升泵站2	8.9×8.9	1座	18.9
污泥浓缩池	3.5×9.5	1座	6.98
构筑湿地	2.2hm^2		399.8

表9-26　满堂河污水生态处理工程主要设备

设备名称	规格型号	数　量	材　质
LHG链条式回转格栅	B=1000mm，δ=5mm	2台	不锈钢
潜污泵	150QW145-10-7.5	8台	灰口铸铁
螺杆泵	I-1B2寸	2台	灰口铸铁
污泥回流泵	65QW42-9-2.2	2台	灰口铸铁
罗茨风机	BK7011	4台	
浮动填料	ϕ80mm	252m^3	PE
板框压滤机	XAZ70/800UB	1台	不锈钢

9.20.5 运行效果及讨论

污水处理厂从2003年10月进入调试与试运行，2004年处理污水量646.2×10^4m^3。出水指标达到设计要求，每年削减主要污染物1000t。

从运行状况看具有以下优势。

(1) 污水净化效率高。在进水COD_{Cr}为250～350mg/L范围内，出水COD_{Cr}可达50mg/L以下，有利于污水的进一步回用。

(2) 冬季运行稳定安全。满堂河人工湿地污水处理厂设计耐受温度为－33℃，经过2003年、2004年两年持续低温严冬中（两年的最低气温分别达到－30.9℃、－28℃）的运行充分证明了该技术的可靠性。

(3) 清淤维护简单。由于在设计和日常运行中均采取了周期性排除沉积物的措施，目前，满堂河人工湿地污水处理厂仅需隔年做局部的清淤清洗维护，大大地降低了运行中的维护管理工作量与阻塞风险。

(4) 运行维护简单方便。这是湿地技术的又一大特点，湿地部分没有机械电力设备，日常操作运行非常简便，对工人技术水平要求不高，劳动强度低。

9.21 工业发达小城镇污水处理工程（一级强化-水平潜流人工湿地）

9.21.1 工程概况

山东海阳市某镇的工业发达，产生的污水主要为周边海藻加工企业内部废水处理站处理后的生产废水，以及政府驻地排放的少量生活污水，其中工业废水量>90%。针对进水主要以工业废水为主这一特点，该镇污水处理厂采用水解酸化＋A^2/O＋混凝、沉淀、过滤组合工艺。该厂于2011年底竣工，自运行以来，处理效果良好，出水水质达到《城镇污水处理厂污染物排放标准》(GB 18918—2002）的一级A标准。

9.21.2 设计水质

该镇污水处理厂的处理能力2×$10^4m^3/d$。进水有机物含量高，可生化性差，C/N值低，实际和设计进、出水质见表9-27。污水厂出水排入白沙河下游黄海出海口处，附近规划为生态保护湿地，且白沙河作为青岛市的母亲河，海阳市环保局对其水环境保护的要求较高，综合上述考虑，污水厂的出水水质执行《城镇污水处理厂污染物排放标准》(GB 18918—2002）的一级A标准。

表9-27 实际和设计进、出水水质 单位：mg/L

项目	COD	BOD_5	SS	NH_3-N	TN	TP
实际进水	426～500	141～180	347～400	36～45	54～60	4.3～5
设计进水	500	180	400	45	60	5
设计出水	≤50	≤10	≤10	≤5(8)	≤15	≤0.5

9.21.3 工艺流程

与一般城市生活污水相比，该污水厂进水SS值较高，COD含量较高，BOD_5/COD值较小，此外C/N值低，仅为可采用生物脱氮的最低限，因此处理的难点在于提高污水的可生化性及增加生物脱氮除磷所需的碳源。污水处理工艺流程见图 9-30。

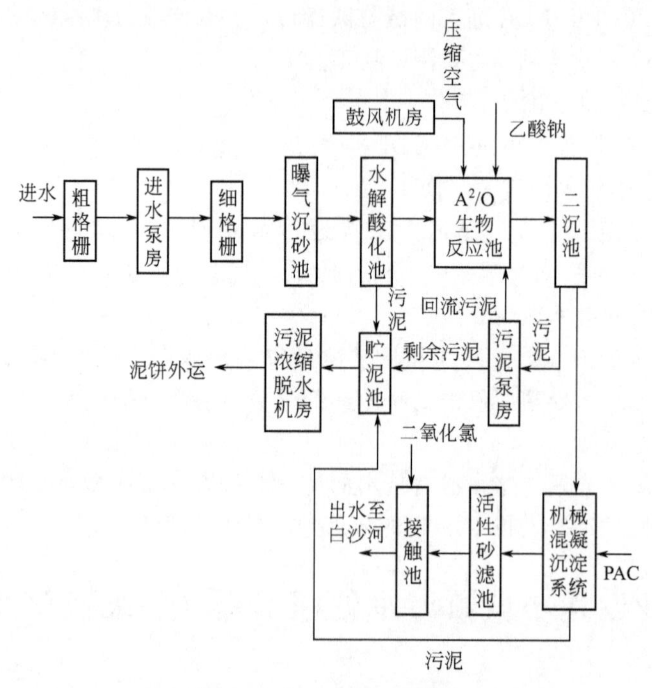

图 9-30 污水处理工艺流程

本工艺的主体构筑物为 A^2/O 池，其前端串联水解酸化池以期提高污水的可生化性，在其后端增加深度处理工艺，保证了出水各项指标达标。原水依次通过粗细格栅及曝气沉砂池去除水中的漂浮物以及泥沙等易沉物后自流入水解酸化池内，经过较短的水力停留时间，污水中难降解的大分子有机物通过水解产酸菌的作用转变为易降解的小分子有机物，从而使污水的可生化性得到改善，此过程亦可去除部分 SS。水解池出水进入 A^2/O 生物反应池中，该池由缺氧区、厌氧区及好氧区三部分构成；好氧区为有机物降解、氨硝化以及聚磷菌吸磷提供了场所；缺氧区接收来自好氧阶段回流的硝化液进行反硝化脱氮；聚磷菌在厌氧区完成磷的释放。由于该厂来水碳源并不充裕，需要对生物反应池进水适当地补充乙酸钠来增加反硝化单元的碳源。经过生物处理后的污水流入二沉池内进行泥水分离，出水进入混合反应沉淀系统——由混合池、絮凝池、沉淀池三池合建组成。混合池内投加聚合氯化铝（PAC），用来吸附污水中剩余的部分 COD、TP。混合池及絮凝池内均设有搅拌桨，保证混凝剂与来水充分混合反应。絮体在沉淀池内沉降，上清液则流入活性砂滤池以截留悬浮物及吸附有机物，最终在接触池内进行消毒处理，出水达标排放。本工艺运行过程中，水解酸化池污泥及化学污泥直接排入贮泥池中，二沉池污泥部分回流至 A^2/O 反应池保证污泥浓度，剩余污泥则排入贮泥池中。贮泥池中的混合污泥由单螺杆泵输送至带式浓缩脱水机进行泥水分离，泥饼外运填埋。

9.21.4 主要构筑物及设计参数

9.21.4.1 粗格栅槽及进水泵房

地下式钢筋混凝土粗格栅槽，1 座，尺寸 8.6m×2.4m×7.6m，内置 2 台回转式格栅除污机，格栅宽度为 800mm，栅条间隙为 20mm，去除水中大的漂浮物。地下式钢筋混凝土泵房 1 座，尺寸 9.98m×7.1m×8.9m，配置 4 台潜水排污泵（3 用 1 备），单泵流量

415m^3/h，扬程 130kPa，将出水提升至后续构筑物。

9.21.4.2　细格栅槽及曝气沉砂池

钢筋混凝土细格栅槽，1 座，尺寸 15.3m×2.5m×1.6m，内设转鼓式格栅除污机 2 台，直径 1000mm，栅条间隙 5mm，拦截小颗粒物。曝气沉砂池 1 座，钢筋混凝土结构，尺寸 10.50m×4.4m×3.0m，池底设多孔管曝气，利用曝气产生的气流使无机砂粒沉底，而油脂类有机物浮于水面，达到分离目的。

9.21.4.3　水解酸化池

钢筋混凝土结构，4 座，单座尺寸 15.75m×15.75m×7.5m，采用升流式，底部 3.5m 为污泥区，中间 2m 为组合填料区，上部 1.5m 为出水区，配置双曲面搅拌器，利于固液充分接触反应。水力停留时间为 8h。本单元的作用是使难降解有机物开环断链为易降解有机物，提高原水可生化性。

9.21.4.4　多模式 A^2/O 生物反应池

钢筋混凝土结构，2 座，单座尺寸 53m×24.75m×6.2m，有效容积为 6888m^3。好氧区共配有 400 套管式曝气器，所需空气由罗茨鼓风机提供。硝化液由 4 台潜水导流泵回流，回流比为 250%。缺氧区及厌氧区共配置 12 台双曲面搅拌器。机动调节区可根据实际情况用作缺氧区或者兼性好氧区。各区停留时间：厌氧区 1h，缺氧区 4h，机动调节区 1h，好氧区 10.6h，总停留时间 16.6h。混合液污泥浓度 3500mg/L，污泥负荷 0.067kgBOD_5/(kgMLSS·d)，污泥回流比 100%，总泥龄 15.7d。

9.21.4.5　二沉池

钢筋混凝土结构，2 座，直径 24m，停留时间 3h，表面负荷 1.36m^3/(m^2·h)，有效水深 4.2m。每池配套中心传动单管吸泥机。泥水在此分离，出水流入下一构筑物处理，部分污泥回流至生物反应池。

9.21.4.6　混合反应沉淀池

钢筋混凝土结构，1 座，尺寸 21.55m×22.5m×6.10m，共 2 个系列，每个系列由 1 座混合池、4 座反应池及 1 座沉淀池串联组成。每座混合池及反应池配套桨叶式搅拌器。斜管沉淀池配中心传动刮泥机，污泥由潜污泵输送至贮泥池。通过机械作用原水完成加药混合、絮凝、沉淀过程，去除污水中的 TP、COD。

9.21.4.7　活性砂滤池

钢筋混凝土结构，1 座，尺寸 20.8m×7.34m×6.06m。配套 24 台活性砂滤器，石英砂滤料粒径 1.2～2.0mm，单台过滤面积 6.0m^2，滤速 8.56m/h。污水经过活性砂滤池处理后，SS 浓度进一步降低，同时也保证了出水 COD、TP 等达标。

9.21.4.8　接触消毒池

钢筋混凝土结构，1 座，尺寸 15.9m×10.5m×4.3m，接触时间 30min，采用二氧化氯对出水进行消毒，保证大肠菌群指标达标。

9.21.4.9　加氯加药及碳源制备间

框架结构，1 座，尺寸 29.55m×10.2m×5.6m。2 台二氧化氯发生器，制备 10d 的药剂量，加氯量 10mg/L（有效氯）。本工艺所用化学除磷药剂为 10%的液体聚合氯化铝，加药量 3.6t/d。碳源制备间制备 10d 药量，碳源类型为三水合乙酸钠，投加量 3.4t/d。

9.21.4.10　污泥浓缩脱水机房

框架结构，1 座，接收来自贮泥池的污泥。其中水解池污泥量 4400kg/d，含水率

98.5%，剩余污泥量2892kg/d，含水率99.3%；化学污泥量1600kg/d，含水率为99.2%，总泥量910m^3/d，总含水率99%，污泥脱水后含水率80%。为了保证污泥的脱水效果，在脱水过程中需要投加一定量的药剂（PAM），加药量4kg/tDS。

9.21.5 运行效果

该厂于2011年底竣工，自运行以来处理效果稳定，出水水质良好。表9-28为2012年7月～2013年3月环境监测部门对进、出水水质的监测结果（平均值）。

表9-28 进、出水水质的监测结果

项目	COD	BOD_5	SS	NH_3-N	TN	TP
进水/(mg/L)	456	141～180	347～400	36～45	54～60	4.3～5
出水/(mg/L)	45.2	8.3	7.8	4.7	14.4	0.47
去除率/%	90.1	94.9	97.9	88.6	74.7	89.1

由表9-28可以看出，采用水解酸化与A^2/O串联并增加深度处理工艺的方法来处理进水杂质较多、有机负荷较高且碳氮值较低的城镇综合污水，对各污染物指标都具有较高的去除率，出水水质达到了《城镇污水处理厂污染物排放标准》(GB 18918—2002）的一级A标准。

9.21.6 经济技术指标

本工程总投资6142.14万元，其中建筑工程费3123.48万元，设备投资3018.66万元。运行费用包括电费、药剂费、污泥运输费以及人工费四部分。

(1) 电费 污水厂用电量306.6×104kW·h/a，电价按0.75元/(kW·h) 计算，电费230万元/a。

(2) 药剂费 PAM耗量为14.5t/a，单价按3.5万元/t计；盐酸耗量132t/a，单价按800元/t计；氯酸钠耗量54t/a，单价按4000元/t计；液体PAC耗量1314t/a，单价按1500元/t计；乙酸钠耗量1240t/a，单价按2500元/t计。药剂费用590万元/a。

(3) 污泥运输费 污泥产量为1.6×10^4t/a，运输单价为30元/t，污泥运输费48万元/a。

(4) 人工费 污水厂共31人，工资按3万元/(人·a) 计算，人工费93万元/a。污水处理厂运行费用961万元/a，折合单位运行费用1.32元/m^3。

9.22 朔州市南河种镇综合污水处理工程（A/A/O+活性砂过滤工艺）

9.22.1 工程概况

山西省南河种镇农副产业发展态势良好，主导产业有传统的蔬菜业和奶牛养殖业以及新兴的生态林果业和旅游业。这为促进当地的经济发展提供了有力保障，但随着蔬菜加工等企业的不断发展，环境问题也日益凸显。现状工业废水量占污水总量的比例很大，且工业废水以蔬菜加工废水为主，水质污染程度较高，其中COD浓度高达1000mg/L以上。大量高浓度工业废水及居民生活污水随意排放，对环境造成了严重的影响。

本着城乡统筹、城乡一体化的原则，本项目服务范围不仅局限于镇区，还包括镇区西北方向的一个自然村及其蔬菜加工园区。该镇地处雁门关北部，常年气候干旱，雨水水量较小，因此服务区排水体制采用截流式合流制，规划服务人口25800人，设计规模$5000m^3/d$，其中一期工程$2500m^3/d$。

9.22.2 设计水质

污水处理厂设计水量$5000m^3/d$，原水为居民生活污水及蔬菜加工工业园区生产废水，其中生活污水约占47.13%，工业废水占52.87%。设计进水水质采用加权平均值法进行预测，设计污水进水水质见表9-29，出水水质执行《城镇污水处理厂污染物排放标准》(GB 18978—2002) 的一级A标准，设计污水出水水质见表9-30。

表9-29 设计污水进水水质 单位：mg/L

项目	生活污水水质	工业污水水质	设计污水水质
BOD_5	200	670	475
COD_{Cr}	400	1130	825
SS	220	250	240
NH_3-N	40	45	43
TN	50	60	56
TP	5	5	5

表9-30 设计污水出水水质 单位：mg/L

项目	BOD_5	COD_{Cr}	SS	TN	TP	NH_3-N
出水水质	≤10	≤50	≤10	≤15	≤0.5	≤5

9.22.3 工艺流程

针对原水水质、水量特点，采用以A^2/O+活性砂过滤为主体的污水处理工艺，污水处理厂工艺流程如图9-31所示。

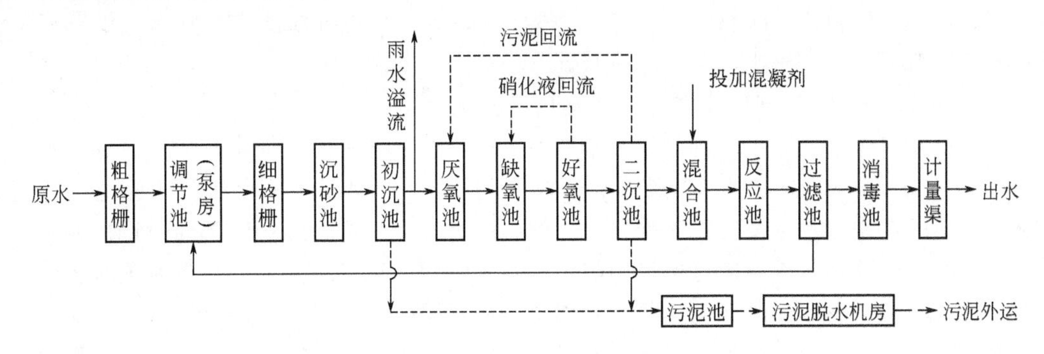

图9-31 工艺流程

9.22.4 主要构筑物及设计参数

9.22.4.1 进水井

进水井长5.0m，宽1.0m，深3.5m，钢筋混凝土结构。进水井设有0.8m×0.8m方形电动插板闸门2套，用于控制粗格栅槽的进水。

9.22.4.2 格栅槽

粗格栅间设格栅槽2道，按2道同时工作设计，按1道停用、1道工作校核。设计单格流量196m^3/h，过栅流速0.29m/s，雨天单格校核流量392m^3/h，过栅流速0.59m/s。粗格栅间设有格栅除污机、螺旋压榨输送机等设备，每格栅槽出口处设有0.8m×0.8m方形手动插板闸门，与设在进水井处的闸门共同控制格栅槽进出水，便于格栅检修维护。

9.22.4.3 调节池

调节池容积按最高日6h的污水流量进行设计，调节容积1500m^3。调节池兼作为污水提升泵吸水池使用，完全满足污水提升泵的吸水要求。调节池设计平面尺寸31.5m×16.0m，有效水深3.0m。为防止调节池泥沙沉积，调节池内设5台潜水推流搅拌器，设4台潜污泵，3用1备，水泵额定流量100m^3/h，扬程15m。

9.22.4.4 细格栅

细格栅槽分为2格，每格选用1台回转式细格栅除污机。为便于细格栅的维护检修，在格栅槽的进口设有0.8m×1.0m方形手动插板闸门和启闭机，出口设有0.6m×0.9m方形手动插板闸门和启闭机。

细格栅按2格同时工作设计，按1格停用、1格工作校核。单格设计流量125m^3/h，过栅流速0.21m/s；校核流量250m^3/h，过栅流速0.41m/s。

9.22.4.5 沉砂池与砂水分离器

沉砂池用于去除污水中的无机砂粒，防止无机砂粒在生物反应单元中累积，保证生物反应器正常运行。设旋流沉砂池2座，单池设计流量125m^3/h，表面负荷47.5$m^3/(m^2 \cdot h)$，水力停留时间73.8s，单池直径1.83m，池深2.9m。每座沉砂池设桨叶分离机1台，空压机1台，砂水分离器1台。

9.22.4.6 初沉池

设计采用平流式初沉池4座，静力式排泥。为保证冬季低温时期的正常运行，在初沉池顶部设顶盖，材料为氟碳纤膜，覆盖面积约为200m^2。初沉池单池设计流量62.5m^3/h，表面负荷1.0$m^3/(m^2 \cdot h)$，沉淀时间2.0h，单池平面尺寸$B \times L = 4 \times 16$m，沉淀区有效水深2.0m。初沉池单池校核流量69.8m^3/h，表面负荷1.1$m^3/(m^2 \cdot h)$，沉淀时间1.8h。

初沉池配套桁架式刮泥机4套，单台功率0.75kW。在初沉池的进水管道上设有流量计井，内设电磁流量计，用于计量污水流量。

9.22.4.7 A^2/O生物反应池

本项目原水中工业废水的排放具有季节性，每年9～12月份工业水排放量占到污水总量的53%，且主要污染物浓度远大于生活污水，而其余月份则以居民生活污水为主，这两种工况下原水的水质、水量都有很大差异。因此，按有工业水进行A^2/O池的设计，并对无工业水的工况进行计算，以期通过增设闸门控制A^2/O池的运行方式，使无工业水时A^2/O池仅部分廊道运行。不同工况下的运行方式如图9-32和图9-33所示。

生物池是污水厂的核心处理单元，本设计生物反应池采用A^2/O池，总设计流量按最高日平均时污水量，为250m^3/h，分4组，单体A^2/O池设计为折尺廊道形，分厌氧段、缺氧段、好氧段，池体为钢筋混凝土结构。单池平面尺寸$L \times B = 17.2 \times 18$m，厌氧区、缺氧区、好氧区表面积分别为18.8$m^2$、73.66$m^2$、217.14$m^2$，有效水深5.0m。为了防止污水中的悬浮物及活性污泥在厌氧段和缺氧段沉降，在厌氧段和缺氧段布置搅拌机，好氧段设曝气系统，在每池好氧段末端设混合液回流泵，以回流硝化液。

有工业水工况设计参数如下：设计流量250m^3/h，混合液回流比200%，混合液污泥浓度3500mg/L，污泥回流比100%，总污泥龄20d，厌氧区水力停留时间1.5h，缺氧区水力

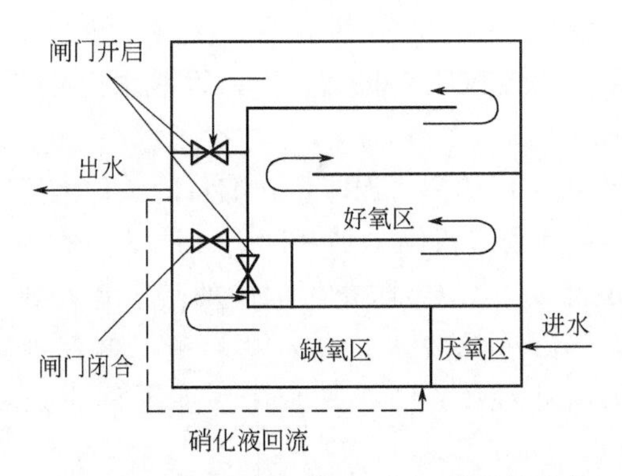

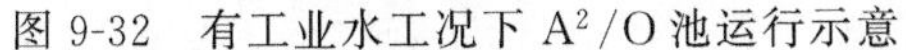
图 9-32　有工业水工况下 A^2/O 池运行示意

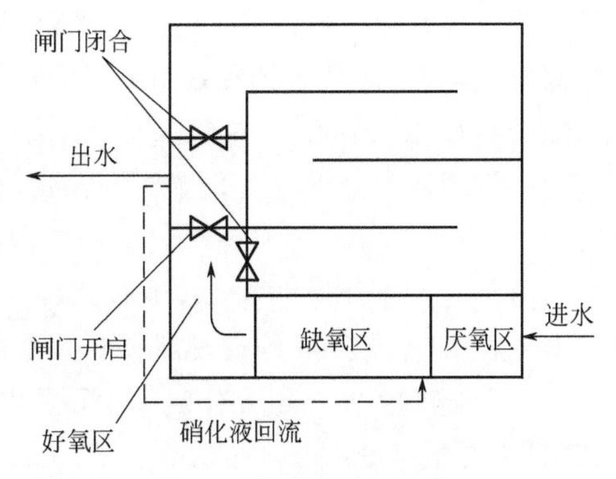

图 9-33　无工业水工况下 A^2/O 池运行示意

停留时间 5.9h，好氧区水力停留时间 17.3h，总剩余污泥量 849.3kg/d。无工业水工况设计参数为：设计流量 113.52m^3/h，混合液回流比 200%，混合液污泥浓度 3500mg/L，污泥回流比 100%，总污泥龄 30d，厌氧区水力停留时间 3.3h，缺氧区水力停留时间 6.3h，好氧区水力停留时间 8.4h，总剩余污泥量 239.2kg/d。

9.22.4.8　二沉池

二次沉淀池采用平流式，沉淀池设计为 4 组，每组中间设导流墙将沉淀池分为 2 格（共 8 格）运行。本工程二沉池单池设计流量 62.5m^3/h，表面负荷 0.8m^3/(m^2·h)，沉淀时间 2.6h，设计水平流速 1.7mm/s，沉淀区有效水深 2.0m，单池长 16m，宽 5m，每座二沉池配套桁架式吸泥机 1 套。

9.22.4.9　深度处理混合池

设机械混合池分 4 格，钢筋混凝土结构。混合池设计流量 250m^3/h，混合时间 90s，单格平面尺寸 1.4m×1.4m，有效水深 0.8m。混合设备采用三叶轴流型推进式搅拌器，每格 1 套，共 4 套。

9.22.4.10　深度处理反应池

设机械搅拌反应池分 4 组，每组 3 格，共 12 格，钢筋混凝土结构。设计流量 250m^3/h，反应时间 16.9min，单格平面尺寸 1.4m×1.4m，有效水深 3.0m，搅拌机桨板边缘线速度 v_1=0.50m/s，v_2=0.35m/s，v_3=0.20m/s。搅拌设备采用竖轴板框式搅拌器，每格 1 台，共 12 台。

9.22.4.11　深度处理滤池

本工程三级处理过滤方式选用活性砂过滤器。设计活性砂滤池分 4 组，每组 2 格，共 8 格，钢筋混凝土结构。滤池单格设计流量 31.25m^3/h，过滤速度 5.2m/h，强制滤速 6.9m/h，单格过滤面积 6.0m^2，接触时间 14min。每格滤池设活性砂过滤器 1 套，共 8 套。

9.22.4.12　消毒池

本工程采用 ClO_2 消毒。污水处理厂设消毒池 2 座，每座 2 格，共 4 格，钢筋混凝土结构。设计流量 125m^3/h，有效容积 64m^3，消毒接触时间 30.7min，有效水深 3.2m，平面尺寸 $L \times B$=5×4m。

9.22.4.13　污泥池及污泥脱水间

初沉池污泥包括两部分：一为原水沉淀产生的污泥量，污泥产量 18.0m^3/d（设计含水率 96%）；二为活性砂滤池反冲洗水中所含的化学污泥，该水回流至调节池，经泵提升进入初沉池进行沉淀，污泥产量 0.11m^3/d（设计含水率 96%）。污泥池为钢筋混凝土结构，平

面尺寸为 $L\times B=5.0\text{m}\times 5.0\text{m}$，有效水深 5.3m。污泥池内设有污泥泵 2 台（1 用 1 备），单泵额定流量 $20\text{m}^3/\text{h}$，扬程 32m；为防止污泥池内污泥沉积和板结，池内设潜水搅拌机 1 台，叶轮直径 400mm，叶轮转速 740r/min。

为便于污泥的最终处置，湿污泥需进行脱水处理，以达到污泥减量化的目的。污水厂污泥量为 $159.55\text{m}^3/\text{d}$。污泥脱水间采用砖混结构，包括脱水机间、加药间、冲洗水泵房、药剂库和值班室，平面尺寸长 21.0m，宽 9.0m，层高 5.4m。为防止污泥中的磷重新回到水中，本工程采用转筒浓缩带式脱水一体机。设 2 台污泥脱水机，1 用 1 备，单台带宽 1000mm，处理量 $20\sim40\text{m}^3/\text{h}$。污泥脱水使用 PAM 混凝剂，投加量为污泥干重的 5‰，PAM 日消耗量 7.85kg。

9.22.5 运行效果及讨论

（1）针对干旱地区小城镇排水工程水质、水量特点，确定了合理的污水处理工艺，污水处理厂出水水质可达到《城镇污水处理厂污染物排放标准》（GB 18918—2002）中的一级 A 标准。

（2）污水处理厂运行后 BOD 年消减量 399t，COD 年消减量 399t，TN 年消减量 399t，TP 年消减量 399t。

（3）工程总投资 6582 万元，单位水量经营成本 1.37 元/m^3。

9.23 广西某镇综合污水处理工程（生物转盘工艺）

9.23.1 工程概况

广西某镇现有人口 9657 人，镇区某矿产公司生活区人口 5700 人，排水体制采取雨污合流制，雨水经污水厂预处理后排放。该镇污水处理厂服务人口为 1.6575 万人，设计规模为 $1500\text{m}^3/\text{d}$，生物处理工艺采用生物转盘，全天运行。污水经处理后要求达到城镇生活污水处理厂污染物排放标准（GB 18918—2002）一级 B 标准。设计进出水水质见表 9-31。

表 9-31 设计进出水水质　　单位：mg/L

项目	COD	BOD_5	SS	NH_3-N	TN	TP
设计进水	150	100	160	25	30	3
设计出水	≤20	≤60	≤20	≤15(8)	20	≤1

9.23.2 工艺流程

污水经市政管网收集后进入厂区的粗格栅井，去除较大悬浮物流入进水泵房，经提升泵提升后进入细格栅，经细格栅过滤细小的悬浮物，流入旋流沉砂池，去除污水中的无机砂粒。污水经旋流沉砂池流入调节池调节水量水质后，自流进入生物转盘，去除污水中的有机污染物之后，投加药剂，确保出水的 SS 及 TP 达到排放指标的要求，最后经过二沉池实现泥水分离。部分生物转盘出水经污水回流井回流至厂前污水检查井。分离后的污水经过紫外线消毒后流入计量槽计量后自流排入黑水河。粗格栅及细格栅产生的栅渣以及沉砂池拦截下来的泥沙直接外运填埋处置。生物转盘的剩余污泥排入储泥池，经污泥螺杆泵提升后进入浓缩脱水机脱水。脱水后的泥饼外运处置，产生的滤液回流至调节池内。污水处理工艺流程见图 9-34。

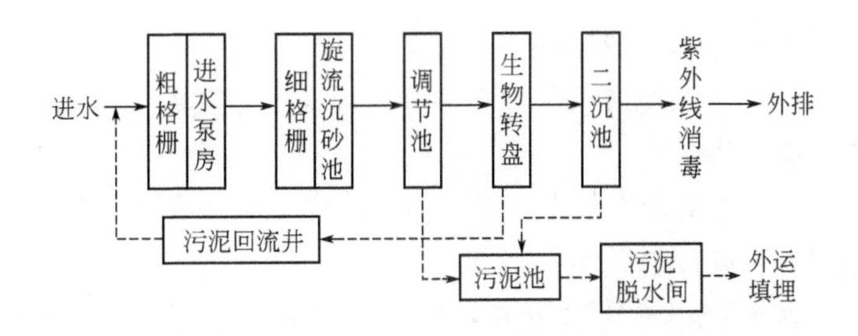

图9-34　污水处理工艺流程

9.23.3　主要构筑物及设计参数

9.23.3.1　粗格栅

粗格栅安装于进水泵房的进口处，用于截留较大的呈悬浮或漂浮状态的固体污染物，如果皮、碎皮、毛发、塑料制品等，以减轻后续构筑物的处理压力，保证正常运行。

本工程设置粗格栅1座，地下式，钢筋混凝土结构，与进水泵房合建。采用回转式机械格栅机2台，近期安装1台，远期增加1台。格栅间尺寸7.0m×4.0m×5.5m，栅渠宽度0.7m，栅条净距20mm。潜水泵按近期规模安装3台（1大2小），远期更换1台大泵。采用机械清渣，每日栅渣量约0.21m^3。

9.23.3.2　细格栅

细格栅1座，地上式，钢筋混凝土结构。采用回转式细格栅1台。细格栅间尺寸为3.6m×1.1m×1.2m，格栅宽度为600mm，栅条间隙5mm。

9.23.3.3　旋流沉砂池

旋流沉砂池1座，为半地上式，钢筋混凝土结构，与细格栅池合建。土建按远期3000m^3/d规模一次建成。每组旋流沉砂池内径1.83m，总水深约2.5m（含砂斗）。

9.23.3.4　调节池

调节池1座，半地下式，钢筋混凝土结构。尺寸为12.0m×8.0m×5.5m，有效容积480m^3，水力停留时间6h，采用浮筒式滗水器85m^3/h出水。

9.23.3.5　生物转盘

生物转盘1座，地上式，钢筋混凝土结构。设有污水回流系统，生物转盘设计负荷5.35g/(m^3·d)，转盘分为5组，每组设1个氧化槽，布置成单轴三级的形式。转盘直径为3.6m，氧化槽有效长度为8.2m，每个氧化槽有效容积为39.91m^3，氧化槽净有效容积33.20m^3，有效宽度3.9m，停留时间2.01h。配备5台3.5kW电动机。

生物转盘核心处理装置是表面附有生物膜的盘片。接触反应槽内充满污水，以较低线速度转动的盘片交替地和污水与空气相接触。在经过一段时间后，盘片上逐渐附着一层栖息大量微生物的膜状污泥，即生物膜逐渐成熟。盘片浸没入污水中时，污水中的有机污染物被含大量微生物的生物膜吸附。当盘片离开污水，生物膜上固着水层从空气中获得过饱和的氧，传递到生物膜，在微生物的作用下，被吸附有机物发生降解和转化。当盘片再次转入污水中时，由于有氧的存在，生物膜继续进行生化反应和吸附，同时，由于盘片的搅动，氧也带入到反应槽中。按此方式反复循环，使污水得以净化。针对生物转盘在脱氮除磷方面作用不明显的特点，本工程将生物转盘处理后污水回流至粗格栅前检查井，进行缺氧反应，提高氨氮的去除率。在生物转盘反应槽添加一套除磷设备通过化学作用来进行化学除磷。

9.23.3.6 二沉池

二沉池1座，半地下式，钢筋混凝土结构。尺寸 ϕ12.0×4.15。表面负荷 0.55m^3/(m^2·h)。停留时间为2.5h。配备半桥式周边传动刮泥机，规格 ϕ16m，功率0.37kW。

9.23.3.7 紫外消毒渠

污水经二级处理后，水质已有较大改善，但细菌含量绝对值仍巨大，存在病毒的可能性较大，因此排放水体前需进行消毒处理。

本工程采用紫外线消毒，紫外线剂量 20mJ/m^2，低压高强灯管10根，单根输出功率320W。紫外消毒渠1座，半地下式，钢筋混凝土结构。土建按远期工程规一次建成，设备按近期安装，工艺平面尺寸9.01m×3.2m。

9.23.3.8 污水回流井

污水回流井1座，地下式，钢筋混凝土结构。尺寸4.0m×4.0m×4.1m，配备2台（1用1备）提升泵，流量20m^3/h，功率3.0kW。

9.23.3.9 污泥池

污泥池1座，地下式，钢筋混凝土结构。尺寸4.0m×4.0m×3.5m。配备2台（1用1备）提升泵，流量5m^3/h，功率60kW。

9.23.3.10 污泥脱水间

污泥脱水间1座，钢筋混凝土结构。平面尺寸20m×15.4m×8.5m，加药间内设1套溶药搅拌装置，絮凝剂药液通过加药泵进入脱水机。近期设置1台1.0m带式浓缩脱水一体机，配套安装1台加药泵和1台反冲洗水泵。

9.23.4 运行效果及讨论

9.23.4.1 工程运行效果

污水处理厂投入运行后，运行稳定，处理效果好，出水水质达到了《城镇生活污水处理厂污染物排放标准》(GB 18918—2002) 一级B的标准，满足设计要求。出水检测结果见表9-32。

表9-32 出水检测结果 单位：mg/L

项目	COD	BOD_5	SS	NH_3-N	TN	TP
进水	118～152	91～102	129～160	16～25	24～30	2.5～3
出水	45.2	8.3	13	3.9	13	0.88

9.23.4.2 经济效益分析

该工程总投资1415.65万元（含10.95km管网），稳定运行后，减排COD 70.42t/a，减排SS 82.12t/a，减排NH_3-N 15.67t/a，减排总磷1.28t/a，取得良好的经济效益和环境效益。

该工程设备安装容量119.78kW，实际全天运行功率用电量1185.24kWh/d，按0.6元/kWh计，动力费0.47元/m^3；聚丙烯酰胺（PAM）价格1000元/t，每日消耗量0.36kg，则药剂费用0.002元/m^3。人工工资1900元/月，管理人员共8人，人工费0.32元/m^3。总运行费用0.79元/m^3。

9.23.4.3 工艺技术特点

采用生物转盘工艺处理小城镇生活污水，处理效果良好，COD、SS、NH_3-N、TP去除率分别为85.47%、94.68%、84.48%、78.33%，出水水质达到（GB 18918—2002）一级B标准。生物转盘处理工艺占地小、投资少、抗冲击负荷强、运行费用低、处理效果好，适合于处理小城镇和农村生活污水，有一定的实用推广价值。

作为一种固着型生物膜处理工艺，生物转盘不仅具有生物膜工艺所共有的特点，而且还具有自身的特有优点，主要如下。

（1）能耗低　因无须污泥回流的工艺特点，生物转盘工艺运行所耗电力远低于传统活性污泥法。据美国国家环保局的调查，生物转盘工艺的动力费仅为活性污泥法的40%～50%。

（2）易于维护管理　生物转盘工艺无复杂运行技术，机械设备简单，也不产生污泥膨胀现象，日常巡检只需观察转盘的回转以及定时向转动部位注油即可。

（3）污泥量少　转盘上生物膜的微生物生物链较长，污泥产量较低，大致为活性污泥法的1/2。

（4）无二次污染　不产生泡沫，不堵塞，没有曝气装置，也不产生噪声。

生物转盘工艺虽然优势显著，但也存在着局限性。

① 转盘材质易被腐蚀，盘材较贵，一次性投资较大；

② 受气候因素影响较大，寒冷地区需考虑防寒保温设计，增加成本。

9.24　江苏某镇污水处理工程（初沉消化池-A/O工艺）

9.24.1　工程概况

江苏省北部某镇东临淮安市，西接宿迁，南濒洪泽湖。为搞好洪泽湖流域污染防治和保障饮用水安全，该镇政府积极投资建设城镇污水处理厂，用以处理该镇区及高新区的综合污水。污水处理厂一期工程规模为2000m^3/d，核心工艺是初沉消化池-A/O，2012年11月投产运行。出水水质要求COD、BOD_5、SS和TP达到《城镇污水处理厂污染物排放标准》（GB 18918—2002）的一级A标准，NH_3-N达到一级B标准。设计进、出水水质见表9-33。

表9-33　设计进、出水水质　　单位：mg/L

项目	COD	BOD_5	SS	NH_3-N	TP
设计进水	280	160	180	35	3
设计出水	≤50	≤10	≤10	≤8	≤0.5

9.24.2　工艺流程

该工程采用预处理/初沉消化池/（A/O）生化池/液氯消毒工艺，污泥采用污泥浓缩脱水一体化工艺，工程流程如图9-35所示。

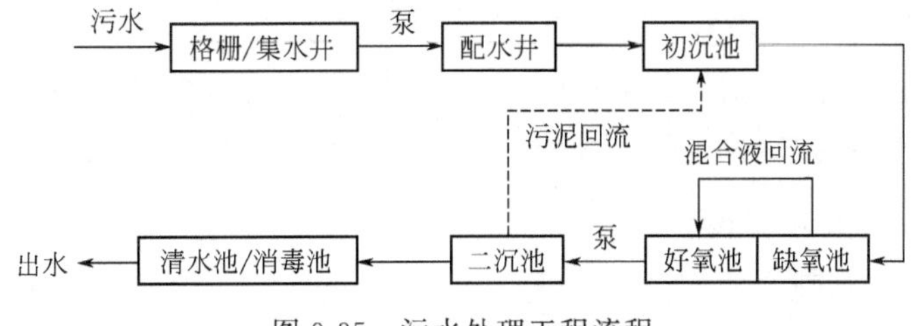

图9-35　污水处理工程流程

污水首先流入格栅/集水井，通过格栅截留污水中的大颗粒悬浮物及漂浮物，防止提升泵、管道、阀门的堵塞。初沉消化池兼作初沉池与污泥消化池，污水进入初沉消化池，水中的泥沙通过重力作用分离，回流污泥在初沉消化池内消化。经初沉消化池处理的废水进入A/O池进行脱氮除磷处理，去除大部分有机物；生化出水通过二沉池进行泥水分离后再进入消毒池/清水池，在消毒池内通过投加液氯对水进行消毒后达标排放。初沉消化池和二沉池的剩余污泥定期通过环卫吸粪车与格栅拦截的垃圾送入垃圾处理场妥善处置。

9.24.3 主要构筑物及设计参数

9.24.3.1 格栅/集水井

采用机械细格栅，格栅宽1.2m，栅条间距为5mm。格栅的水下部分为不锈钢材质，定期刮渣外运。格栅井设计尺寸2m×1.5m×2.5m，钢筋混凝土结构。进水口标高距地下2.00m，集水井有效水深为2.00m，集水井总高4.00m，表面积约50m²。后续处理设施按5组并联运行设计，每组设计处理能力400m³/d，集水井内设污水提升泵3台（2用1备），单台流量50m³/h，扬程90kPa，单台配电功率3kW。

9.24.3.2 初沉消化池

半地下式钢筋混凝土结构，按5组并联设计，单组处理能力400m³/h，单组池表面积48m²，有效水深3m，超高0.5m，有效池容144m³。

9.24.3.3 缺氧池/好氧池

缺氧池按5组并联设计，单组处理能力400m³/d，采用半地下式钢筋混凝土结构。主要是利用厌氧/兼性生物膜降解高分子、难降解、有毒性的有机物质以及LAS物质，避免对后续接触氧化池的正常运行造成影响，同时去除部分有机物质。单池有效容积80m³，水力停留时间4h，单组池表面积为30m²，池底设曝气管以曝气搅拌，防止污泥在池底过量淤积，曝气量3.2m³/min。为了利用好氧微生物吸附降解水中有机物而设置了5组并联的好氧池。单组池处理能力400m³/d，有效停留时间为8h，单组有效容积160m³，池表面积65m²，池底设置曝气管进行曝气，曝气量16m³/min。水池为半地下式钢筋混凝土结构。生化处理段配置罗茨风机4台（2用2备），单台风量12.31m³/min，风压40kPa，配电功率15kW。混合液回流采用回流泵，每组配置1台，共5台。泵流量30m³/h，扬程70kPa，配电功率1.1kW。

9.24.3.4 二沉池

为去除接触氧化池出水中挟带的脱落的生物膜，保证出水各项指标符合排放要求，设置5组并联的二沉池，单组处理能力400m³/d。单组池表面积30m²，表面负荷1.2m³/(m²·h)，有效沉淀时间2h，采用竖流式沉淀池，水位超高0.80m，沉淀区高度为1.50m，泥斗高2.50m，池体总高4.80m。水池为半地下钢筋混凝土结构。污泥回流采用污泥泵回流方式，每组配置1台，共5台，单台流量16m³/h，扬程120kPa，配电功率1.1kW。

9.24.3.5 清水池/消毒池

清水池/消毒池合建，设计停留时间不小于30min，有效容积50m³，有效水深2.5m，表面积为20m²，水池为半地下钢筋混凝土结构。

9.24.4 运行效果及讨论

9.24.4.1 运行效果

该工程2012年竣工，2012年4月13日～10月20日调试，2012年11月份进入稳定运行阶段。几年来处理效果稳定，出水中除NH_3-N外，BOD_5、COD、SS和TP均能达到

《城镇污水处理厂污染物排放标准》（GB 18918—2002）的一级A标准，NH_3-N达到一级B标准。表9-34为出水水质指标。

表9-34　出水水质指标　　单位：mg/L

COD	BOD_5	SS	NH_3-N	TP
≤47	≤9	≤10	≤7	≤0.3

9.24.4.2　工程效益分析

系统正常运行时，实际电耗902.4kW·h/d，电价0.6元/(kW·h)，电费541.44元/d；设兼职运行人员2人，工资1000元/(月·人)，则人工费66.66元/d；运行费用608.1元/d，运行成本0.304元/m^3。

9.24.4.3　讨论

采用预处理/初沉消化池/（A/O）生化池/氯消毒工艺处理小城镇污水，处理效果可靠，最终出水BOD5<10mg/L、COD<50mg/L、SS<10mg/L、TP<0.5mg/L，达到《城镇污水处理厂污染物排放标准》（GB 18918—2002）的一级A标准；NH_3-N≤8mg/L，达到一级B标准。A/O生化段有良好的脱氮除磷效果，对COD、NH_3-N、TP的去除率分别为85%、82%、91.5%。

系统运行费用低，初沉消化池兼有沉淀预处理和污泥消化池的作用，节省了土建投资。

参 考 文 献

[1] 张自杰主编. 排水工程（下册）. 第5版. 北京：建筑工业出版社，2015.

[2] 张可方，李淑更编著. 小城镇污水处理技术. 北京：建筑工业出版社，2008.

[3] 李亚峰，叶友林，周东旭编著. 废水处理实用技术与运行管理. 第2版. 北京：化学工业出版社，2015.

[4] 李亚峰，马学文，李倩倩编著. 小城镇污水处理厂的运行管理. 第2版. 北京：化学工业出版社，2017.

[5] 王晖，周杨主编. 污水处理工. 北京：建筑工业出版社，2004.

[6] 中国环境保护产业协会水污染治理委员会编著. 小城镇污水处理技术技术装备实用指南. 北京：化学工业出版社，2007.

[7] 张自杰主编. 废水处理理论与设计. 北京：建筑工业出版社，2003.

[8] 尹士君，李亚峰编著. 水处理构筑物设计与计算. 第3版. 北京：化学工业出版社，2015.

[9] 冯生化编著. 城市中小型污水处理厂的建设与管理. 北京：化学工业出版社，2001.

[10] 王宝贞，王琳主编. 水污染治理新技术. 北京：科学出版社，2004.

[11] 崔玉川，杨崇豪，张东伟编. 城市污水回用深度处理设施设计计算. 北京：化学工业出版社，2003.

[12] 中国环境保护产业协会水污染治理委员会编著. 小城镇污水处理技术技术装备实用指南. 北京：化学工业出版社，2007.

[13] 韦真周. 生物转盘处理小城镇生活污水工程实例. 水处理技术，2016，42（2）：97-100.

[14] 熊芳芳. 江南某小城镇污水处理工程实例. 中国给水排水，2015，36（10）：133-135.

[15] GB 50014—2006.